本套丛书由

中航传媒与《轻兵器》杂志社

联袂推出

兵器装备研究所权威出品

轻武器科普丛书标杆之作

轻武器典藏手册

——世界著名步枪 I

《轻武器系列丛书》编委会／编

航空工业出版社

北　京

内 容 提 要

《轻武器典藏手册——世界著名步枪I》精选了第二次世界大战前世界主要军事强国最富有代表性的典型步枪型号，图文并茂。书中不仅全面细致地介绍了各种步枪的基本性能特点，而且结合研制历史、经典战例，以及军队装备使用等情况进行了综合描述，使读者能全方位地了解每种世界顶尖轻武器的来龙去脉和奇闻趣事。

图书在版编目（CIP）数据

世界著名步枪．1 / 《轻武器系列丛书》编委会编
．--北京：航空工业出版社，2013.1（2019.1重印）
（轻武器典藏手册）
ISBN 978-7-5165-0124-5

Ⅰ．①世… Ⅱ．①轻… Ⅲ．①步枪—世界—普及读物
Ⅳ．①E922.12-49

中国版本图书馆CIP数据核字(2012)第293229号

轻武器典藏手册——世界著名步枪 I
Qingwuqi Diancang Shouce——Shijie Zhuming Buqiang I

航空工业出版社出版发行
(北京市朝阳区北苑2号院 100012)
发行部电话:010-84936597 010-84936343

三河市金轩印务有限公司印刷 全国各地新华书店经售
2013年1月第1版 2019年1月第2次印刷
开本:787×1092 1/16 印张:13.25 字数:351千字
印数:8001—8500 定价:49.80元
(凡购买本社图书,如有印装质量问题,可与发行部联系调换)

《轻武器系列丛书》编委会

序

国无防不立，国家的昌盛、民族的兴旺离不开全民国防意识的增强。还在担任轻武器博物馆馆长的时候，我就在计划出一套轻武器类的科普丛书。因为枪械是士兵最基本的装备，枪械发展史几乎就是世界近代战争史的一个缩影。现在，要想收集齐全世界的各种轻武器，几乎是不可能的，但如果要说近代以前的枪械种类型号，却大都能在中国找到。因为20世纪前50年群雄逐鹿、战乱纷飞的中国，为各种新式武器提供了一个绝佳的展示平台，全世界稍有名气的枪械几乎都能通过各种渠道进入到中国，这在其他国家是难以想象的一件事。这些战后留存在中国的武器，现在大都进了军械库、博物馆或专业机构，也正因为如此，研究轻武器发展史，中国具有很多国家不具备的优势条件。

经过几年的策划和准备，终于有机会出版这样一套丛书。本套轻武器典藏手册系列丛书，是中航出版传媒有限责任公司和《轻兵器》杂志社联袂出版的一套轻武器科普丛书，为《轻兵器》杂志30多年精华内容的鼎力呈现，可以说是目前国内见得到的最有权威性和欣赏、收藏价值的武器装备类丛书之一。《轻兵器》杂志社是国内唯一的一家轻武器类专业期刊社，有中国唯一的轻武器研究所作为支撑，作者群涵括了军队、兵器行业科研领域的顶级枪械专家，30多年来发表了难以计数的高质量文章，文字权威专业，写作风格严谨活泼，可以说在内容品质上树立了国内轻武器类科普丛书领域不容置疑的标杆地位。

身为《轻兵器》杂志社的前成员之一，我非常欣慰这套丛书的出版。为了配合文字内容达到更好的视觉效果，很多枪械照片都专门从轻武器博物馆进行了重新拍摄，希望读者能喜欢。

袁炜

2012年12月

目录

绪论　近代步枪发展简史

中国军队使用汉阳造步枪训练的场景。这种仿制德国的手动步枪从清朝末年到新中国成立，一直是战场上的主力步枪之一

步枪是步兵的基本武器，在20世纪初甚至是战争中的主要武器。20世纪步枪的发展，大致经历了从非自动步枪、半自动步枪、中间口径自动步枪到小口径自动步枪这样一个发展过程。本书主要回顾二战结束之前世界步枪的发展历程。

20世纪的步枪与19世纪相比，发生了巨大的变化：口径由11～15mm减小到5～6mm；枪全长由1200～1300mm缩短到800～1000mm或更短；容弹3～5发的弹仓变为20～30发的弹匣；发射方式由单发射击变为半自动、全自动射击或3发点射，射速提高，火力密度加大；随着战术地位的变化，有效射程由1200m降至400m以内；并具备一枪多用功能，既能发射枪榴弹，又能下挂榴弹发射器，等等。

20世纪前半期步枪发展的主要特点

19世纪下半叶，步枪出现三个明显的发展动向：由于弹道学的发展，1900年前后普遍采用空气阻力小的流线型尖头锥底弹头，弹道性能显著提高；由于19世纪六七十年代发明的新发射药的应用，军用枪弹弹头直径逐渐减小；闭锁机构得到了改进。到20世纪初，各国普遍装备了弹仓式步枪，同时出现了半自动步枪甚至全自动步枪。这个时期步枪的发展主要有以下几个特点。

无烟火药的采用使枪弹口径减小　步枪设计经过1870年、1900年间的大变革以

后，到20世纪初，逐渐在世界范围内趋向统一，普遍采用了口径在7.92mm左右的大威力枪弹。

枪弹口径得以减小，应归功于无烟火药的发明。金属弹壳枪弹虽是一个重大突破，但由于当时仍然装黑火药，弹壳尺寸不免很大，发射后，枪管内膛和枪机机构污染严重，因此步枪的进一步改进仍然受到不少限制。

无烟火药的发明是枪炮史上的一个决定性突破，它的意义在于，在较小的容积内装药，可以产生较大的能量，使弹头获得较高的初速，因此弹头和弹壳的直径均可相应减小。据粗略统计，19世纪末到20世纪初，枪弹口径减小约25%。枪弹口径减小，弹头减轻，初速增大，弹道性能大为提高。

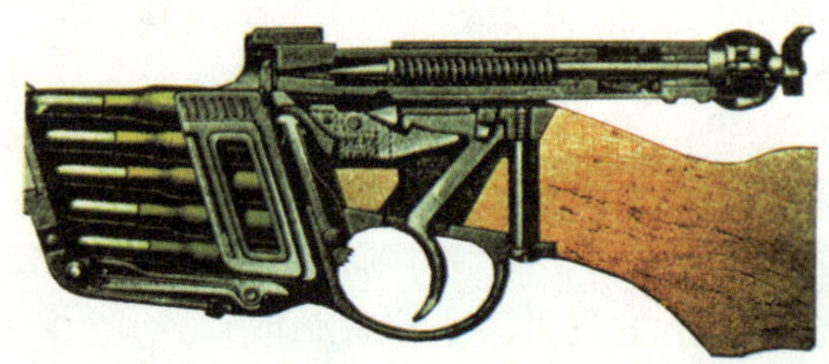

19世纪末奥地利曼利夏步枪的弹仓结构设计对步枪供弹系统的设计产生了深远影响

弹仓式步枪的发展如火如荼 这里所说的弹仓式步枪，是指带有弹仓的单发装填步枪，早期也叫连珠枪。19世纪后期和20世纪初期是军用弹仓式步枪开发与装备的高潮时期。较之19世纪的连珠枪，弹仓式步枪的作战使用性能有了空前的提高。特别是德国毛瑟弹仓式步枪的问世，奠定了现代步枪的基础。

不过，在此期间各种型号的弹仓式步枪很难分出高低。不同的评论家有不同的着眼点，有的强调威力，有的强调机动性，有的强调生产经济性，等等。当时，英国的李－恩菲尔德弹仓式步枪最重，但发射的都是比

较轻的弹药，它的弹道性能良好，如果把柯达无烟药换成性能更佳的发射药，它的弹道性能还会进一步提高。但该枪生产成本高，而且使用了10发装、交错排列、可拆卸式弹仓，在当时有不少专家对此大摇其头。而对俄国装备的7.62mm莫辛－纳甘新型弹仓式步枪及美国装备的新7.62mm斯普林菲尔德弹仓式步枪，赞赏者则大有人在。

半自动步枪走上历史舞台 虽然弹仓式步枪比起以前的步枪有很大进步，可它还是非自动步枪，射击一次要向弹膛里装一发子弹，尽管有弹仓，但要用手推弹入膛。自从英籍美国人海勒姆·S.马克沁于1884年首先发明了利用火药燃气实现武器自动化以后，19世纪末20世纪初，许多枪械设计师都在探索和研究利用燃气能量研制半自动步枪，其中包括德国的毛瑟、美国的勃朗宁、俄国的费德洛夫等。

半自动步枪又称自动装填步枪，是一种可以自动装填枪弹并自动待击但不能自动发射的步枪，在射击过程中需松开扳机，然后再扣扳机才能发射次发弹。这样的步枪可以提高射击精度和单兵火力。

据说世界上第一支成功的半自动步枪是蒙德拉贡(墨西哥的一位将军)设计的。1908年墨西哥军队正式装备了蒙德拉贡6.5mm半自动步枪。除墨西哥外，德国、法国、瑞典等国都在研制半自动步枪，但受技术条件及战术思想限制，半自动步枪发展缓慢。因此直到20世纪30年代，美国M1伽兰德步枪才成为世界上第一支正式大量列装军队的半自动步枪。M1伽兰德步枪的自动机设计为以后的半自动、自动步枪提供了标准，是军用步枪发展史上的一个重要里程碑。

反坦克步枪昙花一现 反坦克步枪，顾名思义，是专门用于对付装甲目标的枪械，但它也可以有效地对付800～1000m距离的机枪、火炮、土木工事及永久性火力点。过

法国M1886勒贝尔步枪使用的8mm勒贝尔枪弹开创了无烟火药在枪械弹药上应用的新纪元。而无烟火药的应用使得枪械的性能实现了质的突破

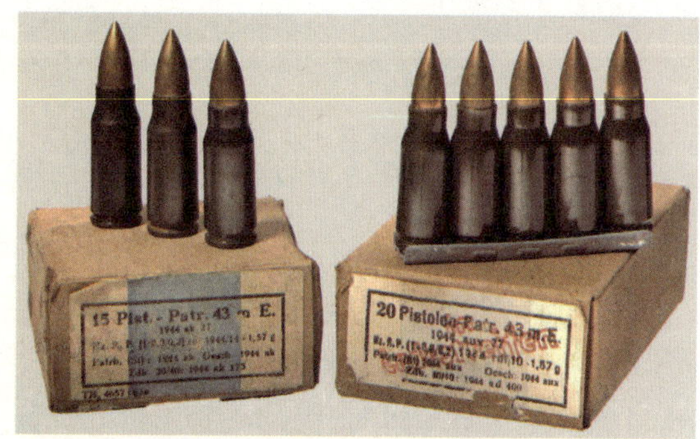

德国7.92×33mm中间威力型步枪短弹的诞生，标志着突击步枪时代的到来

去曾称为战防枪，其特点是：口径大多在6.5～15mm之间，以大口径居多；枪管及全枪较长，枪管长可达1200mm甚至2000mm；通常发射穿甲燃烧弹，弹头由硬质合金材料制造，穿甲厚度不超过35mm；一般配两脚架，枪口装有制退器；发射方式一般为单发。

反坦克步枪诞生在第一次世界大战（一战）中。英军在索姆河战役中首次使用坦克向德军阵地冲击，德军伤亡重大。德军很快意识到，在手榴弹和火炮之间应当有一种步兵使用的近程反坦克武器——反坦克步枪，于是于1917年底下令研制13mm反坦克步枪。毛瑟兵工厂的设计师参照98式步枪将枪口径放大，并加装两脚架，成功设计了世界上第一支1918年式13mm反坦克步枪。其他国家也相续研制了类似产品，但随着坦克的装甲不断增厚增强，步枪的威力提升却遇到瓶颈，因此反坦克步枪的作用逐渐下降，在第二次世界大战（二战）后基本就成为了边缘武器。

全自动（突击）步枪开创新纪元 全自动步枪是指利用火药燃气能量完成自动装填和自动待击发，既能单发射击、又能连发射击的步枪，有效射程通常在400m以上，自动方式多为导气式和枪管短后坐式，多采用弹匣供弹。

自动步枪的发展随着作战思想的变化和弹药技术的发展主要经历了大威力枪弹步枪（1918年开始装备）、中间型威力枪弹步枪（1944年开始装备）和小口径枪弹步枪（20世纪60年代开始装备）三个阶段。

美国的M1918步枪是世界上第一支正式装备的自动步枪，1918年装备美军。由于该枪属于步兵压制性武器，带有两脚架，也有人将其归类于轻机枪。

突击步枪属于自动步枪范畴，发射中间型威力枪弹或小口径枪弹。20世纪40年代，中间型威力枪弹的出现，使突击步枪的综合性能有了全面的突破，不仅保证了400m以内的杀伤威力，而且大幅度减轻质量和缩小尺寸，后坐力、射击精度都控制在合理范围。

与发射大威力步枪弹的旧式自动步枪相比，突击步枪结构更为紧凑轻便，较好地结合了火力性和便携性。德国的StG44突击步枪是世界上第一种发射中间型威力枪弹（7.92×33mm弹）的突击步枪，于1943年研制定型，该枪火力猛烈，是传统步枪与冲锋枪战术性能的成功结合，标志着突击步枪时代的开始。

第一章　非自动步枪

君权统治的工具
——英国马蒂尼-亨利步枪

纵观19世纪后期的军用武器，英国的马蒂尼-亨利步枪不可不提。它为英国向全世界扩张其帝国领土，发挥了非凡的作用。从冰雪覆盖的加拿大到位于撒哈拉沙漠边缘的苏丹，再到群山之中的阿富汗，到处都留下了它的足迹。历史上许多勇猛的尚武民族都被手持射程远、射速高的马蒂尼-亨利步枪的英国士兵镇压了。

传奇历史

马蒂尼-亨利步枪的传奇历史始于美国马萨诸塞州的枪炮商亨利·皮博迪。1862年，皮博迪获得了后膛装填步枪的专利权，这种步枪采用起落式枪机，枪机下降时弹壳可以自动抛出，并且能够使下一发枪弹快速入膛。该枪采用简单的火枪式击锤击发方式而

手持马蒂尼-亨利步枪射击的英军士兵

且必须手动待击。19世纪60年代末至70年代初，这种后膛装填步枪受到了西班牙、加拿大、土耳其、罗马尼亚、新西兰和墨西哥等国的青睐，并购买了数万支。

1866年，一位居住在瑞士的奥地利籍设计师弗雷德里克·冯·马蒂尼修改了皮博迪的设计，用安装在枪机内部、由弹簧控制的击针代替了笨重的外置击锤，并且还重新设计了机匣、加固了抽壳钩。这些改进使得该枪的击发时间变得更短（击发时间即为扣动扳机完成瞬间至底火发火的时间间隔）。

改进后的步枪不但比皮博迪的原型枪更坚固，而且在射速上也有很大提高。但瑞士陆军还是决定采用旋转后拉式枪机的单发步枪，马蒂尼只得把他的设计提供给了其他国家。

1867年，英国陆军对外宣布要寻找一种步枪来替代其0.577in（14.66mm）口径的斯奈德步枪。马蒂尼携带他的步枪参加了英军的试验，尽管有很多像亨利这样的知名枪炮商参与竞争，但他的步枪却技压群雄。1868年，坐落在恩菲尔德的英国皇家轻武器制造厂接到生产几支马蒂尼步枪用于进行进一步野外试验的命令。经过大量的野外试验，1871年7月3日，马蒂尼步枪被英军正式采用。由于该枪采用了亨利设计的带有膛线的枪管，因此英国陆军官方将其命名为马蒂尼-亨利MK Ⅰ步枪。

该枪是一种很实用的武器，盒子状的机匣使得扳机护圈位置向前了，并且杠杆一直延伸到枪托上。它采用胡桃木枪托和护木，护木用两个套箍固定在枪身上，并且有一圆杆通过沟槽镶嵌在下护木的底部，枪管右侧安装了一把骑兵刺刀。

马蒂尼-亨利MK Ⅰ步枪操作起来非常简便，射手只需向下拉动杠杆，就会完成如下的动作：

击针缩进枪机的前部；

枪机回转，露出弹膛；

扳机嵌入阻铁槽。

该枪仅有的保险装置是位于机匣右侧的水滴状待击指示器，待击时其指在十点钟的位置上，击发后指在十二点钟的位置。机匣右侧顶部刻有V.R字样，即维多利亚王冠标志，其右下侧为军队制式标志。罗马数字Ⅰ刻在机匣右侧靠近制造商标志处。

MK Ⅰ步枪在野战使用中还是出现了一些故障。主要问题有4个方面：弹药质量引起的枪械故障；射击时，后坐力过大；连续射击时，枪管过热；刺刀比较笨重。

1877年，军队采用了马蒂尼-亨利MK Ⅱ步枪。该枪除了在MK Ⅰ基础上重新设计了表尺、护木、扳机和枪机外，枪托后部也加长了，这样做的目的是为了减小后坐力。原有的笨重刺刀也被更轻的刀刃——长552mm、带有环形座的刺刀所取代。但是MK Ⅱ步枪省略了保险装置。

1879年8月，马蒂尼-亨利MK Ⅲ步枪获

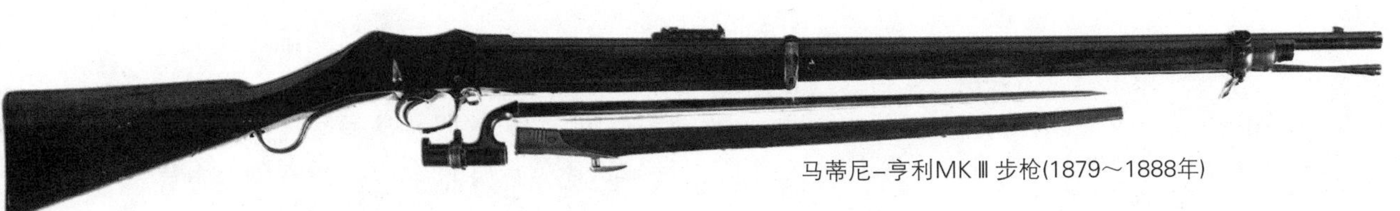
马蒂尼-亨利MK Ⅲ 步枪(1879～1888年)

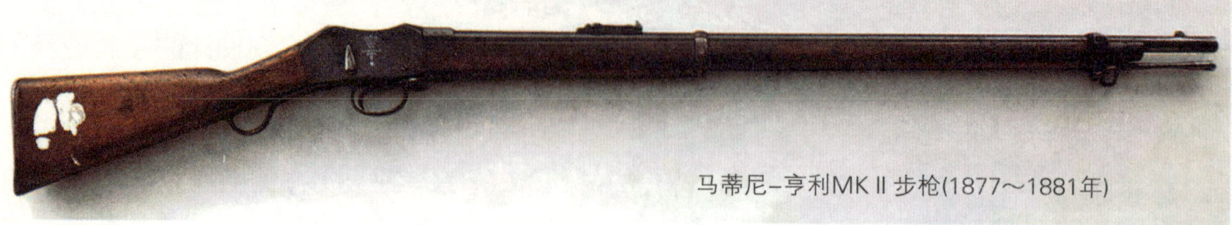
马蒂尼-亨利MKⅡ步枪(1877～1881年)

得英军批准，于1882年3月正式投入使用。与MKⅡ步枪相比，MKⅢ更注重下护木的可靠性。下护木不再靠销来连接，而是使用钩形装置钩在机匣的前部。该枪的待击指示器变小，而且为了使得枪机的开闭锁更为灵活，采用了较宽的枪机。击针孔直径增加了0.05mm，同时采用了更粗、强度更高的击针。MKⅢ步枪质量为4.13kg，是该系列步枪中最重的一支。

19世纪80年代后期，英国人逐渐意识到初速高、口径小的枪弹与初速低、口径大的枪弹相比有很多优势。在英国皇家兵工厂研制出0.402in（10.211mm）口径枪弹后不久，马蒂尼-亨利MKⅣ步枪，即恩菲尔德-马蒂尼MKⅠ步枪问世了，它是专为发射0.402in口径枪弹而设计的，有两种型号：一种型号采用的是一个标准的短操作杠杆；另一种型号是将长杠杆与辅助抽壳钩合为一体。另外，这两种型号都安装了快速装填器和保险装置。但在该枪刚进入生产高峰期时，性能更为优秀的0.303in（7.7mm）弹匣式李-梅特福步枪面世了。

随着中间型枪弹和连发步枪的诞生，大口径单发步枪很快走到了服役生涯的终点。

第一次世界大战时期，印有装备马蒂尼-亨利步枪英国兵的贺卡

配用枪弹

马蒂尼-亨利步枪最初使用的枪弹口径为0.450in，采用博克赛式底火，卷制黄铜皮弹壳。后来，该枪弹改为采用几层带纸垫的卷制薄铜皮弹壳身并配以铁制弹壳底部的弹壳。

使用卷制黄铜皮弹壳的枪弹看起来很适用，但在实战中用薄材料制成的弹壳易于变形、撕裂、受潮，而且当武器连续发射温度较高时，薄铜皮易粘在弹膛上，阻碍抽壳。这样士兵们只好强行从弹膛里撬出空弹壳，导致铁制弹壳底部撕裂，而卷制黄铜皮弹壳

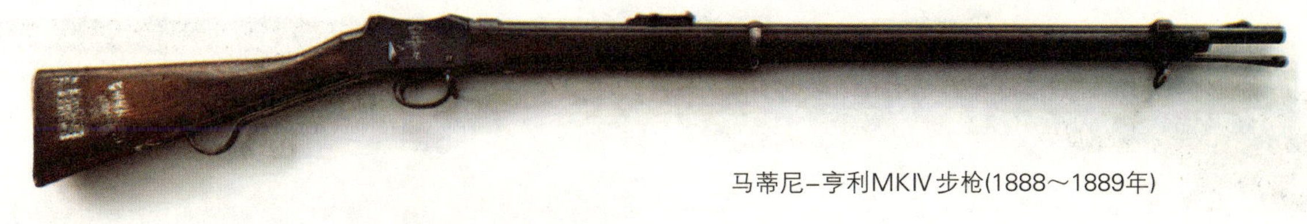

马蒂尼-亨利MKⅣ步枪(1888～1889年)

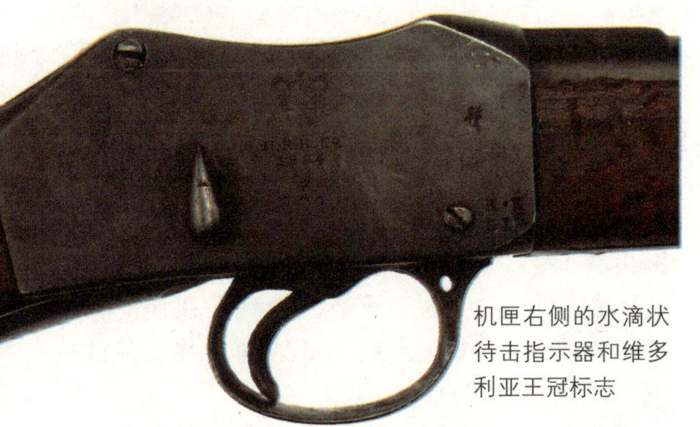

机匣右侧的水滴状待击指示器和维多利亚王冠标志

部分0.450in口径的枪弹和弹壳

留在弹膛内，使得一支很好的步枪也无用武之地了。

1885年，为了对付群体犯罪，英国陆军发明了装填鹿弹的枪弹配备马蒂尼-亨利步枪使用。它是一种装有11个小球的带有博克赛式底火的枪弹，直径为7mm，内装黑火药。此外，为了防止弹内小球相互碰撞发出响声，损坏金属薄片的弹壳，弹壳中的空隙用骨粉填充。

多样式的刺刀

刺刀安装在枪口，有刀柄和血槽。它的主要功用是白刃格斗时刺杀敌人。马蒂尼-亨利步枪使用的刺刀种类很多，几乎每种样式的步枪都配有相应的刺刀。其中使用最多的有两种，一种是带环形座的刺刀，另一种是剑形刺刀。

1853年式刺刀是最普通的带环形座刺刀。这种刺刀是为了配备1853年式前膛装填的步枪而设计的。刺刀全长526mm，刀刃长432mm。

1860年式剑形刺刀是为了配用马蒂尼-亨利步枪而修改的刺刀。它是一把弯状刺刀，全长714mm，刀刃长577mm。在马蒂尼-亨利步枪被广泛使用期间，这种刺刀也被大量装备。

1876年式刺刀是在1853年式刺刀的基础上进行改良和重新设计而成的。全长635mm，刀刃长552mm。这种样式的刺刀是专为后膛装填步枪设计的。MKⅠ、MKⅡ和MKⅢ 3种马蒂尼-亨利步枪都曾配用它。

1879年式炮兵刺刀全长757mm，刀刃长617mm，刀刃上部有41个锯齿。它主要用在马蒂尼-亨利炮兵步枪上。

1887年式剑形刺刀是特别为马蒂尼-亨利MKⅣ步枪而设计的。刺刀全长603mm，刀刃长467mm。

后记

马蒂尼-亨利步枪自问世以来，结构没有很大的变化，与其他现代步枪相比，已经不能再在步枪家族中称雄，但是它并没有完全消失，仍然受到一些喜欢老式步枪收藏者的青睐。

奥地利曼利夏M1888/90步枪系列

在此向读者介绍一支一个多世纪以前研制成功，曾长期装备奥地利军队的老式步枪系列——M1888/90步枪系列。从M1888/90步枪系列的研制、装备历史及其结构特点，可窥见奥地利这个轻武器强国的发展历史于一斑。

研制与装备史

M1888/90步枪系列由M1886步枪、M1888步枪和M1888/90步枪3个型号组成。这是一个采用直拉式枪机的步枪系列，它的研制者是19世纪中后期奥地利的一位与当时德国毛瑟齐名的枪械设计大师——冯·曼利夏。曼利夏一生完成了150多项设计，辞世后，奥地利政府给予他很高的评价，认为没有他和毛瑟的努力，“世界武器的历史将是截然不同的”。

在19世纪80年代以前，世界最先进的步枪都是采用固定机头枪机的步枪。而早在19世纪70年代初，曼利夏就开始着手活动机头的研究，就在他开始研究活动机头的直拉式枪机的1872年，德国的枪械设计大师毛瑟已研制成功了活动机头枪机和桥式机匣，并将这些机构应用在德国的M1871线膛枪上，M1871线膛枪简称M71步枪。桥式机匣和活动式机头的研制成功，使枪机能在机匣内前后运动，这是枪械发展史上的重大进步，它完成了古代枪械向近、现代枪械的过渡。但M71步枪的枪机机构与装弹机构都不够完善，枪机的最大缺点是闭锁不方便。于是，曼利夏在他的设计中参考毛瑟的机头和机匣结构，并进行改进，很快完善了自己的设计。

1880年，曼利夏基本完成了第一个使用活动式机头枪机和管状弹匣供弹系统的设计，并在同年制造出样枪。在他设计的系统中，枪机体和机头是可拆卸的，枪机体上有拉机柄，枪机可以一直沿机匣向后拉，如需要时，在弹匣内没有枪弹的情况下整个枪机可从机匣的尾端拉出。其工作原理是：射击时拉住拉机柄将枪机推向机匣前方推弹

奥地利著名枪械设计大师——冯·曼利夏

入膛，到位后枪机下方的楔闩体就卡入机匣卡槽内，完成枪机闭锁，枪呈待发状态，机头保持不动；射击后需要退壳和重新推弹入膛时，先用左手将扳机向前推，然后用右手将枪机拉至机匣后端，在向后拉枪机的过程中，弹壳一般不会自动退出，多数情况下要往外抠弹壳。这一工作原理虽然存在严重不足，仍被后来的许多步枪所采用，如日本早期的步枪和俄罗斯早期的步枪等就采用这种枪机。

曼利夏设计的供弹系统由安装在枪托内的管状弹匣和装在弹匣底部的供弹簧组成。其具体结构是将3～4个管状弹匣组成的弹匣组装在枪托内，每个管状弹匣内可装5发弹，整个弹匣组的容量为15～20发，使用的枪弹是奥地利M77定装式步枪弹。枪机打开，后拉到一定位置时能实现自动供弹。

带楔闩体的直拉式活动机头枪机

一年后，他研制成功了一种采用弹匣供弹的外供弹系统，这种外供弹系统位于机匣的右上侧，由供弹口和弹匣组成。供弹口安装在机匣上方，弹匣可以快速地从供弹口装卸。

1882年，他又研制成功一种简化的活动机头枪机和位于枪管下方的管形转轮式弹匣供弹系统。这一供弹系统的结构比较复杂，由管状弹匣、转轮、传动机构和供弹扳机等组成，供弹扳机位于扳机护圈内、发射扳机的前方。一次可向弹匣内装入5发弹，射击之前先扣一下供弹扳机，转轮转动一定的角度，使下一发弹向上运动对准弹膛，然后才能在向前推枪机的同时推弹入膛，完成闭锁后，再扣发射扳机射击。供弹系统的工作原理与转轮手枪弹巢的工作原理基本相同。由于这一供弹机构比较复杂，射击时又需要重复操作，而且容易出现误操作，因此只在M1886步枪研制成功以前的一些过渡性样枪上使用过，没有用于制式武器上。

两年后，曼利夏推出一个不寻常的机构——带楔闩体的直拉式活动机头枪机，这是著名的1895式闩体枪机的先驱，这一机构的特点是将枪机向后拉的时候，机头的卡笋逐

著名的曼利夏弹夹供弹弹仓系统，采用板簧设计

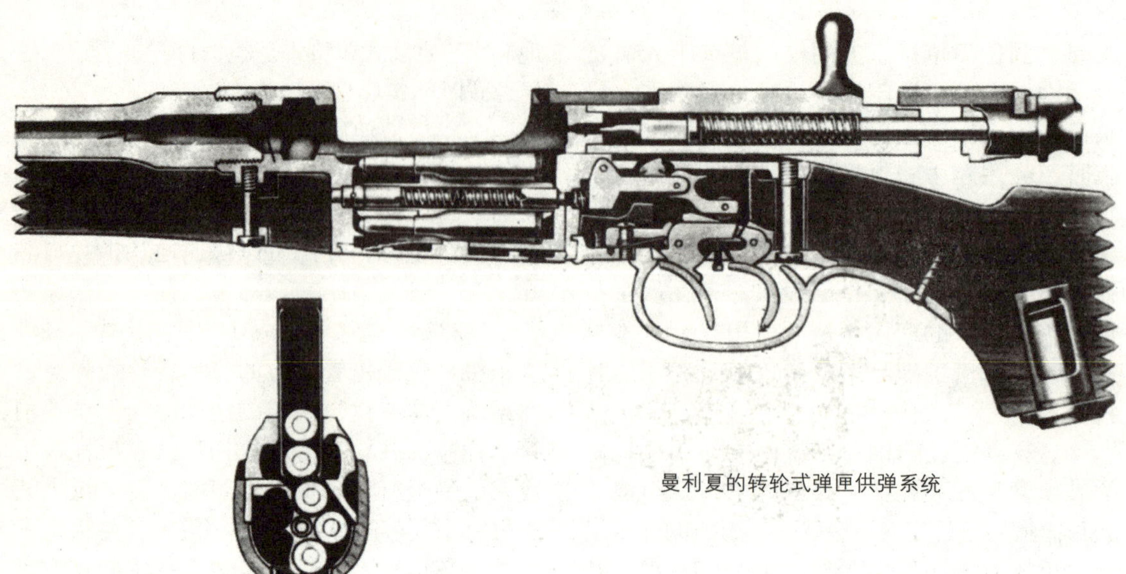
曼利夏的转轮式弹匣供弹系统

步张开，正好运动到机匣尾部时定位，这样可确保武器在使用过程中枪机不会从机匣内掉出来。

1885年，曼利夏研制成功一个带楔闩体的枪机样品，并首次推出了一种先将枪弹装在弹夹上，再把装满枪弹的弹夹插入弹膛的供弹系统，这就是著名的曼利夏弹夹供弹系统。在使用过程中，当弹夹上的最后一发弹射击完毕后，弹夹便自动跳出弹膛。后来美国著名的伽兰德M1步枪就采用了这一系统。至此，曼利夏完成了他的活动式枪机和弹夹插入式供弹系统的研制，为他以后的步枪研究奠定了坚实的基础。

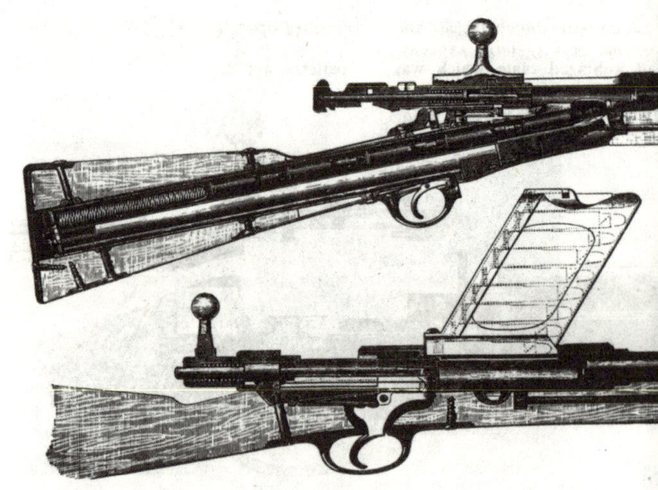
曼利夏活动式枪机及管状弹匣供弹机构（上）与上方弹匣供弹机构（下）

曼利夏研制成功活动式枪机和转轮式供弹机构后，便开始进行M1888/90步枪系列的研制。1886年，这一步枪系列中的第一个型号研制成功，定型号为M1886步枪，他在这一步枪上采用了活动机头枪机和弹夹插入式供弹系统。该型号步枪曾装备奥地利军队。

这一型号的生产年限很短，只有2年，当时在奥地利军队的装备数量有限，装备的时间也不长。但具有戏剧性的是，它在第二次世界大战中却被大量使用，可能是因它良好的表现在奥地利老兵心目中留下了深刻的印象，也可能是因为战时武器匮乏的缘故。

曼利夏的插入式弹夹供弹系统

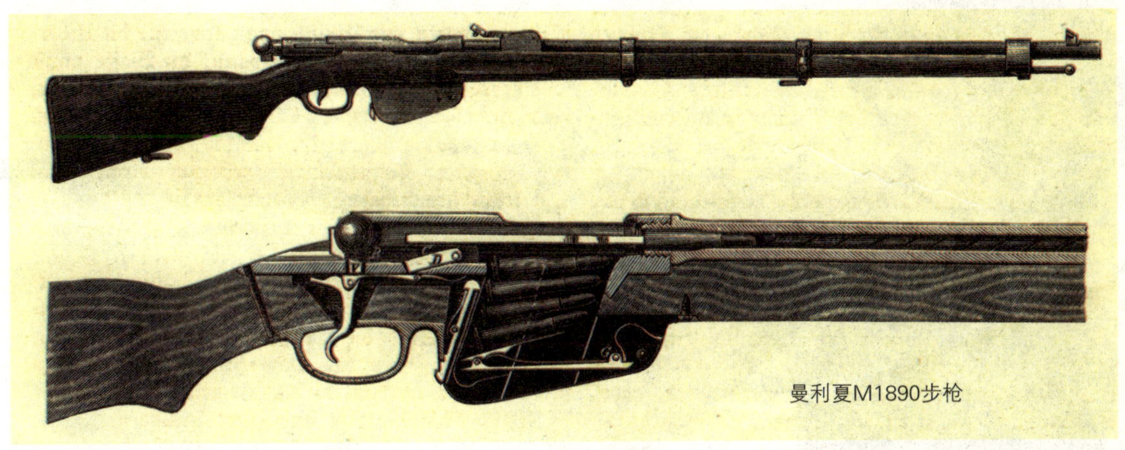
曼利夏M1890步枪

1887年，曼利夏开始一种新型号步枪——8mm步枪的研制。在研制中，他对供弹系统做了改进，用弹夹往弹匣内装弹，当弹全部装入弹匣后，弹夹可快速拔出。另外，他参考了当时德国著名的毛瑟步枪上的直拉式活动机头枪机和闭锁等机构，并对这些机构做进一步改进。新步枪于1888年研制成功，并装备奥地利军队，定型号为M1888步枪。

1890年，他又将M1888步枪的枪机闭锁机构由后楔闩体改成前楔闩体，这就是著名的曼利夏直拉式前楔闩体闭锁枪机，这一改进，使枪机的闭锁可靠性大幅度提高。这一新机构研制成功后，很快被德国、法国、意大利、罗马尼亚、瑞典、希腊和荷兰等国家采用。新改进的步枪定型号为M1888/90步枪，研制成功后不久便与M1888步枪一道装备奥地利军队，直到第二次世界大战结束后才退出奥地利军队的装备序列，装备奥地利军队近半个世纪。

结构特点

M1888/90步枪系列各型号共同的结构特点是采用了曼利夏弹夹压弹的弹匣供弹系统和直拉活动式枪机机构，枪机的闭锁是通过枪机下方的楔闩体卡入机匣内的卡槽来实现的。这一步枪系列的枪机前面都没有闭锁卡笋，枪机上的所有零部件在运动过程中都是不转动的。

这个步枪系列的优点是结构简单，安全可靠，在枪机没有可靠闭锁时不能击发。主要缺点有两个：一是没有拉壳钩，存在退壳困难的问题，只有弹壳和弹膛配合非常好的少数弹退壳比较容易，一般退壳时都很费事；二是楔闩体闭锁机构是点闭锁机构，膛压高时，容易出现闭锁不严实、枪机自行活动的现象，不能满足现代枪弹的发射要求。

但M1888/90步枪系列中的每个型号又有其独特之处。M1886步枪的口径是11mm，因此从外观看比其他型号粗壮，枪管也比较粗，发射11mm黑火药枪弹。M1888步枪的口径是8mm，发射奥地利的8mm钢被甲弹头枪弹，这是奥地利军队装备的第一种8mm步枪型号，从外形看，它比M1886步枪秀气得多，采用准星、缺口表尺机械瞄准具，用弹夹往弹匣装弹时，只能由一端插入。M1888/90步枪是在M1888步枪基础上改进而成的，不同的是表尺上有分划，分划范围是5～25，间隔不详，用弹夹往弹匣装弹时可以任意一端插入。

M1888/90步枪系列中的各型号都是一个多世纪以前的老枪了，许多技术指标已无从考查，据史料记载的主要技术指标是：步枪质量4.1～5.0kg，M1888/90步枪全枪长1280mm，枪管长764.5mm。

奥地利斯太尔-曼利夏M1895 8mm步枪系列

奥地利M1895斯太尔-曼利夏步枪系列是100多年前在东欧、美洲等地非常流行的一个步枪系列。这是斯太尔与曼利夏共同研制的第一个步枪系列，它开启了两公司合作的先河。在其后的一个多世纪中，他们合作研制了大量著名的轻武器。

研制与装备使用

在世界轻武器发展史，尤其是在现、当代世界轻武器发展史上，奥地利一直都占有非常重要的地位。以步枪为例，从19世纪下半叶的M1888普尔步枪系列、M1895斯太尔-曼利夏步枪系列到当代的AUG步枪系列，在全世界都享有盛誉。

M1895斯太尔-曼利夏8mm步枪系列是奥地利轻武器史上一个重要的步枪系列，由M1895卡宾枪、M1895步枪、M1895短步枪、M1895M步枪和M1895/24步枪 5 个型号组成。其中，M1895 8mm步枪是最为重要的一个型号。

M1895斯太尔-曼利夏步枪系列的研制工作可能开始于19世纪80年代末。当时，曼利夏研制的M1888普尔步枪装备部队后，虽然受到了广大官兵的好评，但在使用中也发现了不少问题，其中主要的问题有两个：一是退壳困难；二是枪机易自行活动。这是因为楔闩体闭锁机构是点闭锁机构，膛压高时，容易出现闭锁不严的现象。这些问题给使用带来不便，军方希望M1888普尔步枪存在的这些缺陷能得到改进。此时，于1864年成立的奥地利斯太尔武器制造公司（斯太尔公司）也在进行步枪研究，并在退壳机构和闭锁机构两方面取得了突破性成果。斯太尔公司在得到M1888步枪存在缺陷这一信息后，主动与曼利夏公司联系，希望能与曼利夏公司合作，联合解决这些难题。合作的方式是以斯太尔公司研制的步枪为基础，采用曼利

M1895标准型步枪和枪弹

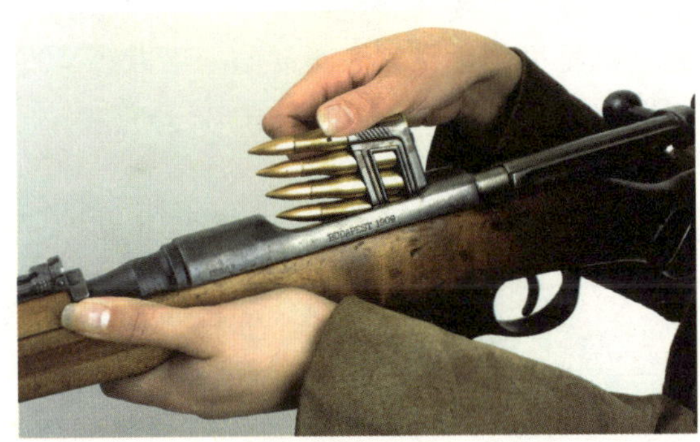

插入弹夹

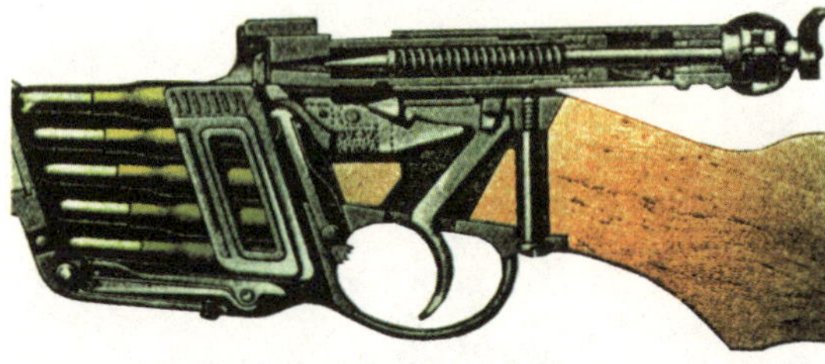

弹夹装入弹仓

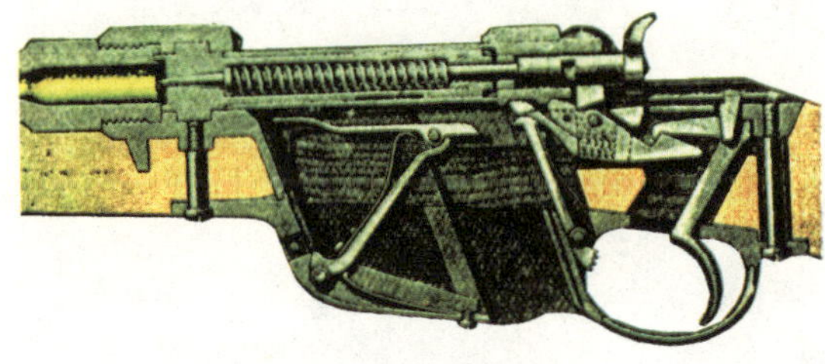

M1895斯太尔-曼利夏步枪弹仓内的弹簧机构

夏公司M1888步枪上的一些成熟机构，如直动式枪机机构、供弹机构和发射机构等。由于许多技术都是成熟技术，因而合作后的研制工作进展很快，到1890年，一支结合两公司先进机构的新枪研制成功，这就是M1895斯太尔-曼利夏卡宾枪。但该枪研制成功后并没有马上装备部队，而是直到M1895斯太尔-曼利夏步枪装备部队后，才被军队采用。从研制时间看，M1895斯太尔-曼利夏卡宾枪是这一步枪系列中的第一个型号，但从部队使用的时间来讲，却不是第一个。将其定型号为“M1895”，应当是以被军队采用的时间命名的。

卡宾枪研制成功后，两公司立即开始步枪的研制，不久研制出斯太尔-曼利夏步枪，得到军方的高度赞赏，被奥地利军队采用，定型号为M1895步枪。该枪是斯太尔-曼利夏步枪系列中使用最广泛、最具代表性的一个型号。M1895步枪研制成功后，又将其枪管缩短后成为短步枪，随后又对局部结构进行改进，分别命名为M1895M和M1895/24斯太尔-曼利夏步枪。其中M1895/24步枪是20世纪初才研制成功的，是该步枪系列中的最后一个型号。M1895斯太尔-曼利夏步枪系列是斯太尔公司研制成功的第一个军用步枪系列，从此公司开始了其漫长的轻武器研制与生产生涯。在其后的一个多世纪中，斯太尔公司研制成功了许多令世人瞩目的高性能步枪和其他轻武器。

M1895步枪从19世纪末开始使用，除装备奥地利军队外，还广泛装备东欧各国军队，同时被瑞士、意大利等欧洲国家和美国、加拿大等美洲国家采用，曾在第一次世界大战中被大量使用，第二次世界大战时，仍有少量使用。加拿大和瑞士还进行了仿制，加拿大仿制的步枪称为罗斯（Ross）步枪，瑞士仿制的步枪称斯迈德－鲁宾（Schmidt-Rubin）步枪，这些仿制枪都曾在两次世界大战中使用。

主要结构及特点

M1895斯太尔－曼利夏步枪系列的主要特点是结构简洁，质量轻，作用可靠，使用方便，能发射多种枪弹。在当时，这一步枪系列的总体性能是一流的。其各枪的枪机、机匣等重要零部件都是采用特种钢制成，因而各零件的体积都比较小，质量比较轻。除发射奥地利的标准枪弹M95步枪弹外，还能发射英国的M30枪弹、德国的7.9mm制式步枪弹和其他相同口径的步枪弹。但是，由于枪上主要零件（如弹膛等）的强度是根据当时奥地利M95步枪弹设计的，因此发射其他枪弹时，要求弹的最大膛压不能超过M95步枪弹的最大膛压。

该步枪系列中各型枪的主要结构基本相同，都由枪管、枪托（与前护木一体）、机匣、枪机、弹仓、弹夹、刺刀、发射机构和保险机构等零部件组成。结构上有两个值得注意的显著特点：一是采用直动式枪机，其枪机与机头为分离式，机头为转动式，机头前部有两个位置对称的突笋；二是弹夹插入式供弹系统，装弹时必须按下板机护圈后面的按钮，才能将装满枪弹的弹夹插入弹仓，卸空弹夹时也一样，必须按下这一按钮，才能取出空弹夹。卡宾枪和步枪的主要区别是步枪可安装刺刀，卡宾枪则不能装刺刀。

M1895斯太尔－曼利夏步枪的总体结构虽然比较简单，但直动式枪机结构比较复杂，加之开锁比较慢，使得这种枪机最终没有得到普及。直动式枪机的开锁速度比旋转后拉式枪机要慢得多。原因是旋转后拉式枪机的抽壳钩抓住发射完的弹壳后，在机柄向上运动的同时，在弹膛内产生一个直接的杠杆作用，将弹壳拉出弹膛，实现同时开锁，向后拉枪机时能顺势抽出弹壳。而直动式枪机不产生这个杠杆作用，且由于枪机与机头分离，枪机后坐行程较长，因此枪机的开锁速度要比旋转后拉式枪机慢。但开锁后，直动式枪机的运动还是很顺畅的。总体来说，旋转后拉式枪机更具优势，因而它的出现致使直动式枪机的发展就此停顿了。但在当时，直动式枪机的优点远大于缺陷，所以还是一个比较成功的机构。

该枪的枪弹装填很简单，先将枪机拉到机匣尾部，露出装弹口，再将装满枪弹的弹夹从机匣上方插入弹仓即可。弹夹插入到位时，弹仓后上方的卡笋便自动将弹夹固定在弹仓内，同时，第一发枪弹与枪机的机头对齐，往前推枪机时，送弹入膛。弹夹内的最

二战期间手持M95步枪的奥地利士兵

博物馆展示的各种型号的斯太尔–曼利夏步枪/卡宾枪

后一发枪弹发射完毕后，再将枪机拉到机匣尾部，露出弹夹，按下扳机护圈后的按钮，弹仓内的弹簧机构便将弹夹从弹仓中弹出。

在这一步枪系列使用的机构中，有些是很成熟的，也有些存在缺陷或不够成熟。世界著名轻武器专家、《世界轻武器》(Small Arms of The World)的第一任主编W.H.B.史密斯先生曾在20世纪40年代首次出版的《世界轻武器》中，专门以一定的篇幅叙述了该武器系统的三个成熟机构和两个不成熟机构。其中三个成熟机构：一是能快速拉动的直动式枪机；二是能确保弹膛密封、带前卡笋的旋转式机头机构；三是只有完全闭锁才能进行射击的击发保险机构。两个有缺陷的机构：一是抽壳钩的拉力太小，导致抽壳速度慢，将直动式枪机的许多优点都抵消了，而旋转后拉式枪机抽壳钩的抽壳力是这种直动式枪机的两倍以上；二是供弹系统过于复杂，使用不便，除有弹夹和弹仓外，还有弹夹固定机构。装弹时，必须先将枪弹装在弹夹内，再将装满枪弹的弹夹插入弹仓，这样不仅增大了弹仓的体积，而且给使用带来诸多不便。

主要技术诸元

M1895斯太尔–曼利夏步枪系列中的所有型号都是非自动单发枪。配用的弹药主要是奥地利的M95 8mm步枪弹，但一般都能使用M30 8mm步枪弹（8×56mm）、英格兰的8×50mm枪弹、曼利夏8mm枪弹，后期的部分型号还能发射德国7.92mm步枪弹。其中曼利夏8mm枪弹的发射药装药量是2.66g，弹头质量15.81g，最大膛压42714焦耳。

标准的M1895斯太尔–曼利夏步枪全长1270mm，枪管长约762mm，全枪质量约3.8kg，战斗射速约35发/min，柱状准星，V形缺口照门，没有风偏修正机构。表尺射程300～2000m，分划不详，采用弹夹、弹仓供弹系统。

英国李–恩菲尔德系列步枪

大不列颠的传说
——英国李-恩菲尔德步枪全传

提起李-恩菲尔德步枪，相信在很多枪械爱好者心中的“枪库”里都有它的一席之地。作为一支百年老枪，李-恩菲尔德步枪有着极为丰富的“阅历”。

恩菲尔德镇位于英国伦敦的北郊，英国政府于1804年在那里建了一家兵工厂——恩菲尔德兵工厂。最初，恩菲尔德兵工厂只是负责组装布朗-贝丝（Brown Bess）燧发枪，后来逐步发展成设施完善、具有研发能力的轻武器研究与生产厂。虽然英国皇家拥有不止一家轻武器兵工厂，但恩菲尔德兵工厂是其主要的研发中心，在那里研制的步枪均被冠以恩菲尔德步枪的名称。

詹姆斯·帕利思·李（James Paris Lee，1831-1904），一个出生于苏格兰的武器发明家（后移民美国），他设计的步枪经恩菲尔德兵工厂改进后，几十年间一直被英军采用，因而这一系列武器被称为“李-恩菲尔德步枪”。从布尔战争、第一次世界大战、第二次世界大战到朝鲜战争，李-恩菲尔德系列步枪均是大不列颠及其他英联邦国家军队使用的主流武器。

下面将展现庞大的李氏步枪家族。

李氏长步枪（Long Lees）

自金属定装枪弹出现后，英国军队一直使用的是马蒂尼-亨利单发步枪。1888年12

MLM MkI*李–梅特福德步枪

MLM MkII李–梅特福德步枪

月，英国正式采用了他们的第一种连发步枪——李–梅特福德弹匣式步枪（Magazine① Lee–Metford），简称为MLM步枪。在这个名称中，包含了两个发明家的名字。其中的“李”自然是指詹姆斯·帕利思·李，他设计的旋转后拉式枪机和盒形弹匣被李–梅特福德步枪所采用。此后数十年的李–恩菲尔德步枪均是对这个系统的改进，因此李–梅特福德与李–恩菲尔德步枪也常常被统称为“李氏步枪”。至于“梅特福德”则是指威廉·艾里斯·梅特福德（William Ellis Metford，1824–1899），一个精通机械的英国土木工程师，他发明了0.303in口径的黑火药全被甲弹及相应的膛线。这是一种稍带圆角的浅阴线，被称为“梅特福德膛线”，在黑火药时代广泛应用于英制步枪上。由于早期枪弹所用的黑火药燃烧残渣比较多，故浅圆阴线的设计可以减少枪膛内的残留物，类似的设计在黑火药时代相当流行。

李–梅特福德步枪第一个被正式采用的型号命名为MLM MkI步枪，该枪长度与马蒂尼–亨利步枪相同，但采用8发单排弹匣供弹，因此极大地提高了射击速度。英国于1892年又定型了稍做改进的MLM MkI*步枪（注：英国国防部在步枪命名中用加“*”的后缀表示该型号只是在原有型号上稍做改变，且变化不大）。1893年，又定型了MLM MkII步枪，MLM MkII步枪的一项变化是改

李–梅特福德步枪的两种弹匣对照：MLM MkI的8发单排弹匣（上）比MLM MkII的10发双排弹匣（下）稍长

李氏步枪的弹匣可以迅速拆卸，但每支步枪只配一个弹匣，为了防止弹匣丢失，弹匣与枪身之间用一条小链条相连

①英文中的Magazine在中文中可解释为“弹仓”或“弹匣”，通常而言弹仓为固定式，弹匣为可卸式。尽管与李–恩菲尔德步枪同时代的其他步枪大多采用固定弹仓式储弹具，但对于李氏步枪来说，其供弹具完全可以称之为“弹匣”，因此本文中一律称其为“弹匣步枪”。

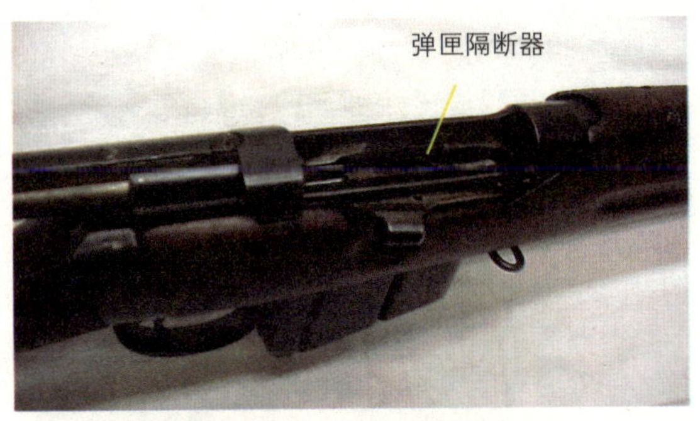

李氏步枪机匣右侧的弹匣隔断器

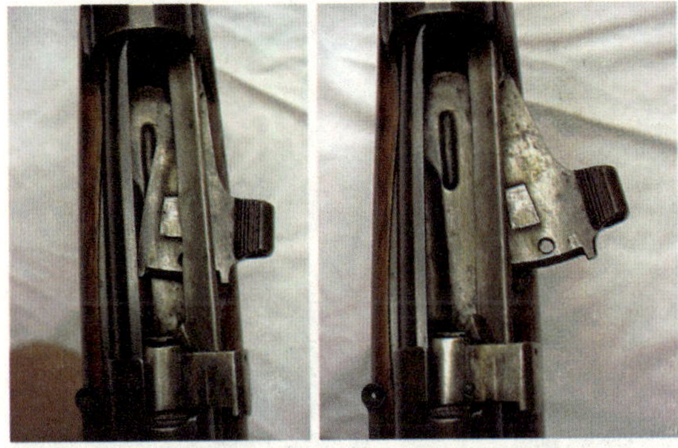
从俯视角度看，弹匣隔断器分别在插入状态（左）与拨出状态的特写

用10发双排弹匣，此后，10发双排弹匣一直成为李氏步枪的标准配置。1895年，英国又定型了稍做改进的MLM MkII*步枪。另外，还有一种长1013mm的卡宾枪在1894年被正式定型为李－梅特福德1型骑兵卡宾枪（Lee-Metford Cavalry Carbine Mark I，简称LMC MkI）。

19世纪90年代初期，当0.303in步枪弹的发射药由黑火药换成无烟发射药后，该弹就不适合李-梅特福德步枪使用了。因为无烟发射药的燃烧温度非常高，对枪管的烧蚀比较严重，射弹不多就会把浅阴线损坏，为此这种步枪的膛线被改为5条较深的左旋膛线。这种膛线由恩菲尔德兵工厂的工程师所设计，被称为恩菲尔德膛线，因而这种步枪也在1895年11月被命名为李-恩菲尔德弹匣式步枪，简称MLE步枪，这是定型的第一个李－恩菲尔德型号，简称MLE MkI步枪。1896年定型了李－恩菲尔德的卡宾枪型LEC MkI卡宾枪（Lee-Enfield Cavalry Carbine Mark I）。1899年定型了稍做改进的MLE MkI*步枪和LEC MkI*卡宾枪。

MLE MkI步枪的外观与MLM MkII步枪相同，全长均为1257mm。当时为了节约成本，有许多李－恩菲尔德步枪是直接将李－梅特福德步枪更换枪管而成的。为了能够区分开来，避免装错弹药，采用恩菲尔德膛线的枪管外表都打上了一个“E”字标记。

前面提到，由詹姆斯·帕利思·李设计的李氏弹匣步枪，其弹匣是可拆卸的。但当时设计的目的只是为了便于维护或损坏时更换，步枪在正常使用期间士兵不是通过更换弹匣来装填的。枪弹的装填是通过机匣顶部的抛壳口（装弹口）装进去的，与同时代的其他固定弹仓的连发步枪相同。英军的每名李氏步枪射手都会多配发一个弹匣，但只是留作备用，在原有弹匣损坏时进行替换。

在那个年代，还没有人想到利用可卸式弹匣提高装填速度，即使是这种“前卫”的可卸式弹匣设计，也只是把弹匣卡笋设计在扳机护圈内，放在这个隐蔽的位置是为了防止误操作而掉丢弹匣。事实上，当时的军官们还担心连发步枪的射速过快，士兵们会在敌人还很远

李氏长步枪主要型号

型号		采用时间
MLM	Mk I	1888年
MLM	Mk I*	1892年
MLM	Mk II	1893年
LMC	Mk I	1894年
MLM	Mk II*	1895年
MLE	Mk I	1895年
LEC	Mk I	1896年
MLE	Mk I*	1899年
LEC	Mk I*	1899年

时就拼命开枪而浪费枪弹，所以那时候许多连发步枪往往都配有一个称为“弹匣隔断器”（Magazine Cutoff）的装置，其实就是一块用来隔断弹仓/弹匣的插板。李氏步枪上也有这个装置，把它从机匣右侧插入，这样就无法从弹匣供弹，士兵每发射完一发枪弹后，必须从身上的弹药袋中取出另一发来装填，这样就可以起到降低射速、节约枪弹的作用。当敌人靠近而战况激烈时，再把隔断器抽出，改由弹匣供弹，以提高射速。在经历了第一次世界大战后，弹匣隔断器被证实不符合实战的需要，所以到第二次世界大战前，许多步枪都取消了这个装置。

詹姆斯·帕利思·李设计的旋转后拉式枪机，其后部有两个与机匣内壁的闭锁面配合的闭锁突笋，机头和抽壳钩与机体是独立的，不随机体回转。与前端闭锁枪机（例如典型的毛瑟步枪）相比，李氏步枪的后端闭锁方式可以缩短枪机行程。因为前端闭锁的机匣需在弹膛后（弹底缘后）留出闭锁用凹槽所需空间，凹槽后还要为安全闭锁留出空间，再加上弹仓出弹口则要设在这个空间之后，增加了枪机行程；而中后端闭锁方式则没有这么长的枪机行程。因此李氏步枪的装填速度很快，再加上比同时代的步枪多了一倍容弹量的弹匣，使李氏步枪成为同时代设计中实际射速最快的步枪。

早期的李氏步枪在护木左侧的中部有一个带刻度的转盘装置，并在机匣左后部有一个长杆形的折叠觇孔照门，这是李氏步枪的齐射瞄具（Volley sight，也称为“排放瞄具”），其作用是向1800～3550m的射程内提供曲射的间接火力。使用时，根据需要把刻度盘上的转臂设定在指定射程刻度上，并把后面的折叠照门竖起，通过觇孔与转臂头上的一个小粒形准星构成一线来瞄准目标，然后在指挥人员的命令下进行射击。

齐射瞄具的照门处于折叠状态（上）和竖起状态（下）

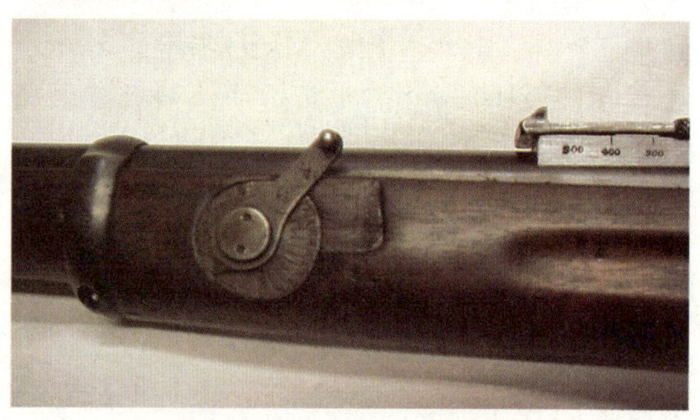
齐射瞄具的刻度盘，转臂头上向外突出的小圆粒是准星

这样的瞄准方式实际上难以命中任何单兵目标，但是当一支大型部队用这种方式向远处一队集群目标（如密集的步兵或骑兵队形）打排枪时，就能达到一定的效果。在布尔战争中有这样一个实例，一队英军士兵在接近一个布尔人的兵营时，在军官的指挥下向这个未进入视线范围内的兵营方位打了几轮齐射，然而当他们冲到兵营时，发现这个兵营已经被打得

千疮百孔。但这种间接齐射的方法的实际杀伤效果并不太好，更多的是起到压制和扰乱的作用，而且在机枪和轻型步兵火炮普及后，齐射瞄准具的作用就显得过时了，所以在第一次世界大战时为了简化生产程序，提高生产效率，齐射瞄具首当其冲被取消了。

SMLE ／ No.1系列

从MLE到SMLE 布尔战争时期（1899－1902），李－恩菲尔德步枪是英军步兵的主要武器。以往英军在殖民地战争中面对的都是武器装备落后的对手，而这次英军步兵们第一次面对装备同样先进的敌方——布尔人，他们使用的是毛瑟步枪。虽然英军的多次战斗失利都归因于战略战术的失败，但许多英军士兵认为布尔人的枪和枪法都比英国人的好。就武器而言，许多李-恩菲尔德步枪无法在野外进行归零校准，而不得不运回英国的兵工厂重新校正瞄具。另外，布尔人的毛瑟步枪是用桥夹装填的，可一次装满弹仓；而李－恩菲尔德步枪的容弹量虽然比毛瑟步枪多了一倍，但装填时只能一发一发地装，很浪费时间。

英国人认真吸取了布尔战争的经验教训，于1903年推出了一种改进型李－恩菲尔德步枪，这种新步枪改进了原有步枪的几个缺点。改进后的缺口式照门很容易进行归零校正；在抛壳口上增加了弹夹导槽，用5发桥夹装填时，压两次弹就可装满弹匣。除了这些改进外，新步枪还有一项更重要的突破，即首创了一种“短步枪”的新概念。当时，世界各国普遍的观念都是为步兵配发长步枪，为骑兵、炮兵和其他部队配发卡宾枪。而英国人却决定用一种“中间”尺寸来代替多种尺寸步枪，即只采用一种长度介于长步枪与卡宾枪之间的短步枪来同时满足两种用途。

其实这种短步枪早在1901年就已经开始试验和生产，根据布尔战争的经验对其进行进一

1942年的北非战场上，两名英国SAS队员正潜伏在沙漠上侦察敌情，他们身边放着的步枪是No.1 MkIII*步枪

SMLE Mk III步枪

步的改进后，这种短步枪于1903年正式命名为李－恩菲尔德弹匣式短步枪（Short Magazine Lee–Enfield），通常被简称为SMLE步枪。也许大家都已经注意到，英国兵工部门习惯用从后到前的表达方式命名，就像他们的日期表达方法一样，所以这个英文全称中的“Short”所指的不是弹匣，而是步枪。SMLE步枪的弹匣尺寸与原来MLE步枪弹匣相同，只是步枪长度缩短至1130mm，因此千万不能从左到右翻译为“短弹匣李－恩菲尔德步枪”。

庞大的SMLE家族 恩菲尔德兵工厂在1903年正式开始生产SMLE步枪的第一个型号MkI。1904年，斯帕克布洛克皇家兵工厂（RSAF Sparkbrook）、伯明翰轻武器公司（Birmingham Small Arms Co.——BSA）和伦敦轻武器公司（London Small Arms Co.——LSA）都开始为英军生产SMLE MkI步枪。1906年出现了稍做改进的SMLE MkI*步枪，同年恩菲尔德兵工厂、斯帕克布洛克兵工厂、BSA公司和LSA公司都开始生产该枪。

1903年，英国政府批准把原有的李氏系列长步枪（包括MLM和MLE）改装成SMLE规格的短步枪，以减少部队全面换装新步枪的经费。这些由长步枪转换过来的短步枪型号被命名为“SMLE转换型MkII”（SMLE Converted Mark II），或缩写成ConD II。但这个正式名称太长，很多时候只是被称作SMLE MkII步枪。同时，还有很多未更换短枪管的MLE长步枪或LEC卡宾枪仅仅是改装机匣（增加桥夹导槽），这些型号分别被命名为CLLM（Charger–Loading Lee–Metford）或CLLE（Charger–Loading Lee–Enfield）步枪。

SMLE步枪的研制和服役一直伴随着一些“理论家”的反对，这些观念守旧的专家通过理论研究而不是调查实战经验认定：步枪还是长的比短的好，SMLE步枪对步兵来说太短，对骑兵来说则太长； 如果一定要替换MLE步枪，宁可被一种毛瑟式的步枪所代替。在这种意见影响下，恩菲尔德兵工厂研制出毛瑟式枪机的P14步枪。但SMLE步枪仍然得到投产和改进，其中以MkIII的产量最多。

SMLE MkIII步枪是在1907年定型的，该型号是对SMLE MkI步枪的进一步改进和简化。MkIII在恩菲尔德兵工厂、BSA公司和LSA公司同时生产。同一年内，对原有的MkII按照MkIII规格也进行了相应改造，被重新命名为“SMLE转换型MkIV”（缩写成ConD IV），或称为SMLE MkIV。1909年，印度的伊莎波尔步枪厂（Ishapore Rifle Factory）也开始生产SMLE MkIII步枪，澳大利亚的利特高轻武器厂（Lithgow Small Arms Factory）则在1913年开始生产SMLE MkIII步枪。至于早些年已经交付部队的SMLE MkI*和MkII步枪则通过对原枪的升级改造来增加MkIII上的几项改进，并由此先后定型出1908年的SMLE MkI**步枪和1914年的SMLE MkI***步枪。类似的升级改装在伊莎波尔兵工厂被定型为SMLE Mk I* I.P.和SMLE Mk I** I.P.，其中“I.P.”则为“印度式（India Pattern）”的缩写。

第一次世界大战中，英军士兵很快就发现SMLE MkIII是一种非常好的步枪，它精准、可靠、火力迅速、操作方便。英国士兵都必须要经过单兵射击练习和齐射练习，一个训练有

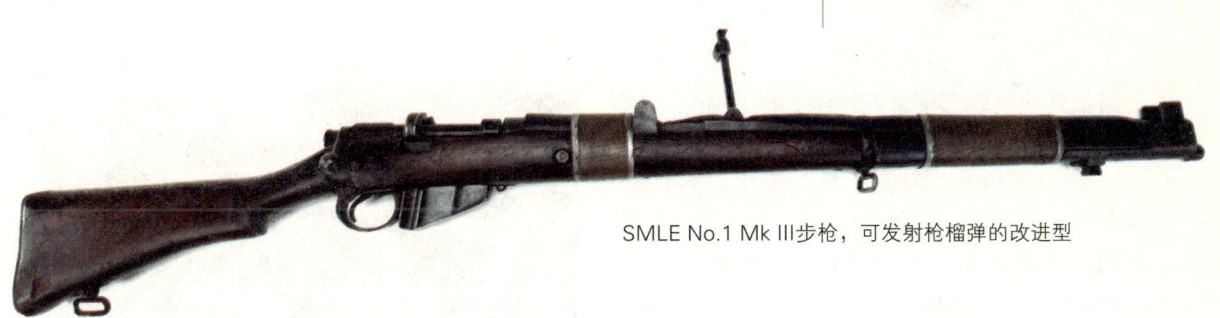
SMLE No.1 Mk III步枪，可发射枪榴弹的改进型

素的士兵可以在1min内瞄准射击15发，有些英国文献中甚至说1min能打出30发，这样的实际射速比当时任何手动步枪都要快。当英军士兵以齐射方式速射时，德国士兵就觉得像被机枪火力压制一样，这样猛烈的火力让他们毕生难忘。

在一战中期，英国政府预计战争还需要持续很长时间，为此有必要迅速扩充军队，当然也需要大量的步枪。但有一个麻烦，就是生产速度远跟不上实际需要。采用毛瑟式枪机的P14步枪的特点之一就是便于大量生产，但在英国已没有多余的机器和人力来生产，为此英国陆军部决定委托尚未参战的美国生产P14步枪，以补充李氏步枪的空缺，同时为提高国内生产步枪的速度，英国陆军部在1916年批准了更为简化的SMLE MkIII*步枪的定型及生产。

SMLE Mk III步枪铭文特写

SMLE MkIII*是原有SMLE MkIII的简化型，简化的项目主要包括取消齐射瞄具、弹匣隔断器和照门上的风偏调整螺帽，这些简化并不会影响步枪的实际性能，但减少了生产工序，提高了生产速度。并非所有的工厂都同时开始生产SMLE MkIII*，BSA公司在1915年就开始试产，而LSA公司直到1918年才开始生产。在1918年11月第一次世界大战结束后，印度的伊莎波尔步枪厂和澳大利亚的利特高工厂都恢复了SMLE MkIII的生产。在英国，LSA公司下属的兵工厂关闭，但BSA公司继续生产SMLE MkIII和SMLE MkIII*步枪，除了提供给英军使用外，还向外军销售，而恩菲尔德兵工厂则把工作重点转移到对原有SMLE步枪的继续改进上。

1926年，英国兵工部门感到其武器命名方式太混乱，有些是用标记，有些是用年号，因而决定采用新命名方式。于是原有的0.303in口径（7.7mm）SMLE步枪统一命名为No.1步枪，而0.22in口径的SMLE训练枪则被命名为No.2步枪，P14步枪则被命名为No.3步枪。

对No.1 MkIII的改进导致英军采用了新的No.4 MkI步枪，但从1939年至1945年整个二战期间，No.1步枪仍在大量生产和使用。除了利特高工厂从1939年到1941年中期生产了几千支No.1 MkIII外，二战中所有的No.1步枪均是No.1 MkIII*的形式。其中BSA公司生产了超过25万支No.1 MkIII*步枪，伊莎波尔厂生产了超过60万支No.1 MkIII*步枪，利特高工厂生产了超过50万支No.1 MkIII*步枪。二战期间，大量的No.1 MkIII*步枪不仅装备英国及其他英联邦国家的军队，而且还空投到欧洲的纳粹占领区，支援当地的抵抗组织。

No.1步枪在利特高工厂一直生产到1956年左右，而在伊莎波尔步枪厂则生产到1974年左右，这两家工厂都对原有的步枪做了一些改进，但都只生产No.1 MkIII*步枪。大概在1949年，伊莎波尔步枪厂改用阿拉伯数字作为型号编号，No.1 MkIII*改称No.1 Mk3*。另外在20世纪60年代中期，伊莎波尔步枪厂研制了No.1步枪的一种7.62×51mm北约标准口径型，命名为 2A 7.62mm 步枪，后来略做改进称为 2A1 7.62mm 步枪。在外观上，这些步枪与0.303in口径原枪的区别在于弹匣的形状。70年代的最初几年时间里，伊莎波尔步枪厂又重新生产了0.303in口径的No.1 Mk3*步枪。

二战结束后，大约有500万支SMLE步枪在世界各地的冲突和战争中使用。直到现在，仍然有许多SMLE步枪在民间用于狩猎和打靶，或作为历史纪念品被珍藏。

辨识SMLE 由于SMLE步枪是由MLE步枪缩短而成，所以整体结构变化不大。SMLE的枪管由原来的762mm缩短到635mm，护木与枪口端面平齐，并有一个小螺柱突出于枪口下方，因此从外形上能很容易区分出来。SMLE步枪的瞄具由倒V形准星和可调整的V形缺口照门组成，均装在枪管上，准星由护木的枪口箍上延伸的两片护翼保护。后来为了易于生产，把准星改为柱形，照门改为U形缺口式。最初的SMLE步枪仍然有齐射瞄具，但在1916年以后生产的SMLE步枪都不再安装齐射瞄具，以便简化生产工序。保险在机匣的左后侧，右手拇指可以很方便地操作。

二战中欧洲战场上的加拿大步兵同时装备使用No.1步枪和No.4步枪

大多数SMLE步枪的枪托右侧都嵌有一小片圆形的黄铜片，上面铭刻有兵团的标记。背带环有两个，前背带环位于前托中部的枪管箍底部，后背带环位于枪托底部。枪托中空，在钢制托底板上有活门，可在枪托内存放维护工具。枪口下方突出的一个小螺柱是用于安装剑形刺刀的。SMLE步枪最初配用的是P1903刺刀，但由于SMLE步枪的全枪长较短，有些人认为这样在拼刺时会处于不利位置，必须增加刺刀长度，因而后来开发了较长的P1907刺刀。一战中，出于堑壕战的需要，德国的毛瑟M98步枪和美国的斯普林菲尔德M1903步枪都试用过容量达20～25发的长弹匣，同样，恩菲尔德兵工厂也曾在1916年向前线的英军提供了

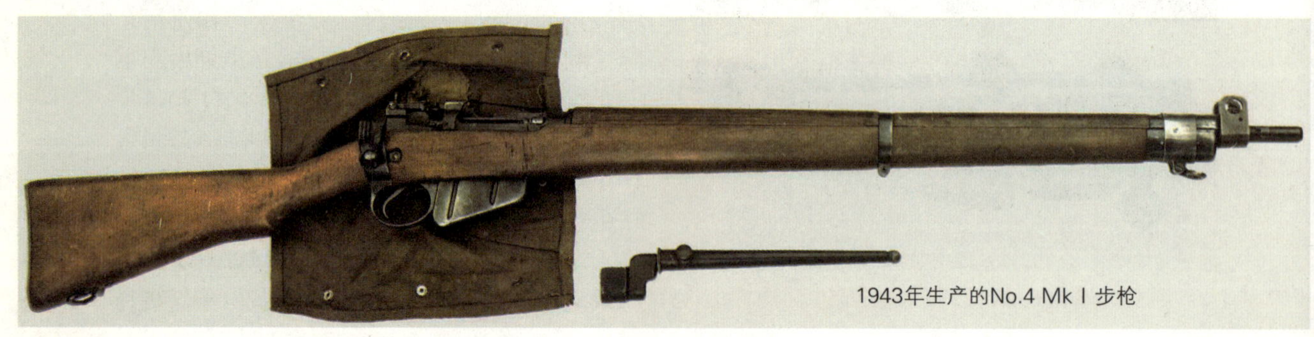

1943年生产的No.4 Mk Ⅰ步枪

1944年，一名参与“市场花园”行动的英军士兵手持No.4步枪作瞄准姿态

加拿大军队虽然也装备了大量的No.1步枪，但在战争后期则改装备No.4步枪，图为1943年在意大利作战的加拿大第48高地师

至少16万个大容量弹匣，这种弧形长弹匣可装20发0.303in枪弹。但现在这种弹匣已经很少见，因而成为收藏家追捧的稀品。

李-恩菲尔德No.4系列

二战结束前的No.4步枪 英军在总结第一次世界大战经验时认为，虽然SMLE步枪的性能比P14步枪好，但不便于大量生产，因此需要简化生产、降低成本；P14步枪的性能虽然不太理想，但其觇孔式瞄具很有效，应该用在SMLE步枪上。因而英军决定对SMLE步枪进行改进。

其实在一战开始后不久，恩菲尔德兵工厂就已经试验过在SMLE步枪机匣上安装觇孔式照门，但并没有推广。直到1922年，对原有步枪进行简化的SMLE MkV试验步枪才改用觇孔式照门，但在1922～1924年间，恩菲尔德兵工厂只生产了2万支。英国兵工管理部门在1926年对所有步枪进行重新命名后，SMLE MkV试验步枪被命名为No.1 MkV步枪，同一年，又推出改进后的No.1 MkVI步枪。1931年，对No.1 MkVI稍加改进后重新命名为No.4 MkI。虽然此时No.4 MkI已经满足使用要求，但由于评审时间过长，一直未能投产，直到二战爆发时，才于1939年11月正式被采用。

为了满足战争需求，英国皇家兵工厂建造了两家新工厂来生产No.4 Mk I步枪：一个设在法扎克雷（Fazakerley，利物浦市郊），另一个设在马尔特（Maltby，靠近谢菲尔德）。此外，BSA公司在雪莉（Shirley，伯明翰市郊）也建造了一个工厂来生产该枪。这些工厂都在1941年6月才开始生产No.4 MkI步枪。

由于英国远征军在敦刻尔克撤退时损失了超过30万支的No.1 MkIII步枪，虽然No.4 Mk I步枪比该枪容易生产，但短时间内仍然无法填补这一空白，所以英国政府决定再一次由北美的私营公司承包部分生产合同。这次选中的公司是美国萨维奇轻武器公司（Savage Arms Company，以下简称萨维奇公司）和加拿大轻武器有限公司（Small Arms, Ltd.——简称SAL）。萨维奇公司从1941年7月开始在马萨诸塞州的史蒂文斯工厂（Stevens Arms Co.）生产该枪，而SAL公司在安大略省长枝海滨（Long Branch）的工厂生产该枪。为了简化生产工序、提高生产速度，英国政府于1942年批准了萨维奇公司和SAL公司对No.4 MkI步枪进行简化设计，简化后的步枪被命名为No.4 Mk I*步枪，而这两家工厂原本已经生产出来的No.4 MkI步枪在1942年也改装成No.4 MkI*步枪。英国从北美进口的No.4 MkI*步枪超过了100万支。当时，在英国本土生产的主要是No.4 MkI步枪，而二战中的印度和澳大利亚的兵工厂则仍在生产No.1 MkIII*步枪。

No.4 MkI*步枪与No.4 MkI步枪基本相同，但简化了枪机卡笋的设计；立框式表尺被取消，改为L形翻转式表尺；枪管膛线由原来的5条减少到2条；此外标准件的生产公差也尽量放宽，以求在保证质量的前提下尽可能提高生产速度。尽管如此地简化，No.4 MkI*步枪在战争中的表现还是相当不错的，而且被收藏家视为珍品。由于萨维奇公司是按照租借法案来生产的，因此其机匣左侧打上了“美国财产（U.S. PROPERTY）”的标记。除了供应英国外，还有4万支在二战期间按照租借法案运到中国，曾在解放战争中使用。

萨维奇公司于1944年6月停止生产No.4 MkI*步枪，总产量刚超过100万支。SAL公司的长枝海滨工厂于1945年停止生产，随后被加拿大兵工厂有限公司（Canadian Arsenals Ltd.——简称CAL）属下的轻武器分部（Small Arms Division）收购，于1949～1955年期间重新投产，总产量（1941～1955年）超过90万支。

1944年，长枝海滨工厂研制了一种0.22in口径的No.4步枪作为训练用，定型号为C No.7 0.22 MkI步枪。其外形与No.4步枪相同，只是照门不同。后来英国也在1948年研制了一种0.22in口径的训练枪——No.7 MkI步枪，外形也和No.4步枪完全相同。另外还有一种0.22in口径的比赛型——0.22 No.8 MkI步枪。这种步枪采用带手枪式握把的枪托，前托缩短，并采用重型枪管，设有准星护罩。

由于No.4步枪的投产时间太晚，虽然产量逐步增加，但直到1942年底前，英军一线部队仍然以No.1 MkI*步枪作为主要装备，只有极少数精锐部队才能装备新的No.4步枪，No.1步枪在二战中仍广泛使用，许多军队在北非和意大利都是使用No.1步枪，尤其是英联邦国家的军队。诺曼底登陆后，英军在欧洲西北部的战场上，包括在法国、荷兰、比利时和德国的战斗中才广泛使用No.4步枪。

在欧洲内陆作战的英军部队手持No.4步枪

No.4 MkI*步枪枪身左侧特写

No.4 MkI*步枪枪机特写

1942年2月，英国定型了一种No.4步枪的狙击型——No.4 MkI(T)步枪，“T”是Telescopic Sight（瞄准镜）的英文缩写。该枪是在通过精度测试挑选出来的量产型No.4 MkI步枪上安装贴腮板和瞄准镜而成，其配用的No.32瞄准镜原本是为布仑轻机枪设计的，放大倍率为3倍，瞄准镜座安装在机匣左侧，不妨碍机械瞄具的使用。枪托上加装有木制贴腮板，使瞄准射击时更舒适。瞄准镜不使用时装在一个专用的袋子中。在英国，这些狙击步枪由恩菲尔德兵工厂和一家公司负责改造，共生产了25000～30000支。除此之外，1944年后期长枝海滨工厂也把数千支No.4 MkI*步枪加上瞄准镜改装成类似的狙击步枪，因而命名为No.4 MkI*(T)步枪，配用的瞄准镜为加拿大生产的CNo.67或美国莱门·阿拉斯加公司（Lyman Alaskan）的瞄准镜。

朝鲜战场上的加拿大狙击手也在使用No.4 MkI*(T)狙击步枪，配用的瞄准镜是C No.67瞄准镜

二战后的No.4步枪 战后，恩菲尔德兵工厂在1947年改进了No.4步枪的扳机设计，新的扳机用销子固定在机匣而不是扳机护圈上，这样可以消除扣扳机力过大时导致的枪托变形，另外改用浅色山毛榉作为枪托材料。这种新步枪在1949年3月被采用，此时英国兵工部门也改变了型号命名方式，原本的罗马数字改为阿拉伯数字，于是新枪被命名为No.4 Mk2步枪。法扎克雷兵工厂于1949年7月开始生产No.4 Mk2步枪，一直持续到1955年，它是唯一生产该枪的厂家。由于步枪需求量很大，因此No.4 Mk2步枪的产量也不少，并在朝鲜战争中为英军部队大量采用。No.4 Mk2步枪实际上是No.4系列步枪中性能最优秀的，其生产、装配和处理都比二战期间生产的枪型要好。

除了新生产的No.4 Mk2步枪外，英军还决定把早期生产的步枪改装成新枪的规格，因此原来的No.4 MkI被重新改装并命名为No.4 MkI/2步枪，而原来的No.4 MkI*则被重新改装并命名为No.4 MkI/3步枪。对旧步枪的改装工作都在法扎克雷兵工厂进行。

BSA公司在20世纪40年代末期停产，并在50年代中期把生产机器卖给巴基斯坦兵工厂（Pakistan Ordnance Factory——简称POF）。POF除了生产自己的李-恩菲尔德步枪外，还翻新了大量的No.4 MkI和No.4 Mk2步枪。

50年代后期，英国皇家海军与帕克-黑尔公司签订合同，将3000支No.4 Mk2步枪转换成0.22in口径的训练枪，这种步枪被定型为0.22 R.F.No.9 Mk1，其外形与后期的No.4 Mk2步枪相同，也采用浅色山毛榉枪托。在二战后推出的一系列No.4步枪中，除了有0.303in口径的型号外，还曾经研制过7.62mm口径型。

评说No.4步枪 No.4步枪基本上是在No.1步枪基础上进行改进设计的，仍然采用传统李氏步枪的系统，但主要部件由原来的60多个减少到不足50个，又改用了比较厚的重型枪管，机匣和枪机也更结实、牢固，因此质量稍有增加。No.4步枪比No.1步枪更容易生产，但却要稍增加一点成本（这一点显然与设计初衷有悖）。

另外，No.4步枪采用了英国的新螺丝标准，几乎全部不能与No.1步枪上的螺纹通用。枪托形状稍有改变，特别是前托的延伸位置比较短，不像No.1步枪那样与枪口端面平齐，因此在外形上可以很容易地区别出来。刺刀的形式也改变了，有两种：一种是剑形；另一种是四棱锥形。刺刀套在枪口上，并不妨碍射击，但不能像No.1步枪的剑形刺刀那样单独作匕首使用。

No.4步枪采用类似No.3步枪的可微调的觇孔式照门，这种照门不仅更适合精确射击，而且由于明视距离比较近，所以照门位置从原来的枪管尾部挪到机匣尾端，这样也使得瞄准基线变长，进一步提高了射击精度。

No.4 MkI的表尺放倒时为一般战斗距离，射程装定274m，觇孔直径较大，便于快速瞄准或在昏暗条件下瞄准；立框式表尺竖起来时用于不同距离上的精确瞄准，包括远距离和近距离，而且此时的觇孔直径也较小，适合精确瞄准。战争后期生产的简化版No.4 MkI*虽然取消了立框式表尺，但仍采用一大一小两种直径觇孔的L形表尺，大觇孔适用于274m以内射程，小觇孔适用于548m以内射程。比起只有一个小觇孔的美国M1伽兰德步枪或缺口式照门的德国毛瑟98k步枪，英国人的设计使得No.4步枪远近皆宜。另外，No.4步枪的射击精度较高，与同时代的非自动步枪相比，兼有容弹量大、射速高的优点。因此，No.4步枪可以说是二战中最好用的非自动步枪,但和M1伽兰德步枪这样的半自动步枪相比，就难免显得落后了。

李－恩菲尔德No.5系列步枪

二战期间，根据东南亚战场上的反映，No.4步枪显得过长过重，不太适合丛林战。因此恩菲尔德兵工厂于1943年开始研制一种较短较轻的No.4缩短型，经过试验后于1944年正式定型为No.5 MkI步枪，通常俗称为“丛林卡宾枪”（Jungle Carbine）。1944年底，No.5步枪开始在皇家兵工厂下属的法扎克雷工厂和BSA公司下属的雪莉工厂生产。该枪主要用于在东南亚丛林里与日军的战斗，二战结束后也被英军用于与巴勒斯坦和马来亚的冲突。

No.5 MkI比No.4 MkI缩短了127mm，虽然较短较轻，但发射0.303in步枪弹时会产生过大的后坐力和过多的枪口焰，为此专门在枪口安装了一个喇叭形消焰器，在枪托上安装了一个橡胶缓冲垫。不过即使如此，No.5卡宾枪的后坐力仍然显得过大，据说由于后坐力过大，射击时的震动还会使瞄具的归零发生变

No.4步枪可微调的觇孔式照门

恩菲尔德步枪使用的5发弹夹和10发弹匣

化，往往今天调好了瞄具，明天再打时弹着点就会出现在不同的位置。另外，No.5卡宾枪把枪托底部的背带环改在侧面，而且由于枪口处安装了消焰器，不能安装No.1或No.4步枪的刺刀，为此生产了No.5卡宾枪专用剑形刺刀。因其缺陷，枪很短命，在1947年就停产了。

二战末期，澳大利亚利特高兵工厂也以No.1 MkIII*步枪为基础试制了与No.5外形相似的缩短型（两枪均称“No.5”，但非同一种枪）。

李–恩菲尔德No.5步枪

战后发展

20世纪60年代后期，当北约组织确定了标准步枪弹后，英国人尝试把不同型号的No.4步枪转换成7.62×51mm北约标准口径。原No.4 Mk2步枪改变口径后被命名为L8A1步枪，而其他改变口径后的No.4枪型的新名称是从L8A2到L8A5。更改口径的具体变化包括更换新枪管和新抽壳钩，并改用尺寸和外形有所不同的新弹匣。在外观上，L8系列步枪与No.4步枪较容易识别的特征是弹匣的外观。

不过改变口径后的李–恩菲尔德步枪被证明射击精度不佳，英国兵工部门想了许多方法，如采用固定枪管或浮置式枪管，亦或试验不同弹头质量的弹药，可就是打不准——比原来的0.303in口径的型号差很远。但后来发现在配上重型枪管和短枪托后，却能在远距离甚至超过914m（1000码）的距离上射出很高的精度，于是最终诞生了恩菲尔德“特使”比赛步枪和L42A1狙击步枪。至于L8系列步枪本身则极短命，因为手动步枪毕竟已经过时，而英国最后也选择了半自动的L1A1 SLR步枪，所以只有少量的No.4步枪在早期被转换成L8系列步枪，剩下的大量No.4步枪与其他型号的0.303in李氏步枪一起销往世界各地。倒是L42A1狙击步枪一直使用到20世纪80年代，因此该枪又被称为“最后的恩菲尔德步枪”。

70年代中期，一种由No.4步枪转换成的训练步枪获得采用，被定型为L59A1，改装工作主要是将一个铁塞子焊进后膛内，使之不能发射。L59A1步枪由No.4 MkI、MkI*和Mk2转换而成。

外传——0.303in步枪弹与达姆弹的传说

0.303in（7.7×56mmR）步枪弹诞生于1887年，并在1888年与李–梅特福德步枪一起被英军正式采用。第一种0.303in步枪弹为MkI，是一种圆头弹，采用突缘式瓶形弹壳，底火为博克赛式，发射药为RFG2黑火药。事实上，当法国化学家佛埃播（Paul Vielle）在1886年发明了硝基无烟发射药后，许多国家都在尝试改用无烟发射药。英国人虽然率先采用了一种小口径（按同时代的标准而言）的步枪弹，但却仍然采用黑火药，看样子英国人在无烟发射药方面的研究出现了障碍。但英国人居然有本事把4.55g黑火药塞进一个小小的弹壳里，使重达13.9g的弹头初速增加到560m/s，这在黑火药时代几乎是难以置信的。

不同型号的0.303in步枪弹，上面的弹壳里装的是线状的科玳发射药，中间是3发实弹（两发尖头弹和一发空尖弹），最下面是装黑火药的弹壳

后来，英国人终于在1891年（另有文献说是1892年）研制出自己的无烟发射药——科玳（Cordite，它是一种外形像细绳的无烟火药，经常被称作“绳状发射药”，也被戏称为“意大利面条”。主要由硝化纤维素、硝化甘油和凡士林组成，在丙酮中溶解，风干并压成绳状，属于硝化甘油与硝化纤维的双基火药）。换上无烟发射药后的0.303in步枪弹被命名为MkI C，其中的“C”是科玳的缩写。1893年，0.303in步枪弹改用伯尔丹尔底火后，又定型为MkII弹。MkII弹的初速增加到600m/s，射程更远，弹道更平直，但命中目标时的效果却并不理想。

在当时，创伤弹道学还是一门无人涉足的学科，没人知道600m/s的初速对于这种质量较轻的小口径枪弹来说是不够的，这样低的速度只适合比较重的软铅弹，例如英军过去装备的0.450in口径马蒂尼-亨利步枪发射的31.1g软铅弹。而且全被甲的MkII弹侵彻力强，可以穿透大象的头骨，但对于人体目标来说它的侵彻力是“好”过头了，弹头能量不能有效传递给肌体，产生的瞬时空腔太小，英国的研究人员通过对不同人种的尸体解剖发现，MkII弹的创伤弹道非常整齐。

19世纪末期，在印度和阿富汗执行任务的

英国产的0.303in步枪弹，从左至右：MkVII、MkVIIz、Mk7、Mk7z、MkVIIIz、Mk8z、比赛弹（低阻流线型弹头）、比赛弹（低阻流线型弹头）、比赛弹（低阻流线型弹头）

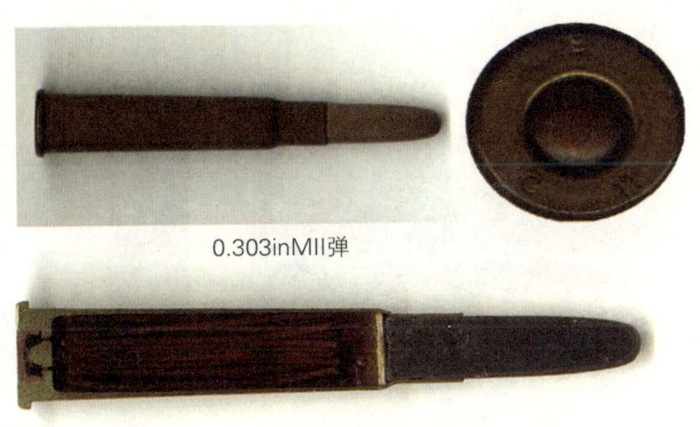

0.303inMII弹

0.303inMII弹剖面图

达姆兵工厂生产的0.303in步枪弹的旧照片，照片中有空尖结构的枪弹，也有后来的尖头弹

英军士兵经常发现被规模和勇气都远超自己的敌人所包围，更糟糕的是他们还发现新式的0.303in步枪的杀伤效果远不如原先装备的旧式马蒂尼-亨利步枪。于是为了解决杀伤力的问题，英军在印度加尔各答附近的达姆兵工厂生产了一种半被甲0.303in弹头。这种弹的弹头前端露出一小部分铅心，这样较软的弹尖部在进入肌体后会比较容易膨胀变形，其效果就同原来无被甲的马蒂尼-亨利软铅弹类似，利用铅容易变形的特性，使0.303in枪弹也可以有效地把能量传递给肌体。原本0.303in枪弹与0.450in马蒂尼-亨利枪弹的枪口动能就几乎相同，而现在0.303in枪弹也可以有效地把能量传递给目标，于是，达姆弹就这样出现了。

在实战中显示出达姆弹的杀伤效果比MkII弹好，但达姆弹的数量很有限，大多数的英军部队使用的枪弹仍以MkII弹为主，于是有些人自己锉开弹头前端的被甲，这样也能达到类似于达姆弹的效果。不过印度争取自治的抵抗武装经常使用与英国军队相同的武器装备，所以也有一些印度人用达姆弹来对付英军士兵。

达姆弹只是一种应急做法，本身并没有经过充足的试验。受达姆弹的启发，英国本土的兵工部门在1897年研制出杀伤效果和精度都更好的MkIII弹，该弹其实就是在弹头前端开一段空腔而改成空尖弹，进一步改进后称为MkIV弹，并很快就开始投产。接着在1899年又研制出MkV弹，同样是空尖弹，但弹心含2%的锑以增加其硬度。

此时，英国由于使用了这种扩张性弹头而受到巨大的政治压力，英国的政治对手们都谴责英军使用了不人道的枪弹（实际上，与原来的0.450in马蒂尼-亨利枪弹差不多，但在全世界都使用无被甲弹的那个年代却没有人投诉）。英国极力辩解说这种枪弹只用于对付“野蛮人”（指殖民地争取独立的武装），并不会用于与“文明人”（其他西方国家）的战争。但这种无耻的辩词没有得到其他殖民国家的认同，最终在1899年签署的海牙国际公约中，明确规定各国不得在战争中使用“容易在人体内扩张或变形”的弹头。原本英国人是很不情愿的，但恰好此时在布尔战争中，布尔人同样使用了扩张性弹头来打英国人，英国难以为敌人所使用的枪弹辩护，再加上来自四面八方的政治压力，也就老老实实地签署了海牙公约。

签署海牙公约后，英国人停止了生产空尖弹，并从南非撤回所有的空尖弹，不过仍然保留作现役，只用作射击练习直到耗尽存货为止。而在印度生产的达姆弹大概在1897年或1898年就已经停产，产量本身也不多，而且除了在1897年至1898年间在印度西北边区Chitral省和Tirah省的远征期间和在苏丹使用

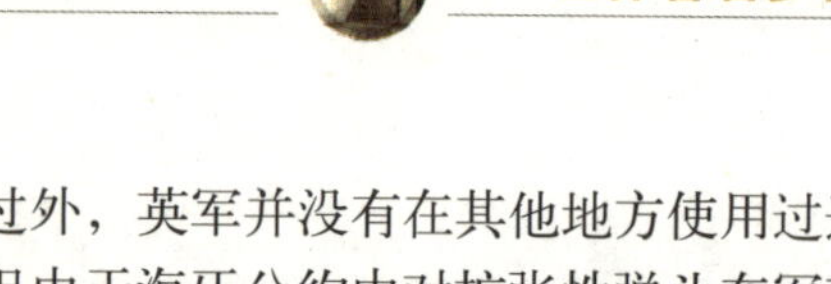

过外，英军并没有在其他地方使用过达姆弹。但由于海牙公约中对扩张性弹头在军事行动中的禁用与达姆弹脱不了干系，从而使达姆弹背上了所有扩张性弹头的恶名，直到现在还经常可以看到人们用“达姆弹”来称呼其他类型的软尖弹或空尖弹。

没有了空尖弹，英国的工程师在思考怎样才能生产一种既符合海牙公约，又确保有足够杀伤力的枪弹，于是，MkVI弹在1904年出现了，但这仅仅是让铜被甲尽量薄而已，效果差了很多。

1905年，德国人采用了一种名为“Spitzgeshoss”的步枪弹，该弹实际上是7.92mm毛瑟步枪弹的一种新型弹头，将圆形弹头改为尖形，质量减轻到10g，初速达到884m/s。速度大幅增加，不仅使弹道更平直，而且命中目标后有更好的杀伤效果；由于尖头弹比较轻，进入肌体后不稳定，更容易在肌体中变形；加之，流线型和高初速也使该弹有更远的有效射程。虽然当时的人们还不懂得用流体力学来解释为什么高速弹头进入人体后会产生较大的伤口，但实际效果就摆在那里，于是各国军工部门都效仿研制这种革命性的新弹头，英国人也不例外，马上开始着手研制尖头弹。

然而，在0.303in步枪上使用尖头弹尚存在着两个问题：其一，0.303in弹的弹壳没有7.92mm毛瑟弹壳的容量大；其二，李-恩菲尔德步枪的后端闭锁枪机没有毛瑟式前端闭锁枪机那么坚固，以承受发射时的高压。因此，即使新型尖弹头在李氏步枪上的初速能安全地提高到508m/s以上，但命中目标时所产生的流体静力学冲击的速度并不比毛瑟步枪高。英军研究人员有感于早年MkII弹的失败，因此他们对质量较轻的弹头也不太放心，觉得需要稍微增大一点质量，于是就研制出弹头质量为11.28g的MkVII尖头弹，并于1910年正式采用。

MkVII弹是一种全被甲尖头弹，初速为743m/s，其最大的特点是在弹头壳里包裹

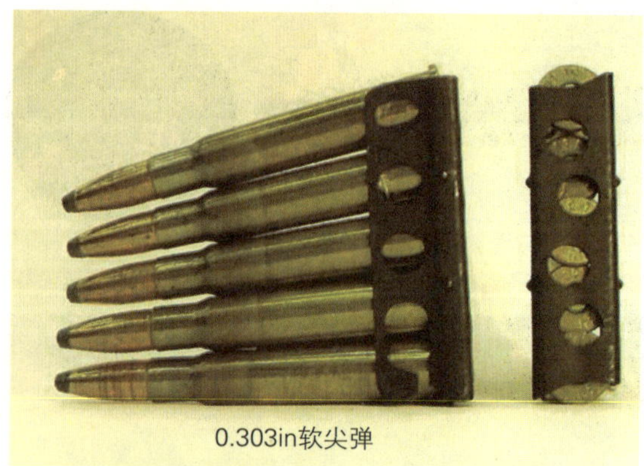
0.303in软尖弹

0.303inMkVI弹剖面图

铅/铝复合弹心的0.303inMkVII弹剖面图

的并非传统的单一铅心，而是铅/铝复合弹心——其弹尖部为铝质，占弹头全长的1/3，在铝弹尖后面才是铅制的柱形主弹心。这样的设计首先保证了弹头质量，即使在较远距离上仍存有足够的动能；其次是使弹头质心偏后，增加撞击目标后的不稳定性和翻滚性，自然就大幅地增加了它的杀伤能力。因此这种新型弹头的毁伤效果比原来的达姆弹或其他MkV弹等扩张性弹更厉害，但却完全不违反海牙公约——因为它是全被甲弹，进入肌体后没有扩张，只是翻滚而已！于是，政客们与军队皆大欢喜。

但并非所有MkVII弹的弹尖都为铝质。西德尼·史密斯（Sidney Smith）——英国法医弹道学研究的先驱，他在调查20世纪20年代埃及独立运动期间所发生的0.303in步枪造成的枪伤案例时发现，有一些弹头壳里面采用了木浆纸制的弹尖，因此去信给陆军部指出：一

些弹药制造商在他们的枪弹中使用纸而不是铝;纸弹尖似乎能达到与铝弹尖相同的效果;如果果真如此，那么所有的枪弹都使用纸来代替铝岂不可以大大节约成本了吗?而陆军部则回复说他们已经知道了!在一战期间，由于铝材短缺而使用木浆纸代替铝，纸弹尖虽然比较便宜，但是在处理伤口时需要做更多的消毒程序，否则很容易被细菌感染。

有趣的是，MkVII弹的不稳定性反而使它在狩猎界名声极坏，因为它的侵彻能力降低了。不过这并不妨碍MkVII弹成为英军制式步/机枪弹。

1938年，英军又专门为维克斯机枪装备了MkVIII弹以提高机枪的有效射程。MkVIII弹采用阻力更小的船尾形弹头，而且发射药也增加了，使初速提高到777m/s，但膛压也提高到约280MPa，因此只能用作机枪弹，无法在李-恩菲尔德步枪上使用。

除了铝或纸弹尖的普通弹外，0.303in尖头弹还发展出许多特种弹药。继1915年研制出曳光弹、穿甲弹和燃烧弹后，1916年又研制出高爆炸弹。无论0.303in圆头弹或尖头弹，都研制了不少特种弹，最后一种燃烧弹是1942年被英军采用的B MkVII;最后一种曳光弹在1945年被采用，名为G MkVIII;最后一种穿甲弹也在1945年采用，称为W MkVIIZ。高爆弹由于装药量太少而效果不佳，在1933年后就没有再生产，由MkVI和MkVII的燃烧弹代替。1935年，英军开始在0.303in机枪上使用一种O MkI目标指示弹，这种弹的弹头被设计成撞击硬物后粉碎并形成烟雾，方便射手观察弹着点。不过这种指示弹的作用很快就被MkVI和MkVII燃烧弹代替。

0.303in突缘弹并不是理想的自动武器用枪弹，而且英国人也一直试图设计采用一种更先进的枪弹，但每一次进行类似的研究时却总是会被发生的一些大型战争所中断，因此英国人的新型枪弹研究工作甚至直到二战结束后的13年里仍然裹足不前。因此，0.303in步枪弹作为英国的标准军用枪弹服役超过了60年，直到1958年被L1A1 SLR步枪所使用的7.62mm北约标准弹所取代。

在李-恩菲尔德步枪和0.303in枪弹退役后，英国政府向其他国家或民间销售剩余的李-恩菲尔德步枪和MkVII弹，现在除了一些战乱地区，很少发现有0.303in步枪用于战斗用途，在西方国家，0.303in步枪和枪弹仍然用于狩猎或射击比赛，生产厂家也很多，不过产量没有以前那么高了。

加拿大产的0.303in步枪弹，从左至右：MkVII、MkVIIz、Mk7、Mk7z、G MkI曳光弹、G MkIIz曳光弹、G MkIIz曳光弹、G MkIVz短程曳光弹、W MkI穿甲弹、B MkVII燃烧弹、B MkVII燃烧弹

德意志经典——毛瑟98/98k步枪

对于大多数中国人来说，“毛瑟”这个名词就意味着德制武器中的精品。毛瑟1896式驳壳枪确实算得上经典之作，像毛瑟公司这样拥有上百年历史的著名公司，岂能缺经典之作。如毛瑟98/98k步枪，无论是它的结构设计，还是它传奇般的生涯，以及它在世界步枪史上的地位，恐怕都是无“枪”能及的。

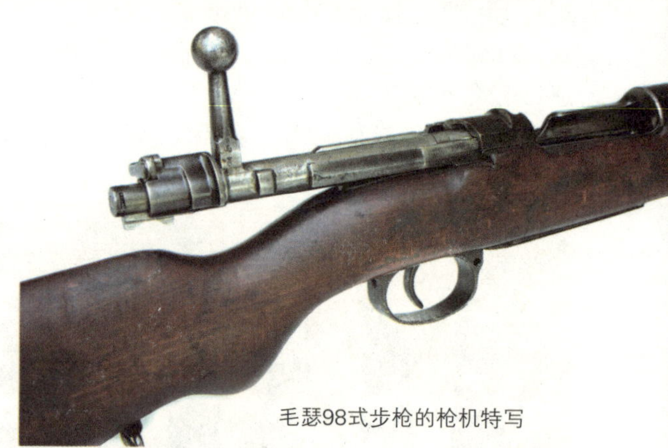
毛瑟98式步枪的枪机特写

毛瑟步枪历史

威廉·毛瑟与彼得·保罗·毛瑟兄弟出生于一个枪械工匠家庭，从小就跟随父亲在普鲁士皇家兵工厂当学徒。在艰苦的日子里，积累了大量实践经验。兄弟俩凭借精湛的技艺和敏锐的商业触觉，于1872年创办了毛瑟武器制造厂，开始了与普鲁士帝国以及后来德国的长期合作。

在生产毛瑟98式步枪之前，毛瑟武器制造厂就已经生产过多种步枪，并且被大量使用。1871年，普鲁士军队就已经装备了毛瑟兄弟发明的直动式单发步枪，命名为1871式步枪。

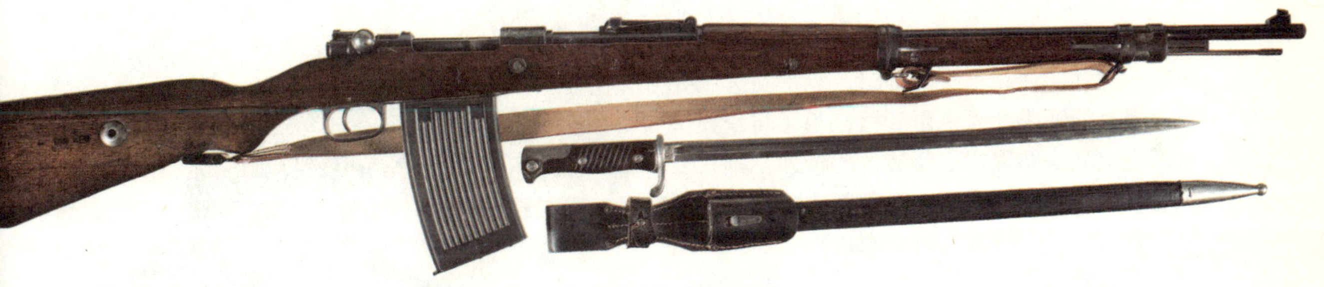

配用20发固定式弹匣的毛瑟98步枪

1888年，毛瑟兄弟设计的发射无烟火药的弹仓式步枪被德军采用为制式步枪，命名为1888式步枪。1888式步枪，在我国被俗称为“老套筒”。枪管外有一薄钢板制成的套筒，可防止射手被灼热的枪管烫伤。该枪不能承受过高的膛压，且供弹系统也不令人满意，毛瑟公司开始设计一种新型的步枪。

1898年4月，经过7个月的不断试验与改进之后，毛瑟98式步枪的设计终于完成。毛瑟98式步枪的设计成功是世界枪械史上的一个重大成就，乃至100多年后的今天，这种结构仍保留在许多枪械产品中。很快，这种武器成为德国陆军的标准装备，命名为毛瑟1898式步枪。从此，毛瑟98步枪正式走上历史的舞台。

98k步枪使用M98短弹

20世纪30年代初，德国忙于重新武装自己的部队，并且把重点放在坦克、飞机，以及其他武器装备的发展上。德国最高指挥部决定不换装毛瑟98式步枪，而只是将其改进，继续作为德军的标准装备使用。1935年，这种枪管被缩短的毛瑟步枪被德国国防军正式采用，并被命名为毛瑟98k步枪。这也是德国国防军使用的最后一种毛瑟步枪。毛瑟98k步枪中的k是指“kurz”，也就是德文“短”的意思。“短”是指毛瑟98k步枪使用枪弹的长度，98式步枪可使用M88和M98枪弹，而98k步枪只能使用较短的M98枪弹。98k步枪的实际长度为1100mm，比98式步枪短，比98式短步枪长（毛瑟98式步枪有多种变型枪，标准型、马枪、短步枪等，长度各不相同）。

结构特点

毛瑟98式步枪最有特点的两个设计是弹夹供弹系统和旋转后拉式枪机。特别是枪机的设计，更是成为世界非自动步枪的经典设计而名留青史。

供弹系统是一个内置的双排弹仓，弹仓底盖可以拆卸，以便必要时更换托弹簧。装填枪弹时，既可以单发装填，也可以使用弹夹装填。单发装填时，打开枪机，将枪弹一发一发地装入弹仓；使用弹夹装弹时，直接将装满弹（5发）的弹夹插入机匣导槽，用手将枪弹压入弹仓。如果要取出已经装入的枪弹，则只要拉动枪机（为保证安全，保险装置应处于中间位置），或者直接取下弹仓底盖将枪弹取出。

毛瑟98式步枪的枪机是一种结构简单而又坚固的整体式枪机，可以说是一种天才的设计。枪机有两个闭锁齿，都位于枪机顶部。由于闭锁位置紧靠弹膛后方，枪机本身的误差对射击精度影响较小。有人将位于枪机后部的一个突笋误认为是第三个闭锁齿，实际上它是一个保险突笋。毛瑟98式步枪的直型拉机柄固定在枪机上，闭锁时与枪身保持平行。毛瑟98k式步枪的拉机柄被改成了弯曲型。这种设计使操作更方便，更便于携行。例如在安装了瞄准镜的毛瑟98式步枪上，如果采用直型拉机柄会触及瞄准镜架，而弯曲的拉机柄则不会。

毛瑟98式步枪枪机的另一个特点是它的退壳装置。向后拉开枪机后，抽壳钩能够立即抓住弹壳底缘，牢牢控制住枪弹，直到弹壳被抛壳挺抛出为止。抽、抛壳动作流畅、可靠。

毛瑟98式步枪采用击针式击发机构。当位于机匣左侧的枪机卡笋打开后，旋转并拉动拉机柄就能将整个枪机从机匣中取出。步枪的保险装置位于枪机后部，有3种不同的状态：处于右侧时（从后方看，下同）击针被锁住，同时枪机也被锁上，此时枪机不能转动或者打开，称之为“死保”；处于中间时击针依然处于锁定状态，但枪机能够活动，从而可以装填或者除去枪弹，称之为“活保”；处于左侧时，步枪处于待击状态。这样的保险设计便于右手的大拇指操作。

毛瑟98式步枪的枪身与枪托采用整体式胡桃木结构，加上其经典的外形，使得整支枪成为一件艺术品。毛瑟98式步枪有2个背带环，而98k只在前部有一个背带环。取代后部背带环的是枪托上的孔，背带从孔中穿入。

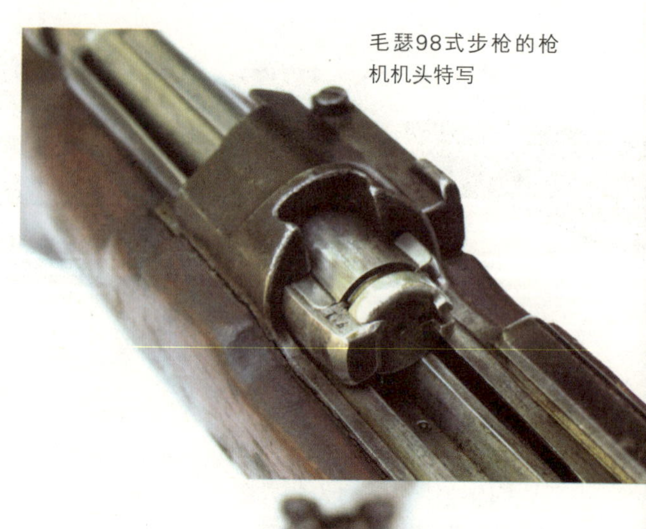
毛瑟98式步枪的枪机机头特写

保险位于左边，步枪呈待击状态

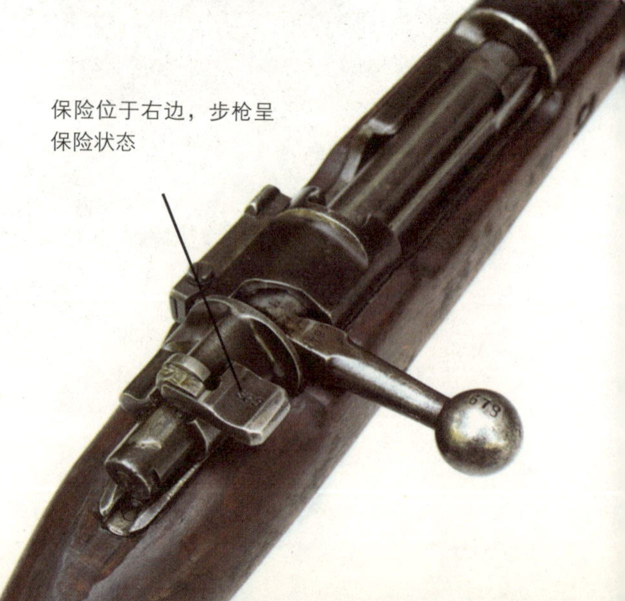
保险位于右边，步枪呈保险状态

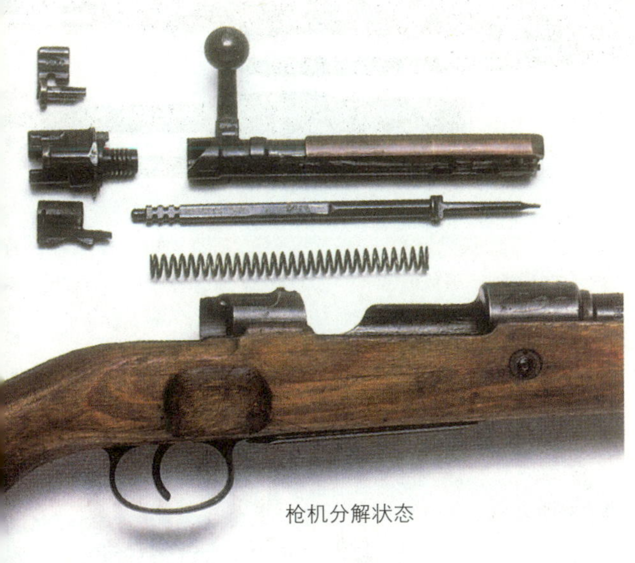

枪机分解状态

军旅生涯

毛瑟系列步枪的军旅生涯从1898年德军采用为陆军的制式装备开始算起，其装备德军达半个世纪之久。1914年一战爆发，毛瑟98式步枪成为德军的标准装备，在这期间装备的毛瑟步枪有很大数量是标准型。战后，德军想要一种更为短小轻便的步枪，相继装备了毛瑟98式步马枪、马枪以及更短的短步枪。到德军入侵波兰时，一种全长有所缩短，并且在其他方面进行了一些改进的毛瑟98式步枪，被军队采用并以毛瑟98k步枪命名。该枪于1935年正式投产，作为德国军队的标准装备在整个二战期间服役。在战争中，工厂制造出大量的98k步枪，实战证明，98k是一种可靠而精准的武器。

每一个在二战中为第三帝国效命的德军士兵都被训练使用这种步枪。事实上，对许多人来说，这是他们在整个战争中使用过的唯一一种武器。随着战争的进行，毛瑟步枪被赋予更广泛的用途。例如改进后的毛瑟98k步枪，加装ZF41或ZF42瞄准镜之后，成为毛瑟98k狙击步枪（毛瑟98k狙击步枪全枪长于毛瑟98k步枪，但枪管略短）。对有经验的狙击手来说，使用配有 4 倍瞄准镜的毛瑟98k狙击步枪可射杀400m处的目标，若选择 6 倍瞄准镜则可射杀1000m处的目标。二战期间，大量的毛瑟98k狙击步枪装备部队，活跃在前线的德军狙击手给盟军造成了重大损失。同时，在枪口

毛瑟98k 7.92mm步枪

加装榴弹发射装置后，毛瑟98k步枪还可以发射枪榴弹。

二战期间，为了缩减制造成本，毛瑟98k步枪经历了数次改进。由于原料不足，时间紧迫以及技术缺乏，随着战争的进行，这种步枪在制作工艺上越来越简陋，特别是1944年之后生产的毛瑟步枪都成了“缩水版”，质量每况愈下。例如，前护木箍由切削件改为点焊，弹仓底部也改成了钢制冲压件。而在第三帝国垮台前夕生产的一些毛瑟98k步枪甚至连刺刀座都省略了。

尽管毛瑟98k步枪性能十分优异，但是很快人们就认识到这种旋转后拉枪机的步枪已经过时了，主要问题在于其火力持续性弱。战争初期，面对波兰及其他欧洲国家微弱的抵抗，毛瑟98k步枪足以应付。即使面对苏联军队，由于当时苏军使用的莫辛-纳甘步枪也是非自动步枪，毛瑟步枪尚能抗衡。但是战局在发展，同盟国凭借强大的经济与技术优势不断更新军事装备。苏军很快将SVT40半自动步枪投入使用，美军装备了M1伽兰德步枪，这些武器让德国人吃尽苦头。另外，在与苏军进行的狙击战中，使用毛瑟式步枪的德军士兵在射击完成后必须手动上弹，拉动枪机发出的声音在寂静的林中格外清晰，苏军士兵很容易就能确定德军士兵的位置，从而给他们致命的打击。

德国人开始寻求一种能够提供更强火力，同时更经济的步枪来取代毛瑟98k步枪。毛瑟公司与瓦尔特公司同时推出了自己的半自动步枪，但毛瑟公司的产品在竞争中失利，从此德国军队再也没有采用毛瑟公司的产品作为军队的标准装备。瓦尔特公司后来继续推出G43型半自动步枪，取代毛瑟98k成为军队的标准装备。二战末期，一种名为StG44（又称Mp44）的自动步枪也出现在战场上。它们的出现，使德军在火力上有了很大的提高。由于战争接近尾声，德国已经面临物资缺乏的困境，同时盟军的轰炸导致许多兵工厂丧失了生产能力，使得上述武器的生产一直没能跟上军队的需求。就这样，毛瑟98k步枪一直处于生产状态，直到二战结束为它的表演划上一个句号。

深远影响

由于毛瑟98式步枪枪机的设计极为经典，它对后来的旋转后拉式枪机的设计产生了巨大的影响。许多国家都生产过毛瑟步枪的仿制品，例如捷克，以及我国著名的“中正式”。还有许多步枪的设计也都参考了毛瑟98式步枪，例如美国的M1903式步枪，以及英国李-恩菲尔德步枪。大多数现代非自动步枪都参考了毛瑟步枪的枪机结构设计，它真正称得上世界枪械史上的“一代宗师”。

德国毛瑟98k步枪附件

刺刀　由于毛瑟98k步枪比毛瑟98步枪的全枪长缩短了140mm，因此毛瑟98k的刺刀也以毛瑟98的刺刀为基础缩短而成，命名为SG94/98刺刀，1934年开始批量生产。该刺刀全长385mm，刀身长251mm。刀身和刀鞘上刻有生产商编号代码。

由于生产年代以及生产地等不同，SG94/98刺刀也有很多变型产品，不过这些产品之间仅有非常细微的差别，一般很难区分，仅可以通过刀柄材料进行大致判断。

SG94/98刺刀的刀柄材料分为木制和电木制（即树脂、绝缘胶木，当时德军的武器装备上多有使用）两种。其中木制刀柄刺刀从1934年持续生产到1937年，1937年以后即采用电木制刀柄。到了1944年，由于电木原材料的不足，又恢复使用木制刀柄。

SG94/98刺刀的刀鞘设计比较简单，尖端为水滴状。该刀鞘全部为铁质。为将刺刀与刀鞘固定在一起，专门为其设计了刀鞘柄，并在刀鞘正面设计了一个椭圆形挂钩，通过刀鞘柄与挂钩的扣合从而将刀与刀鞘固定在一起。

刀鞘柄也分为不同的型号，最初为皮制，有一般部队型和骑兵部队型两种，二者设计基本相同，只是后者有固定刀柄的挂带，使刺刀与刀鞘的连接更加稳固，而前者则没有。二战开始后，由于物资逐渐匮乏，开始采用棉布制刀鞘柄，其上也设有固定刀柄的挂带，最初仅用于非洲战场，但到二战末期，由于皮制材料的严重匮乏，棉布制刀鞘柄的使用越来越广泛，几乎在各个战场都

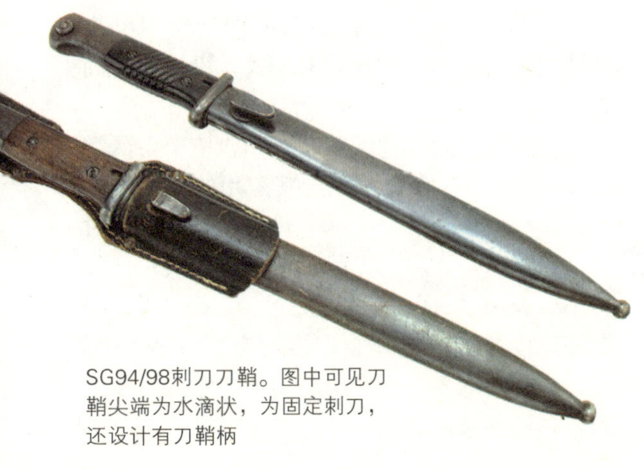

SG94/98刺刀刀鞘。图中可见刀鞘尖端为水滴状，为固定刺刀，还设计有刀鞘柄

木制刀柄型刺刀（上）是早期（1934～1937年）及1944年以后生产的。电木制刀柄型刺刀（下）从1937年开始生产直到1944年

初期型枪弹袋有3个小口袋，每个小口袋里可以装入2个5发弹夹，小口袋盖的挂带缝制在口袋盖的内侧。枪弹袋背面附有敞开式腰带环和用于连接枪背带的D形环

刀鞘柄的各种变型产品。自左至右依次为一般部队型皮制刀鞘柄、皮制骑兵队型皮制刀鞘柄、棉布制刀鞘柄

有使用。

枪弹袋 枪弹袋也是毛瑟98k步枪的基本附件之一，于1934年开始生产采用。该枪弹袋由3个小口袋组成，每个小口袋中可以装入2个5发弹夹，弹袋背面附有腰带环和用于连接枪背带的金属环，金属环下方刻有制造商铭文。该枪弹袋通常2个为一套配发给一线部队，但后方的二线部队以及步兵以外的非战斗部队每人只装备1个。

毛瑟98k步枪使用的枪弹袋一般分为前期型、中期型、后期型和二战后使用型4种，每种型号都有不同的特征。初期型设计最为独特，每个小口袋的底端都有一个销钉，销钉的头部采用尖头设计，用于固定小口袋盖的挂带，开启很方便。其特别的地方还包括：枪弹袋背后的腰带环并不是封口型设计，而是敞开式的，也固定在销钉上。佩带时，先扣上腰带环，然后再扣上口袋盖挂带，作战时即使不解开腰带，只要把腰带环和口袋盖挂带同时解脱，就可以卸下枪弹袋了。另外，早期型的金属环采用D形环设计，每个小口袋内部还铆接有隔带。可能由于使用起来不是很方便，很多士兵后来都自行将这个隔带取下了。

中期型枪弹袋有所改动，最大变化之处是将腰带环改为固定式设计，金属环也由D形环改为长方形。另外，小口袋下面的销钉由尖头设计改为圆头设计，小口袋里面也不再设有隔带。

后期型枪弹袋的挂带由前期型及中期型的缝制改为采用铆钉固定的形式，设计比较简略。

二战后，联邦德国联邦军和边境警备队继续采用毛瑟98k步枪，因此其配用的枪弹袋也随之持续使用到20世纪60年代前半叶，这一时期采用的枪弹袋称为二战后使用型。其枪弹袋的小口袋由过去的3个变为2个。除此之外，还有将以前生产的枪弹袋直接改为2个口袋的形式。因为要取下一个小口袋，所以中间口袋上的金属环要被取下。

中期型枪弹袋。连接枪背带的金属环由D形变为长方形，腰带环改为固定式

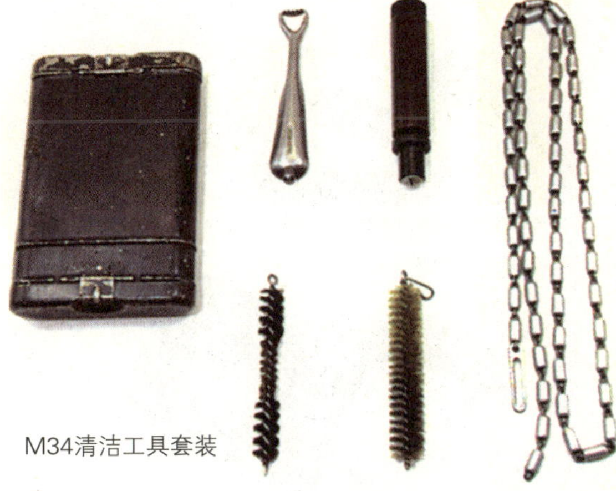

M34清洁工具套装

除了这些大致的分类外，由于产地和使用材料不同等原因，还有很多细微差别的变型产品存在。如颜色方面，早期型和空军用枪弹袋为茶色，陆军和党卫军使用的是黑色。除此之外，为了在冬天下雪时便于隐蔽，也有将原有产品涂成白色的变形产品。

德军对于枪弹袋装在腰带上的配带位置也有具体的规定，要求佩带在腰带扣右侧，距腰带扣是1个火柴盒的厚度。

清洁工具　毛瑟98k步枪在采用之初，就配用了专用的清洁工具套装，称为M34。整套清洁工具包括油壶、枪膛刷、清洁链条、弹仓底板拆卸工具。全部工具都装入一个薄金属板压制而成的清洁工具盒中，盒子长135mm，宽85mm，厚22mm。工具盒分上、下两部分，上部装清洁工具，下部装润滑油脂和清洁布条。

毛瑟98k步枪使用的油壶有多种形式，最初采用铝制，后来由于电木的引入又将制作材料改为电木制，而到了战争末期，由于电木原材料的缺乏，改用薄金属制作。

膛口罩　膛口罩可保护膛口，并同时防止异物进入枪管。毛瑟98k步枪使用的膛口罩有两种类型，初期型由金属制成，上面兼有保护准星的准星护盖，因此在装上该膛口罩时不能进行瞄准，射击时要打开膛口罩前方的护盖。使用时，将膛口罩盖在枪口后，旋转45°后挂在准星后方固定住即可。金属制膛口罩也分为2种形式，分别称为第一型和第二型，二者的区别在于准星护盖形状以及前方护盖的形状不同。

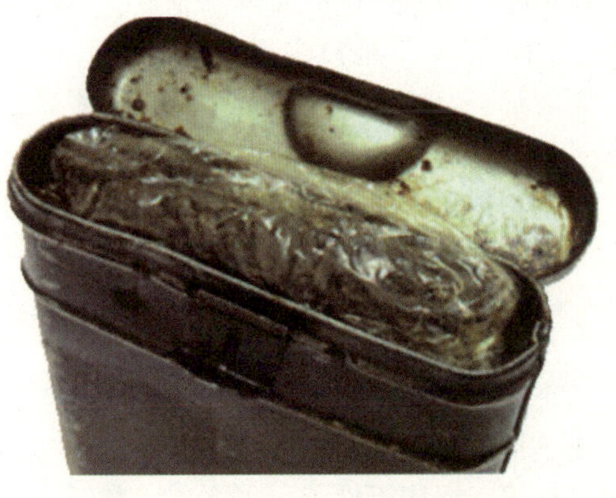

打开清洁工具盒盖子，可以将各种清洁工具分门别类放入清洁工具盒中

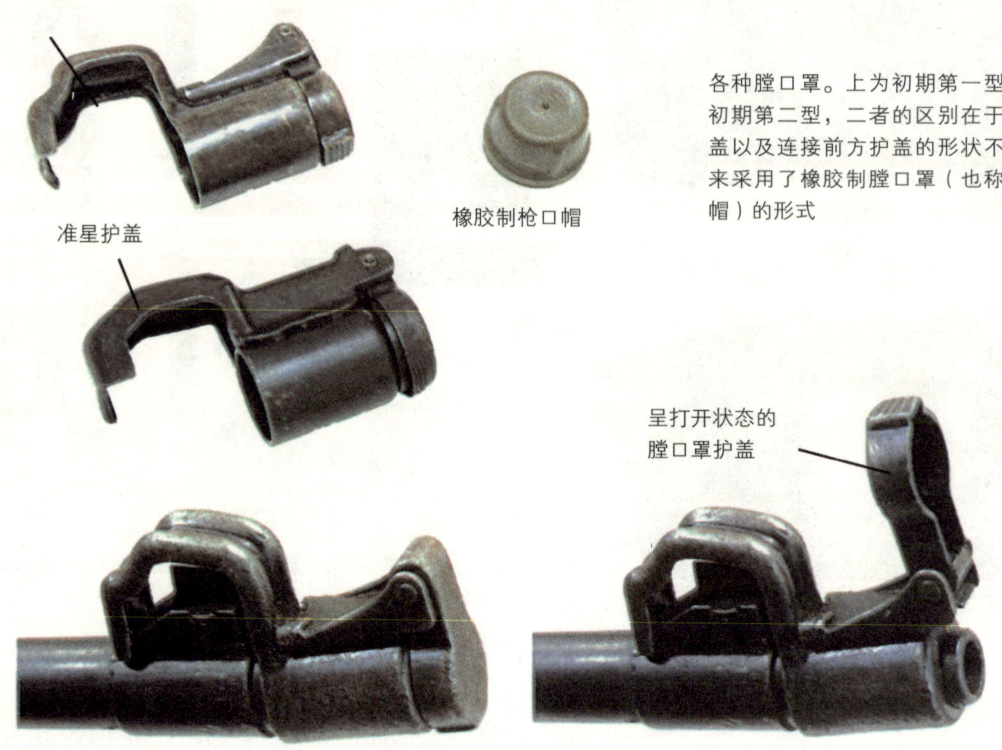

各种膛口罩。上为初期第一型，下为初期第二型，二者的区别在于准星护盖以及连接前方护盖的形状不同。后来采用了橡胶制膛口罩（也称为膛口帽）的形式

第一型膛口罩装在膛口的状态

1939年12月，由于毛瑟98k步枪加装了准星护圈，因此最初的膛口罩不再适用，于是改为简单的头帽式橡胶制膛口罩，也称为膛口帽。这种膛口帽不仅生产简单、成本低，紧急情况下即使不拿下枪口帽也可以直接开枪射击，随着第一发枪弹的发射，膛口帽脱落，之后即可正常发射。

冬季用扳机　毛瑟98k步枪的扳机护圈较小，冬季戴手套时不方便扣扳机，因此特别设计了冬季戴手套时使用的扳机，并于1944年开始大量采用。其设计原理比较简单，就是在普通扳机上连接一个金属杆，再在扳机护圈两侧分别套上铁皮，使用时直接拉动与扳机相连的金属杆就可以操作扳机了。

枪背带　毛瑟98k步枪使用皮制枪背带，背带长1480mm，背带宽22mm，其除可用于毛瑟98k步枪外，还可以在G43步枪上使用。

冬季用扳机外观及使用状态。该扳机是在扳机护圈两侧分别套上了一层铁皮，内部有一金属杆与扳机相连

一个多世纪前的争议
——苏联莫辛步枪究竟出自谁手

谢尔盖·伊万诺维奇·莫辛生于1849年4月2日，1861年考入少年军事学校学习，1867年毕业后进入彼得堡炮兵学院，1870年以第一名的优异成绩毕业。

1872年他进入彼得堡米哈伊洛夫斯基大学学习，1875年夏天毕业后被授予上尉军衔，此后在图拉兵工厂工作了近20年。

从1878年开始，莫辛一直致力于弹仓式步枪的设计。1891年，他借鉴了比利时工程师纳甘设计的弹仓中的某些结构，研制成功了军用弹仓式步枪，同年被授予上校军衔。1891年11月25日，为表彰莫辛在弹仓式步枪研制中的突出贡献，他被授予米哈伊洛夫斯基奖。

1894年他受委派担任谢斯特罗列茨克兵工厂负责人，并被授予将级军官称号，成为炮兵委员会成员。

谢尔盖·伊万诺维奇·莫辛

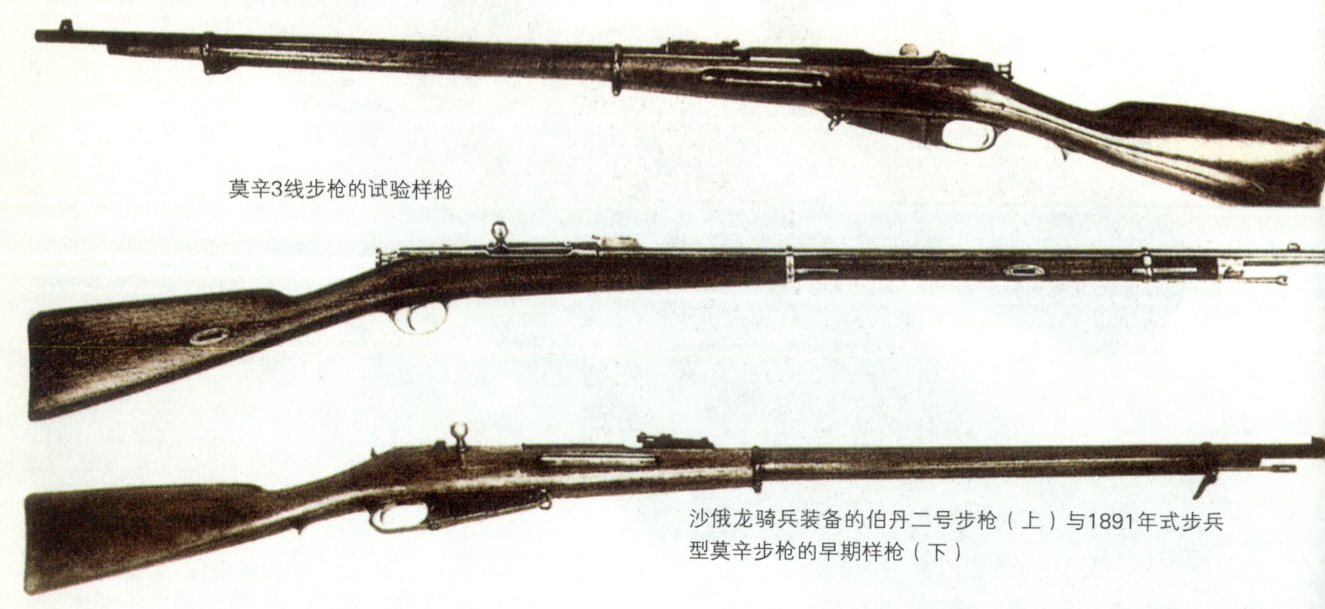

莫辛3线步枪的试验样枪

沙俄龙骑兵装备的伯丹二号步枪（上）与1891年式步兵型莫辛步枪的早期样枪（下）

比赛场上的争议

1958年，莫斯科主办了一场国际射击比赛，来自26个国家的600多名选手参加了角逐。比赛规定，选手们必须使用主办方提供的步枪，以立姿、跪姿和卧姿3种姿势向300m距离上的靶板射击。而在比赛前四个月，主办方就把比赛用枪和弹药提供给各代表队，以便选手熟悉武器结构和使用性能。

此前的上一届国际射击比赛是1954年在委内瑞拉举办的，比赛使用的是委内瑞拉卡宾枪。当时的最好成绩是514环(3种姿势，各发射20发弹，即满分为600环）。而莫斯科举办的比赛选用了7.62mm莫辛军用步枪。在比赛中，居然有18位选手打破了上届比赛创造的世界纪录，苏联选手基里科更是打出了555环的佳绩，创造了新的世界纪录，赢得冠军。芬兰代表队主教练对比赛的积分提出异议，他把苏联选手刷新世界纪录的原因归于使用了其本国的军用步枪，而其他国家的选手不熟悉此枪，故申请重新比赛。换言之，就是要求各代表队使用本国的军用步枪重新进行比赛。但是举办方提前四个月就向各代表队提供了练习用的步枪，如果还说是因为不够熟悉而失利，实在说不过去，更何况打破世界纪录的18位选手也并不都是苏联人。

姑且不论这场争议的最后结果，争议本身对莫辛步枪的性能又何尝不是一种赞誉？这场争议发生在1958年，距莫辛步枪研制成功已经将近70年了。在世界枪械史上，还很少有哪一支枪在如此“高寿”之年还会如此这般招人嫉妒。

其实，关于这支枪的争议又何止这些，就连它的命名究竟是莫辛步枪，还是莫辛－纳甘步枪，在轻武器史上都是很难扯清的故事。说到这里，这支颇有些古老的步枪或许已经引起了您的兴趣。那么，就让我们一起走近它吧!

俄国弹仓式步枪曲折的发展之路

在世界枪械史上，前装枪占据统治地位的时间超过400年。直到19世纪中叶，采用金属弹壳的定装枪弹的出现，才宣告了后装枪担当主角的时代的开始。这是一次历史性的飞跃，它使枪械的射击速度从每分钟顶多1～2发提高到10发，甚至更多。此后枪械技术的发展进入黄金时期，仅仅过了20年，即

19世纪80年代，不再需要打一发弹装一发弹的弹仓式步枪(也称连珠枪)逐渐在各国流行起来。

弹仓式步枪采用弹仓供弹，打完一发弹后，拉动枪机使下一发弹入膛。各个国家设计的弹仓结构和布局略有不同，有的是位于枪管下面或枪托里面的圆筒形弹仓，有的则是位于枪身中部的盒式弹仓。

沙俄对弹仓式步枪的认识是比较迟钝的。在美国南北战争（1865年结束）中，斯潘塞连珠枪大出风头，之后，美国生产的M1873温彻斯特连珠枪开始远销国外，土耳其就是选购该枪的国家之一。而当时的沙俄政府刚刚完成从前装枪到后装枪的换代，正为此沾沾自喜，步枪中最新式的装备也不过是M1870伯丹二号单发装填步枪。俄土战争（1877～1878年）一开始，俄国士兵就尝到了温彻斯特连珠枪的苦头，伤亡惨重。战场上的惨败终于让沙俄政府意识到了研制弹仓式步枪的重要性。

1878年，莫辛就开始琢磨给伯丹二号步枪装上弹仓，这也是他大学毕业来到图拉兵工厂工作后承担的第一项任务。莫辛非常熟悉伯丹二号步枪的结构，也了解其他国家弹仓式步枪的研制情况。在总军械部的许可下，他修改了伯丹二号步枪的结构，设计出独创的装在枪托内的弹仓，容弹量8发。图拉兵工厂的技师们对莫辛的设计方案加以完善后进行了靶场试验，结果表明枪托内的弹仓可以完成供弹动作。莫辛本人的才华也受到称赞，他再接再厉，在奥拉宁鲍姆步兵军官训练学校的靶场上相继试验了近150种不同结构的弹仓，但得出的结论却不容乐观——

野战中手持1891/30年式莫辛步枪的卫生员

在次序供弹过程中，下一发弹在推动上一发弹进膛的同时，很有可能损坏上一发弹的底火。明白这一点之后，莫辛认识到为伯丹二号步枪加装弹仓的道路前途无望。因此，虽然他重新设计的、装在伯丹二号步枪枪托内的12发弹仓在国内评比中颇受称赞，他还是开始着手研制全新结构的弹仓式步枪。

1885年，莫辛设计的使用10.7mm口径枪弹（与伯丹二号步枪一样）的新式弹仓式步枪与其他样枪一起参加了靶场试验，表现良好。这一设计引起了法国李科特公司的关注，提出以60万法郎购买该枪的生产权，后来价码增加到100万，但莫辛还是婉言拒绝了李科特公司的要求，继续潜心研究，完善自己的设计。

此时，枪械发展史上又经历了一次巨大飞跃。1884年，法国化学家成功发明了无烟火药。1886年，法军开始装备采用无烟火药的8mm勒伯尔步枪。无烟火药与在此之前枪弹普遍使用的黑火药相比燃速快，有利于提高弹头的初速并减少射击后的火药残渣。这

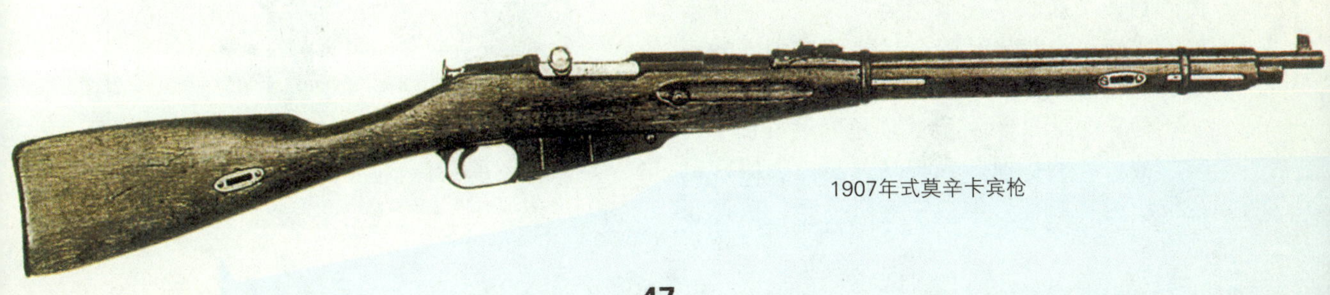
1907年式莫辛卡宾枪

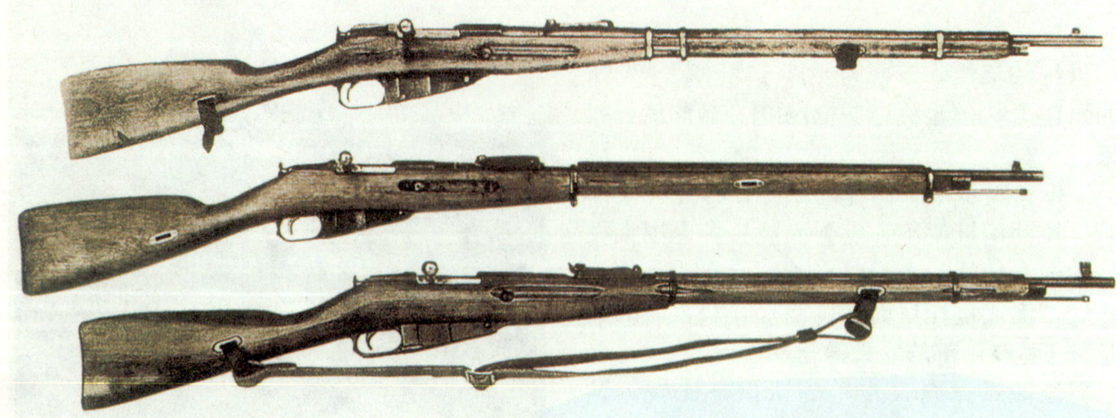

哥萨克部队使用的莫辛步枪（上）、步兵型莫辛步枪（中）以及1891/30年式莫辛步枪的变型枪（下）

些特点与弹仓结合起来相得益彰，使步枪的射速和威力都得以提高，促进了枪械口径从11mm减小到8～6.5mm，并简化了射击后的擦拭工作。当时技术领先的国家纷纷换装较小口径的步枪。

俄国也决定利用无烟火药研制新的小口径枪弹和弹仓式步枪，这使此前莫辛为弹仓式步枪的研制而做的工作失去了意义。莫辛继续参加了较小口径弹仓式步枪的研制，并参照法国勒伯尔步枪的结构，很快就完成了设计，于1889年通过靶场试验。在此之前，俄国研制的采用无烟火药的3线步枪弹（线是沙俄时期的长度单位，1线＝0.1in）已经研制成功，准备批量生产。莫辛的设计方案正是基于该弹而制定的。

1889年底，比利时轻武器设计师纳甘到俄国推销他设计的3.15线口径弹仓式步枪。后来，为适应俄国的枪弹口径，他把口径改为3线。纳甘步枪的弹仓结构比较简单，往弹仓里装弹也比较方便。1890年1～2月，炮兵委员会对纳甘步枪和其他弹仓式步枪进行试验，每支枪射击了2500发枪弹。3月3日，委员们召开了新式步枪审查会，肯定了纳甘步枪的优点，也指出其弹仓供弹速度稍慢的不足，纳甘表示愿意改进。

莫辛设计的3线弹仓式步枪同时参加了试验。他设计的供弹装置与纳甘步枪类似，也是位于枪身中部，但结构有所不同。该弹仓内设有一个弹性隔弹板，能够防止进弹时下一发弹的干扰。该隔弹板的一端被螺钉固定在机匣左侧，另一端为折弯的片状，并有两个突起，一个扣合在枪机表面，另一个插在弹仓内。向弹仓中压入5发弹，其中有4发位于隔弹板下方，另外1发位于隔弹板上方，推弹入膛时直接被枪机抓取推进弹膛。当拉动枪机向右转动时，隔弹板上扣合在枪机表面的突起就会随之移动，带动另一个突起向左移动，释放下一发弹到隔弹板上方（在托弹簧作用下上移）；当释放枪机回位时，插在

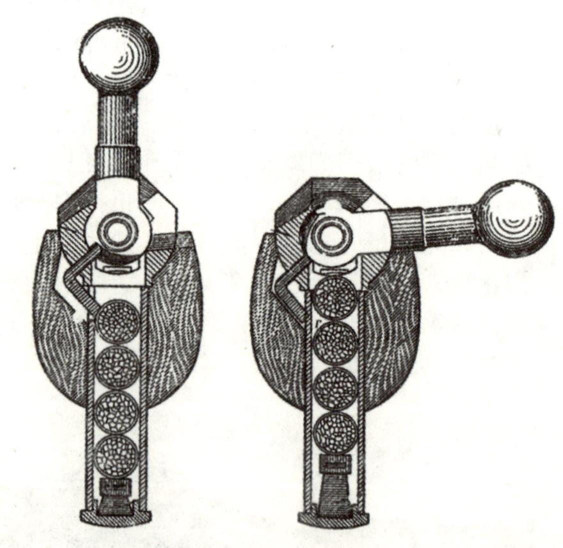

莫辛步枪弹仓内回转式隔弹板工作原理示意图

弹仓内的突起将次一发弹隔在下方。

莫辛步枪和纳甘步枪在试验中表现都不错，因此俄国国防部大臣瓦诺夫斯基决定购买比利时生产的纳甘步枪和图拉兵工厂生产的莫辛步枪各300支，用于进一步的部队试验。

1890年秋，这两种步枪在几支部队同时进行了野战试验。它们的战术性能相近，只是弹仓的供弹速度（该因素直接影响实际射速）有所不同，在这一点上，经过改进的纳甘步枪略胜一筹，而且在试验记录中，纳甘步枪的故障记录较少。因此炮兵委员会24名委员中有14票赞成采用纳甘步枪。

通过解剖枪可以看到纳甘步枪的内部结构

1891年3月20日，瓦诺夫斯基召集炮兵委员会临时会议。会议讨论了参试步枪的不足，认为纳甘步枪结构复杂，生产成本偏高，这对装备量很大的军用步枪而言是必须避免的。

在此期间，莫辛在图拉兵工厂继续致力于弹仓式步枪的结构改进。经过三轮改进，把实际射速（不包括瞄准时间）从25发/min提高到49发/min，远超过纳甘步枪。而且由于改进了隔弹板形状，在连续500发的射击试验中，弹仓一次次地装填，均未发生卡壳故障。

1891年4月9日，经过40万发的靶场试验，莫辛步枪的改进试验报告被呈送到军械局，获得赞许。炮兵委员会的技术权威恰勃塞夫认定莫辛步枪的战术性能和带有隔弹板

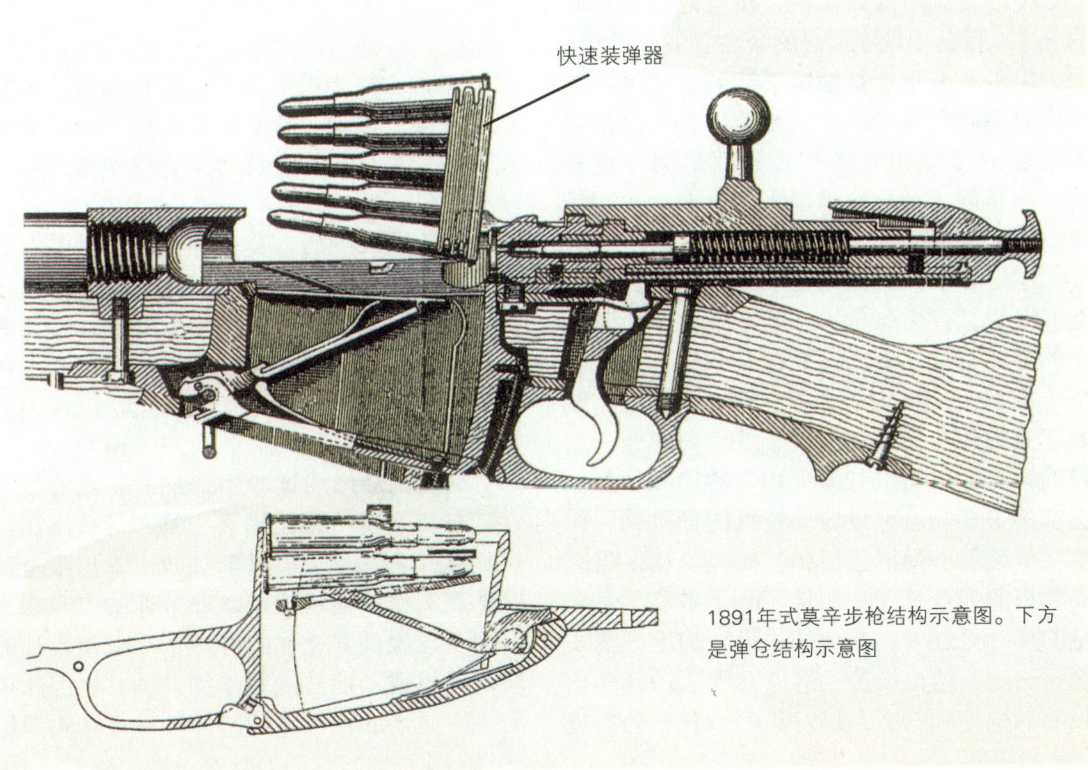

1891年式莫辛步枪结构示意图。下方是弹仓结构示意图

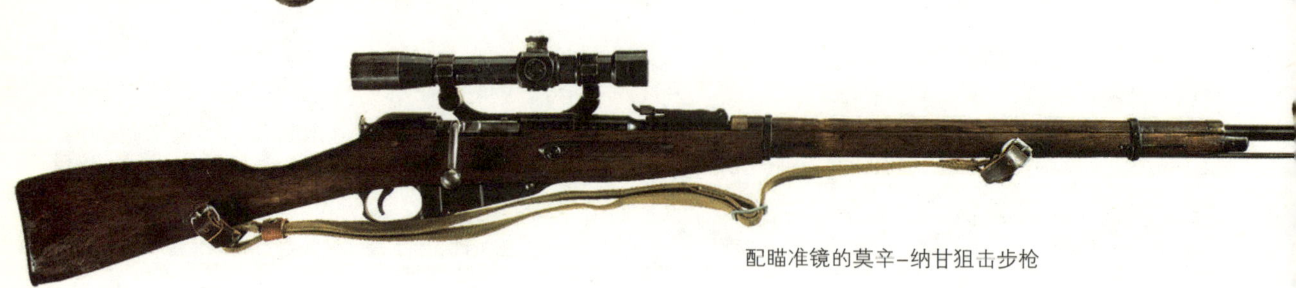

配瞄准镜的莫辛–纳甘狙击步枪

的弹仓供弹可靠性均优于纳甘步枪，莫辛最终赢得了这场军用步枪选型。莫辛步枪结构简单、造价低廉，是其胜出的关键因素。军械局在最后的选型试验总结中如是说："建议采纳莫辛设计的3线弹仓式步枪作为军用小口径步枪，同时采纳纳甘设计的快速装弹弹夹。"

1891年4月16日，沙皇亚历山大三世颁布命令，为军队正式换装小口径弹仓式步枪，并命名为"1891年式3线步枪"。

苏联中央女子狙击手学校的女狙击手们肩负着1891/30年式莫辛狙击步枪

命名质疑

在沙皇颁布的命名中，没有冠以设计师的名字，因此出现了后来的命名之争。

由于莫辛步枪是俄国军队装备的第一支国内自主研制生产的制式步枪，在此之前俄军装备的步枪和其他轻武器都是国外设计的，也正因为如此，俄国人才会对这支步枪究竟出自谁手而争论不休。

在纳甘本人的强烈要求下，军械局专门召开会议，评定每位设计师在新式步枪研制中的具体贡献。最终确定1891年式弹仓式步枪上有3处结构的设计借鉴了纳甘步枪，即弹仓里的片状托弹簧、便于单手向弹仓内压弹的弹夹和弹仓上与弹夹相配的送弹装置。莫辛的主要功劳是设计了枪机闭锁机构、保险突笋装置、弹匣盖板扣、抛壳机构、带有隔弹板的弹仓等。一句话，除了借鉴纳甘步枪的那3处之外，其他结构设计均出自莫辛之手。这一结论被费德洛夫写进了1938年出版的《枪史》一书。1891年6月2日，为实施1891年式3线步枪部队列装工作而成立的特别委员会，认定"莫辛上尉是1891年式弹仓式步枪基本结构的设计者"，授予他"唯一享有发明权者"。

步枪被采纳后，莫辛并未否认纳甘在该枪研制工作中的功劳。面对这支枪究竟出自谁手的质疑时，他坦陈了纳甘与自己密切的交往和对自己的启发作用，以致于世人误传"1891年式3线步枪为二人合作，应称为莫辛－纳甘步枪才对"。

虽然在最终的试验中，纳甘步枪的战术性能与莫辛步枪相比稍逊一筹，终被淘汰，但纳甘并未吃亏，通过参加此次军用步枪试制选型工作，他从俄国赚取了近20万卢布，并由于此次良好合作的基础，后来他设计的转轮手枪成功地被俄军采纳，纳甘也因此成为世界闻名的枪械大师。而且纳甘转轮手枪

1944年式莫辛卡宾枪

的装备寿命之久，几乎赶上了莫辛步枪。

莫辛——俄罗斯轻武器先驱

选型工作结束后，特别委员会委派莫辛为主要负责人，组织弹仓式步枪的批量生产工作。到1897年1月1日之前，伊热夫斯克和彼得堡的兵工厂累计生产的莫辛步枪达1509260支。1907年，应龙骑兵和哥萨克部队的要求，以莫辛步枪为基础研制出1907年式卡宾枪。1908年，俄国为莫辛步枪配备了初速更高的尖头步枪弹，初速从620m/s提高到860m/s。1924年，原来装备的3种型号步枪（步兵型、龙骑兵型和哥萨克型）统一换装成龙骑兵型，随后又对其结构进行了一些改进，命名为1891/30年式步枪。1930年苏联红军列装了使用光学瞄准镜的狙击型莫辛步枪，1938年又装备了没有刺刀的莫辛卡宾枪。

卫国战争（1941～1945年）初期，莫辛步枪和卡宾枪是红军战士的主要装备。1944年，以莫辛步枪为基础研制出采用不可拆卸式、可折叠刺刀的1944年式莫辛卡宾枪，莫辛步枪被停产。但在此后的数年里，莫辛步枪仍然在部分军队和各种保安机构中使用，并且被用于射击比赛。

1999年，俄罗斯轻武器界在图拉举办了纪念莫辛诞辰150周年的庆典活动。在庆典报告中，高度评价了莫辛在弹仓式步枪研制中的业绩，认为他创造了可靠性高、精度好、堪称世界一流的弹仓式步枪，为后来苏/俄蓬勃发展的轻武器事业和代代争潮的轻武器设计者开辟了先路。

遗憾的是，莫辛在研制出当时世界一流的弹仓式步枪之后没过几年就病逝了。有生之年，他并没有对自己在弹仓式步枪研制中的巨大贡献大吹大擂，甚至在有人故意歪曲事实，说莫辛步枪实际上是纳甘的杰作时，他也未作理会。于是今天的读者才会有究竟是“莫辛研制的步枪还是莫辛与纳甘合作研制的步枪”这样的疑惑。所幸还有历史的记录让事件还原真相。

俄罗斯纪念卫国战争胜利60周年举办的主题展览上排列整齐的1891/30年式莫辛步枪

百年辉煌

——美国斯普林菲尔德M1903步枪

斯普林菲尔德步枪是美军在德国毛瑟M1898步枪基础上研制改进而成的一款手动结构步枪，从1903年起成为美军制式装备，历经一战和二战的洗礼。该枪是世界各国中最早大量配发部队的短步枪，也是美军历史上服役时间最长的步枪型号。

美军装备的斯普林菲尔德M1903 Mk I 步枪

美国M1903Mk Ⅰ步枪

德国毛瑟98K步枪

日本九九式步枪

苏联纳甘步枪（芬兰制）

英国恩菲尔德Mk Ⅲ步枪

5支著名的非自动步枪外观比较

1903年6月19日，美军将斯普林菲尔德兵工厂开发的7.62mm口径步枪定为制式步枪，命名为斯普林菲尔德M1903步枪，用于取代克拉格-乔根森步枪。该枪选用优质材料并经精密加工，具有良好的射击精度和动作可靠性。1917年，为了配用佩德森装置，约6万支M1903步枪接受改造，从而出现了改进型M1903Mk1步枪。此后陆续出现了一系列变型枪。

这支走过百年岁月的“老枪”沐浴了一战、二战的洗礼，亲历了无数战火硝烟，在美军装备中，保持着最长的服役纪录。

研发历程

19世纪，美国在研发与生产杠杆枪机式连珠枪领域处于世界领先地位。所谓杠杆枪机，即在扳机护圈或小握把下方安装一杠杆，用于完成开锁与抽壳动作，向相反方向运动即可推下一发弹入膛并闭锁。典型产品是1873年用作制式的斯普林菲尔德活门式单发步枪，其使用0.45～0.70in黑火药步枪弹。同时期，德国毛瑟公司则率先推出了多种型号的旋转后拉枪机式步枪。先进的武器使得德国拥有世界上第一流的陆军，而美陆军直到20世纪初还只是二三流的军队。19世纪末，毛瑟公司生产的M98/98K步枪可称得上是近代军用非自动步枪的起点，对各国后来的军用非自动步枪研制有很大影响，也包括美国的M1903Mk1步枪。

美国自独立以来，至少在1890年以前无敌对国，与墨西哥发生国境争端的时间是1900年，所以美国对发展近代非自动步枪一直没有紧迫感。美陆军虽然也对以连珠步枪取代活门式单发步枪感兴趣，但因法国对自己开发的无

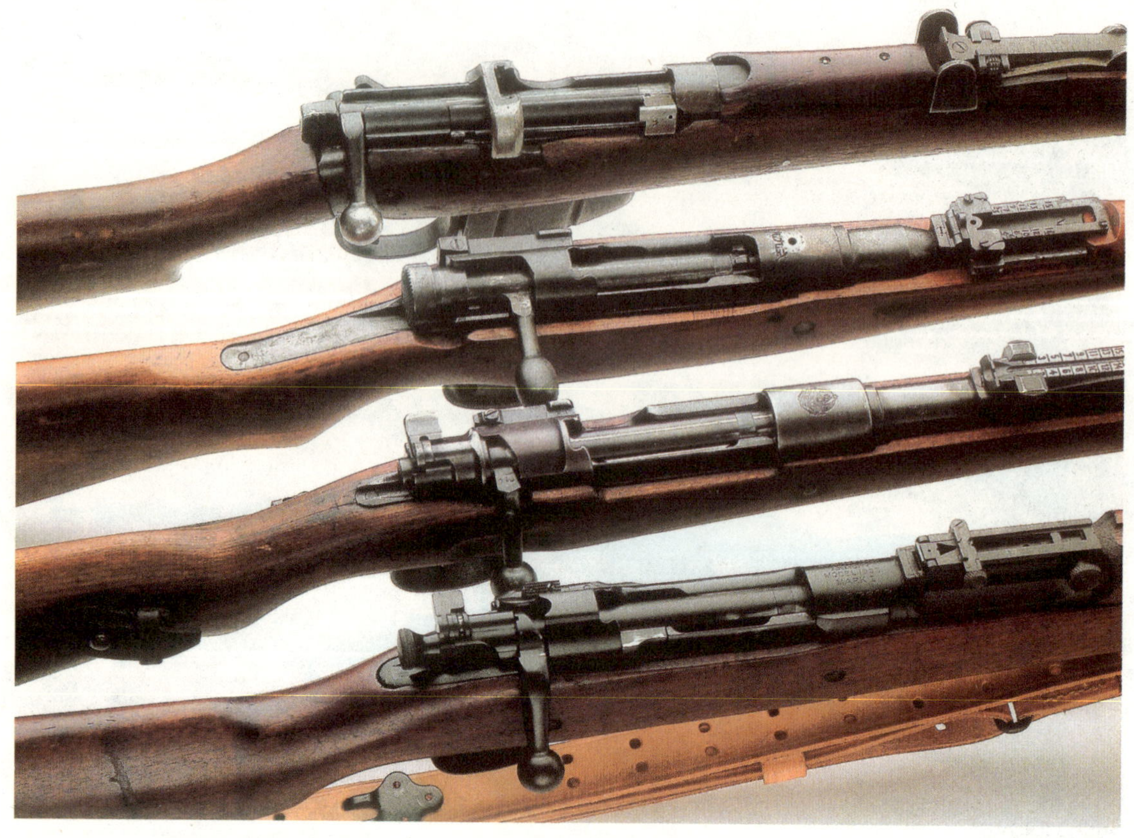

4 支非自动步枪的枪机闭锁状态。从下至上为美国M1903MkⅠ步枪、德国毛瑟98K步枪、日本九九式步枪、英国恩菲尔德MkⅢ步枪

烟火药对外保密而受挫。

美国南北战争结束后的35年时间里（1865～1890年），其工业发展已超过英国，跃居世界第一，但武器装备与欧洲国家相比却存在较大的差距。为了高效率争夺殖民地并加强地区管理，美国政府启动了兵器现代化计划。

1892年，美陆军将克拉格–乔根森步枪选作制式，该枪使用0.30in美国陆军步枪弹，5发弹仓供弹，是美国陆军最早装备使用无烟火药的近代非自动步枪。该枪在美国简称“克拉格”或“美国克拉格”。克拉格步枪由斯普林菲尔德兵工厂生产，1894年秋制成第一号枪。克拉格步枪有步枪和卡宾枪两种形式。尽管克拉格步枪早已生产，但直到美西（西班牙）战争发生的1898年尚未普及到全军，许多与西班牙军队交战的美军士兵，依然装备活门式单发步枪。仅仅半年的时间，这场战争就以美国获胜而告终。但西班牙军队使用的当时最新的毛瑟M1893 7mm步枪与M1895 7mm卡宾枪，使美军尝到了不少苦头。

毛瑟M1893步枪的射弹弹道低伸，性能比美军步枪优良，这成为美军步枪加快更新速度的主要诱因。于是，美军军械部门积极与斯普林菲尔德兵工厂签订了旋转后拉枪机式步枪的研发合同。

斯普林菲尔德兵工厂经德国毛瑟兵工厂特许，以当时最新的毛瑟M98步枪为基础，设计出M1901、M1902和M1903试制型步枪。后将M1903试制型改进并定为制式，称美国斯普林菲尔德M1903步枪，简称斯普林菲尔德M1903或M1903步枪。该枪口径7.62mm。斯普林菲

斯普林菲尔德M1903A3步枪

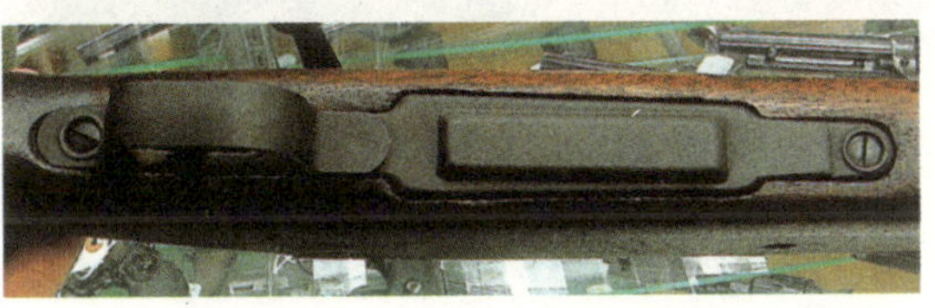

机匣上的铭文

M1903A3步枪的弹仓支座与扳机护圈。可看出是冲压加工而成

M1903A3步枪的表尺与M1卡宾枪一模一样。这种觇孔瞄具比缺口式照门瞄准更精确

尔德兵工厂后来由岩岛兵工厂接管，继续生产M1903步枪及其变型枪。

M1903步枪投入生产的前几年曾出现多方面问题，涉及刺刀、瞄准系统和使用枪弹的性能等。这些问题陆续解决后才使M1903步枪的生产步入正轨。该枪所采用的0.30–03圆头步枪弹的弹道性能与0.30in美陆军步枪弹近似。1906年改为采用0.30–06步枪弹，此弹比0.30–03步枪弹长一些，弹头质量从14.26g改为9.72g，弹头形状由圆头改为尖头，改善了弹道系数，使弹道更低伸。原来使用0.30–03步枪弹的M1903步枪返回工厂接受改造，改进后的M1903步枪不仅弹膛长度改变，而且还加装了与新弹的弹道相适应的表尺，最大表尺射程从使用0.30–06步枪弹的2200m提高到2560m。

操作块向上扳，露出“ON”标志时，为通常使用状态

操作块处于中间位置时，可拔出枪机

操作块向下扳，露出“OFF”标志时，需从抛壳孔装填

M1903步枪的特征是备有单发供弹装置，而且M1903Mk1步枪的左侧面有抛壳孔

结构特点

M1903步枪是以德国毛瑟M98步枪为基础发展的近代非自动步枪。除了枪机及其待击机构、弹仓与弹仓托弹板设置等方面仿制M98步枪之外，该枪具有加工精良，枪机动作平稳，供弹、抛壳和保险等机构动作可靠的特点，特别是有一个独特的单发供弹装置。

单发供弹装置 该装置位于机匣左侧面，操作块两侧分别有“ON”、“OFF”的标志，操作块向上扳，露出“ON”时为通常使用状态。操作块置于中间位置时为枪机解脱状态，可沿后方卸下枪机，往弹仓装弹。操作块向下扳，露出“OFF”时为弹仓供弹截断状态。此时，枪机只能后退约12.7mm，弹仓托弹板未到达枪机前面。在此状态下，每打一发需从抛壳孔供弹，以此保存弹仓内的枪弹。当与敌人遭遇时，射手将操作块置于上方“ON”位置，就得以实现快速射击。

该枪也可用弹夹装填，每个弹夹装5发弹，弹夹由弹带携带。

扳机 该枪使用典型的两道火扳机，扳机力约22.6N，大小适中。

枪管 枪管长610mm。膛线左旋，有2条、4条和6条膛线3种枪管，由厂家自己确定，斯普林菲尔德兵工厂采用4条膛线枪管。

M1903步枪的表尺

枪机特写

导程与膛线条数无关，均为254mm。

机匣 机匣是由成形的锻件削制而成的。将约2kg的锻件加工成0.5kg以下的机匣，要经过数百道加工工序。

枪尾 M1903步枪与M98步枪相比，其枪尾强度稍弱。M1903步枪的枪尾为锥形设计，锥顶角呈45°。枪弹进入弹膛时，弹壳外周没有被膛壁保护的部分距离弹壳底部约3.8mm，比M98步枪的2.6mm稍长，无保护段较长，对枪尾强度不利。那么，M1903步枪的无保护部分是否危险，从雷明顿M700步枪的无保护部分约4mm看，并没有听说该枪射击时弹壳底部发生漏气现象。

抽壳钩 抽壳钩完全仿制M98步枪的，抽壳钩的爪近乎抓住弹壳底缘的1/4圆周，确保抽壳牢靠。

击发时间 该枪的击针移动距离，即从待击位置到底火点火位置的距离约14mm，所以击发时间一般为6.5ms，这与其他国家的军用非自动步枪相似。

瞄具 准星为片状，表尺为带U形缺口的折叠式框形表尺。表尺最大射程2560m，可进行风偏与高低修正。瞄准基线长550mm。

使用枪弹 该枪使用美国0.30in口径普通弹，简称0.30–06枪弹、7.62×63mm枪弹。

M1903及其他变型枪

M1903步枪的变型枪主要有：M1903Mk1、M1903A1、M1903A2、M1903A3、M1903A4和M1942等型号，从而形成M1903系列步枪。该系列的总产量约260万支，虽然不及M1伽兰德半自动步枪的产量

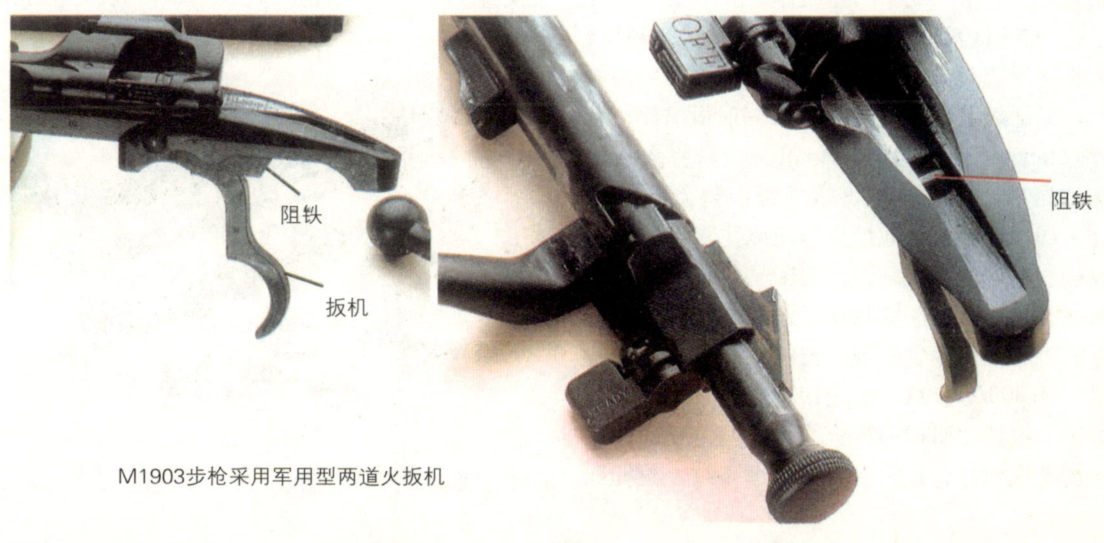

M1903步枪采用军用型两道火扳机

枪机的分解步骤

推枪机进入机匣呈待击状态。保险置于正上方

操作块置于中间位置使枪机解脱，拔出枪机

边推枪机后堵头卡笋，边逆时针回转枪机后堵头

拉出击针组件

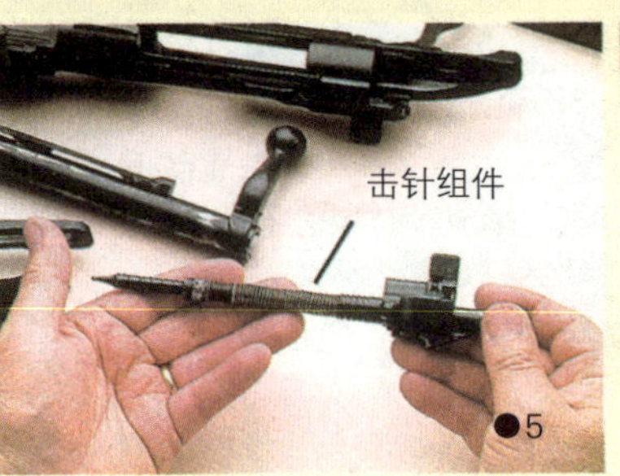

推击针套管，边压缩击针簧边从击针杆中卸下击针

（400万支），但数量也相当大。

M1903MkⅠ步枪 1917年，美国人佩德森发明一种不切实际的供步枪发射7.62mm手枪弹用的半自动装置，称佩德森装置。美陆军秘密生产该装置，并命令斯普林菲尔德兵工厂对约6万支M1903步枪进行改造，以便装上佩德森装置，用于一战中的堑壕作战。于是，出现了第一支M1903步枪的变型枪——M1903Mk1步枪。配装时先拉出枪机，装入佩德森装置即可。佩德森装置也被称为堑壕扫射机（trench sweeper）。该枪出现时，第一次世界大战已接近尾声，因此，这支枪并没有得到实战验证。1918年11月一战结束后，佩德森装置大部分被放入熔炉销毁，但在美国马萨诸塞州的斯普林菲尔德兵工厂博物馆里还有幸存的，在最近的枪展中也少量出现，售价颇高。

M1903A1步枪 这是1929年12月推出的变型枪，枪托由M1903步枪的直线型枪托变为手枪握把式枪托，扳机上有锯齿形条纹，枪托底板有格子花纹。

M1903A2步枪 这支变型枪不用作肩射武器，而是装于火炮身管上面，作炮兵对火炮的瞄准与射击训练用的次口径枪。

M1903A3步枪 这支变型枪于1942年5月被选为制式，从降低成本、面向批量生产等方面进行了改进。该枪的表尺与M1卡宾枪的表

像M1903MkⅠ步枪这样的旋转后拉枪机式步枪其结构均较简单

射击体验

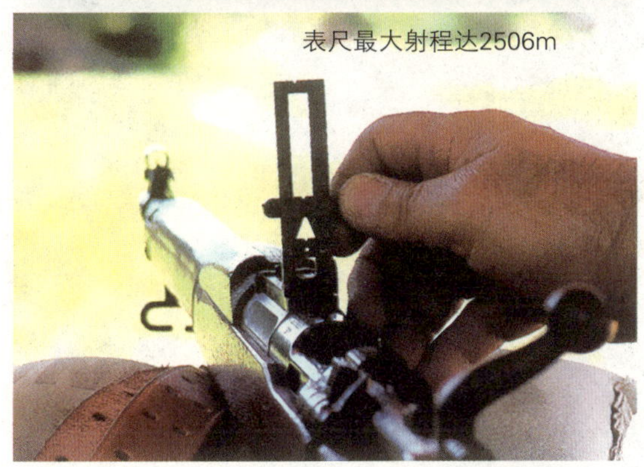
表尺最大射程达2506m

尺完全一样，是一种觇孔前后推拉的简易式表尺。该枪大量采用冲压加工，主要由打字机制造厂L.C.Smith Corona生产，其生产了约94万支，雷明顿武器公司也生产了约35万支。

M1903A4步枪 这是1942年12月被选为制式的狙击步枪。该枪配用手枪握把式曼利夏枪托，装有2.5倍率的韦弗M73B1狙击瞄准镜，去掉准星与表尺，不配刺刀。产量为2.5万~2.6万支。

M1942步枪 这是美国海军陆战队配用的变型枪，由M1903A1步枪装上尤纳特尔10倍率瞄准镜而成。尽管该枪的详情不明，但可以看出美海军陆战队与尤纳特尔公司从此开始建立了合作关系。

射击体验

0.30－06步枪弹的品种较多，使用M1903Mk I步枪射击时，主要采用军用普通弹进行试验。

该枪发射韩国制的0.30－06普通弹的初速为835m/s，比美国制0.30－06军用普通弹的初速低46~61m/s。

从91.4m（100码）处向400mm×350mm纸靶射击，5发为一组，几组射击的结果，5发弹的最小散布为95mm。

M1903Mk I步枪发射美国制的军用普通弹的后坐感觉比M1伽兰德步枪的大，但发射韩国制军用普通弹，由于初速较低，后坐力没有发射美国弹那么大。M1903Mk I步枪与M1伽兰德步枪的自动方式不同（后者采用导气式），低初速射击时无不适感，受到射手普遍欢迎。

如今，M1903步枪正式装备部队的时间已超过百年，并且仍将与当今时代同行。

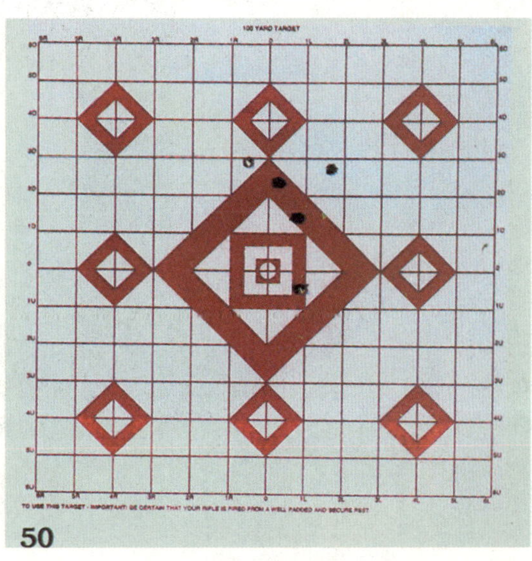

这是在91.4m（100码）处发射5发1组射弹的散布情况

1937年10月21日出版的战时画报（英文版）,封底是一名背负中正式步骑枪、高举手榴弹的中国士兵

风雨飘摇的旗帜——中国中正式步骑枪

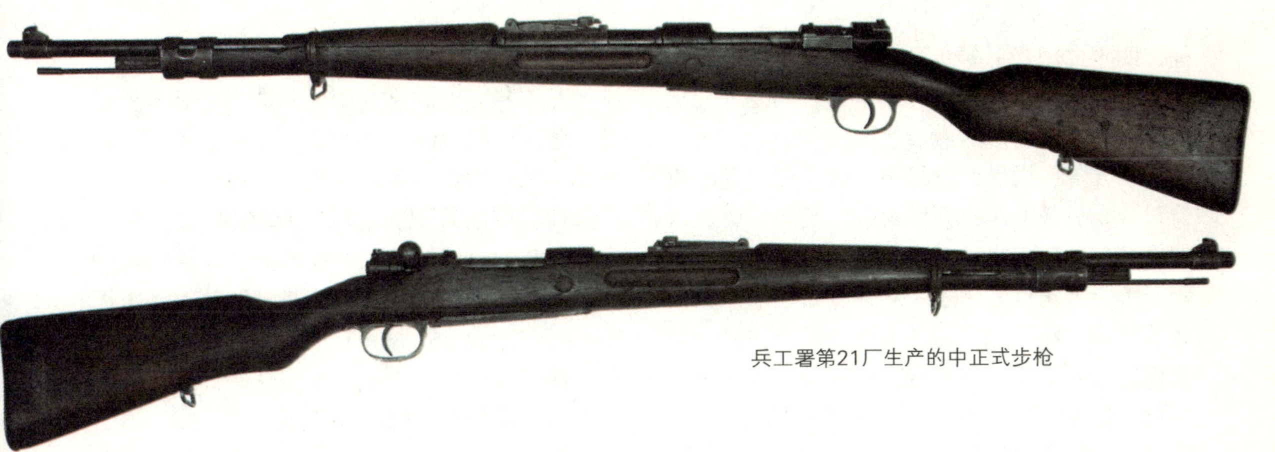
兵工署第21厂生产的中正式步枪

中正式步骑枪是中国近现代史上第一支全国范围大量装备的制式步枪。它源自德国毛瑟步枪的优秀设计，因而品质优异，性能出色。更由于该枪取自蒋介石（原名瑞元步枪，后改名中正步枪）之字号而尤为引人侧目。由于它诞生于中国波澜起伏的特殊年代，这支枪也经历了无数次战火：从抗日战争到解放战争，直至抗美援朝战争。堪称中国军队历史上的一支名枪。

烽火中诞生

在中国兵工事业发展过程中，从清末到民国的历届政府曾多次试图统一步枪口径。1903年，清政府政务处曾同意张之洞、袁世凯的提议，即参照日本将全国步枪口径统一为6.5mm。后来陆军部又提议，以仿德国M1907 6.8mm毛瑟步枪为制式，当时称光绪33年式步枪，民国后改称元年式步枪。1913年，北洋政府陆军部重新规定步、马枪口径为7.92mm。但仅仅两年后，即1915年，陆军部军械司又将6.8mm元年式步枪定为制式，理由是该口径的步枪和枪弹对于“中国人民体格，尤为相宜”。

1928年北伐成功，国民政府定都南京。同年11月军政部兵工署成立，统筹全国兵工事宜，兵器制式化问题再次提上议事日程。1934年12月，国民政府军事委员会召开兵器制式化会议，决定将德国M1924 7.92mm毛瑟步骑枪定为制式步枪。该枪在德国也只有少量生产，是当时世界上最新型的步枪之一。

德国M1924步骑枪的“出炉”颇有一番背景。第一次世界大战后，德国作为战败国，在军工生产方面受到了凡尔赛和约的严格限制。在这样的情形下，1924年，毛瑟兵工厂以外贸民用步枪的名义研制出了M98步枪的改进型号，称M1924毛瑟步骑枪。该枪使用7.92×57mm尖头弹，枪管长600mm。该枪虽在1924年定型，但到30年代才开始批量生产。在德国，M1924步骑枪并未受到重视，1935年德国陆军最终选择了毛瑟M98k作为制式步枪。但M1924步骑枪却大量出口到中国，并在西班牙内战中有所使用。

1934年，国民政府财政部部长孔祥熙向毛瑟兵工厂订购1万支M1924步骑枪用于装备税警总团，兵工署技术司借机请孔祥熙向毛瑟兵工厂索取该枪的全套图纸，以及料表、检验样板一套。资料得到后交给巩县兵工厂，由该厂筹备仿制M1924步骑枪。但是由于毛瑟兵工厂提供的图纸及检验样板有误，于是兵工署技术司委派毕业于德国柏林工业大学的巩县兵工厂厂长毛毅可，向德国有关部门正式商洽购买M1924步骑枪及检验样板、图纸。经过一番周折，新图纸终于在1935年收到，仍由该厂负责开发研制。1935年7月开始试生产，由于当时是民国24年，因此新枪定名为二四式步枪，又称二四年式短管毛瑟步马枪。当时生产的步枪机匣上均刻有“二四式”的字样，其上方为巩县兵工厂的双菱形厂徽。

在筹备、试生产过程中，时任国民党军事委员会委员长的蒋介石携夫人宋美龄，曾数次到巩县兵工厂视察，并提出将枪托略微缩短、刺刀加长等建议。为表示对其尊重，后经兵工署署长俞大维呈请并获批准，1935年8月，将新枪定名为中正式步骑枪，相应地，机匣上的印记，也改为“中正式”三字，另外加上巩县兵工厂厂徽及生产年月。1935年10月10日，中正式步骑枪正式批量生产，从而开始了其长达14年的生产历程。

第一“制式”

从1930年开始，特别是“九一八”事变后，为配合国防需要，国民政府的兵工政策开始调整，兵工署制定了《建设新兵工厂计划书》，并逐渐形成了一些主要针对日本帝国主义的侵略而发展国防兵器工业的基本思路，其中包括步兵装备的发展。将中正式步骑枪定为制式步枪并开始大量生产，这既是兵工署成立之后的一项重要成就，也是当时国民政府整个国防战备工作的重要一环。中正式的生产，在中国兵器工业史上具有里程碑作用，主要体现在：

首先，中正式步骑枪是中国第一支真正意义上的制式步枪。中国军队必须采用统一的制式武器，这是自清末以来有识之士就努力实现的一个理想。可惜事与愿违。民国初年，军阀割据、战事频仍，为了武装自己的军队，各派军阀竞相向外国购买武器。特别是一战结束后，各国淘汰和多余的各式枪械大多被贩卖到了中国，加上国内各派系控制下的军工厂自产的武器，使得当时国内使用的枪械庞乱混杂，口径互不相容。就拿在中国制造的毛瑟步枪来说，仿M1888 7.92mm步枪，先后有上海、汉阳等兵工厂生产，各厂在生产过程中都根据自身条件进行了改进；仿M1907 6.8mm步枪的元年式步枪，尽管是由北洋政府陆军部颁定的制式步枪，但在由巩县、广东、四川等兵工厂生产时，枪管、弹膛和瞄准基线长度都各有差别，甚至连使用的枪弹也不完全相同，更不要说工艺、材料和验收程序的统一了。

中正式的出现使上述情况得到了很大改观。1937年，兵工署参照德国有关工业准则，制定了《中正式步枪应用材料之规范》，统一规定了零部件名称、材料名称、机械性能等。到1943年后，第21厂、第41厂等生产中正式步骑枪的工厂，都采用同样的图纸、同样的检测标准，生产完全相同的步枪。仅此一点，在中

中正式步骑枪采用5发桥夹装填枪弹

中正式步枪的枪管都制成阶段式的外形，目的是在枪管发热时，能够有空间伸缩，不影响精度

中正式步枪的各式节套印记，从左至右为二四式，巩县、第1厂、21厂、41厂造的不同印记

抗战后期中正式步枪的节套印记

7.92×57mm S型轻尖弹弹头底部为裙边状。这两枚弹头是美国西方弹药公司二战时期专为支援中国战场而生产的，弹壳底部均标有“七九”、“美”3个汉字及生产年份

国兵工史上便属首创。

第二，中正式步骑枪采用了符合步枪发展潮流的短枪管。以那一时期的步枪为例，巩县兵工厂的元年式步枪全枪长1255mm，枪管长738mm，全枪质量4.08kg；汉阳兵工厂生产的汉阳造步枪全枪长为1250mm，枪管长740mm，全枪质量4.06kg；清末广东兵工厂仿造的M1898毛瑟步枪全枪长1250mm，枪管长730mm，全枪质量4.08kg。 中正式则将枪管缩短到600mm，全枪长缩短至1110mm，全枪质量减至4kg，这是一个明显的进步，迎合了步兵武器紧凑化、轻型化的发展趋势。此前只有广东第一兵工厂在1932年以FN 1930年式为蓝本仿制的21式步骑枪较为轻便，但产量不大。而日本直到二战结束，仍在生产全枪长为1275mm的三八式友坂步枪。

第三，中正式步骑枪采用7.92×57mm尖头弹为制式弹药，杀伤力极大。汉阳造步枪及巩县兵工厂仿造的元年式步枪使用M1888 7.92×57mm圆头弹，弹头质量14.7g。7.92×57mm尖头弹是德国在M1888圆头弹基础上发展而来的，弹头分为两种：S型轻尖弹，弹头质量9.98g，最早在1903年开始采用，是世界上第一种被正式采用的尖头弹，特点是弹头底部呈裙边状，发射后变形紧贴枪管壁，可有效密闭火药燃气；sS型重尖弹，弹头质量12.83g，弹头底部呈船艉形，可有效减小阻力，从而改进了弹道的平直性及增加了有效射程。中正式步骑枪可同时使用这两种尖头弹，并与当时广泛使用的机枪如捷克ZB26、二四式马克沁的弹药通用，方便了后勤供给。尖头弹与圆头弹相比，弹头质量较轻，初速较高，加之弹头形状呈流线型，空气阻力小，弹道特性更好，不易受横风影响，从而使得中正式的射程和精度都远在汉阳造和元年式之上。7.92×57mm尖头弹的有效射程超过600m，比日本三八式步枪使用的6.5×50mm友坂步枪弹威力明显大，尽管后来日本九九式步枪改用了7.7×54mm枪弹，但在弹道性能和杀伤力上仍与7.92×57mm尖头弹有相当差距。

表尺板中间开有纵槽，贴近照门处设有半圆形凹槽

源自毛瑟　别于毛瑟

从清末到民国，毛瑟系列步枪一直在中国享有良好的声誉，甚至一度成为步枪的代名词。国内仿制的且不说，仅抗战前就进口过很多，其中既有德国原产M98、M1924毛瑟步枪，也有比利时FN M1924/1930、捷克VZ24等毛瑟步枪的国外仿制品，特别是捷克VZ24，曾一次购进过10万支。这些步枪长度相仿，外观相似，故许多资料中经常将这些枪张冠李戴。中正式步骑枪源自M1924毛瑟步骑枪，故和其他毛瑟系列步枪有许多相同之处，但也有一些不同。

中正式与M98k、M1924的差异主要体现在外观：M98k的背带环在左侧，中正式和M1924在下方；M1924的头箍下有阅兵钩（与弹仓下的小孔相配合，可将枪背带固定在枪身下方，阅兵时以肩扛枪较为平整美观，故得此名），M98k无此部件，早期的中正式也有阅兵钩，后期则将其略去；中正式和M1924枪托上有方便握持的凹槽，而M98k没有；M98k有准星护罩，中正式则没有，而采用刀形片状准星；M98k及后期M1924的拉机柄均为向下弯折的形状，而中正式的拉机柄为水平伸出；德国原产毛瑟步枪的枪托上嵌有金属圆孔(早期M1924无此设计)，供分解枪机和击针用，中正式则将其省略。除以上几点外，其余内部机件、构造均大体相同，包括枪机在内的大部分零件只需稍加修锉即可互换，少数可直接通用。

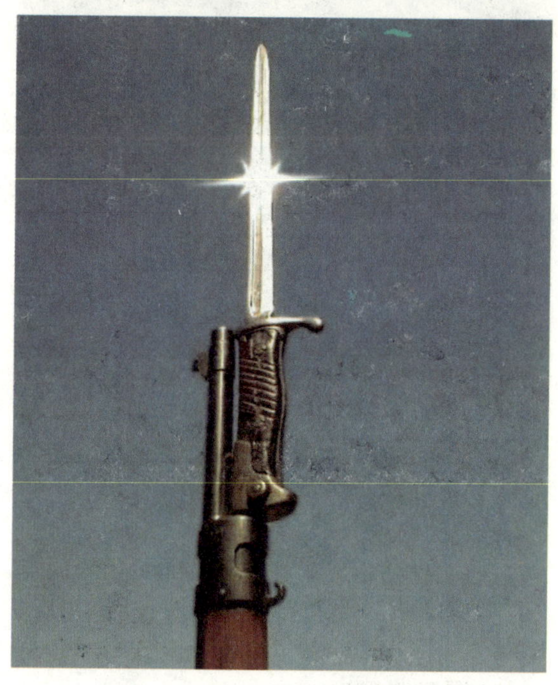

配装德国原产M1898刺刀的中正式步骑枪

中正式步骑枪枪机继承了著名的毛瑟式枪机，操作简单、结实耐用。枪机为一整体，前端有两个闭锁突笋，右后方也有一突笋，其作用是当枪机断裂时，防止枪机冲出枪体伤人。枪托中部设置横销，将机匣与枪管牢牢固定在枪托中，有利于提高射击精

将拉机柄向右扳至水平位置，武器即呈待击状态（上图）；发射后，将拉机柄向左上方扳动90°，并向后方拉动，武器即可完成抛壳（下图）

刀形片状准星

源自毛瑟式的H形刺刀座

度。与之相比，汉阳造枪机分为两部分，零件多、加工费时，且枪机只有前端两个突笋，如果枪机断裂即会伤人。

中正式的装填系统使用毛瑟步枪特有的5发桥夹。装填时，右手将上满弹的桥夹由上方插入弹仓槽中，拇指向下用力便可将枪弹一次全部压入弹仓，然后将桥夹拔出，桥夹可重复使用。如果没有桥夹，也可以逐发装填枪弹。中正式的弹仓底盖与枪托平齐，不像汉阳造步枪那样突出在外，而造成用肩扛枪不便。将弹装入弹仓，此时枪机停于后方位置。将枪机向前推，送一发枪弹入膛，再将拉机柄向右水平扳倒，完成闭锁，此时扣动扳机，便可发射。将拉机柄向左上方扳动90°并向后方拉动，此时，枪机头部的抽壳钩便会将膛内空弹壳抱住。机匣左侧的抛壳挺撞击弹壳底部左侧，将弹壳向右后上方弹出。然后再将枪机向前推，枪机将下一发枪弹推入弹膛。保险装置位于枪机后部，向上扳动90°，即呈保险状态，此时保险片挡住了瞄准线，在黑暗中也可以用手触摸到，此状态下仍可拉动枪机，故称为“活保”；如果将保险险装置扳动180°，则枪机处于锁定状态，不能被拉动，此状态称为“死保”。

毛瑟式枪机的设计几近完美，但它的缺点是拉动枪机较费力，加之在持续射击时，机匣与枪机因受热膨胀而紧贴在一起，枪机更难拉动。特别是在战斗环境中，如果枪支得不到及时保养，开膛困难的现象更容易发生。中正式同样存在这种弊病。我军战士在使用缴获的中正式时，在战斗紧急情形下碰到这种故障，往往直接用脚将拉机柄踹开，就这样中正式仍能继续使用，由此可见毛瑟式枪机的“皮实”。

中正式的表尺由M1898的弧形表尺改进而来，表尺射程为2000m。表尺板中间开有纵槽，照门缺口不大，为了不影响瞄准视线，表尺板贴近照门处有一半圆形凹槽。表尺底部是用螺钉固定在基座上，如因改用其他弹药而使弹道性能有所改变，可以很容易更换表尺。

中正式采用毛瑟式的H形刺刀座，由枪管

和头箍固定，刺刀刀柄底部有一个长槽，上刺刀时，使通条插入刺刀刀柄中。中正式刺刀座还可使用捷克VZ24、比利时FN M1930步枪的刺刀。与德国造刺刀普遍无套环的情形不同，中正式所用刺刀设有套环，这样与枪管的连接更为牢固。因中正式枪身较短，为在白刃格斗时与三八式步枪相抗衡，其刺刀全长达到了575mm，仅刀身部分就长达428mm，比M1898及M1924步枪刺刀的全长还要长（两者全长分别为380mm和425mm）。不过，中正式上刺刀后的全枪总长仍短于三八式步枪加装刺刀的长度。中正式的刺刀为单刃偏锋、直形护手，刀尖形状有两种，一种是对称剑形刀尖，一种则是类似于英国M1907步枪刺刀的非对称形刀尖。早期中正式的刺刀刀鞘为薄钢板冲压成形，配有皮制挂件，后期因钢板缺乏，多采用皮制刀鞘。

中正式在后期生产过程中，曾因制造枪托的核桃木来源困难，第21厂设计了采用柏木、钢皮、钢条等3种枪托的样品，1949年9月经国民政府国防部审定，确定使用钢条弯折而成的枪托，抵肩部位仍为木质。同年，该厂又将原表尺改为简易翻转式300m/600m表尺。但是这些改进产品，大多只停留在样枪的阶段，并没有正式投产。

艰辛的生产历程

巩厂：历经磨难 中正式步骑枪的生产绝大部分是在抗日烽火中进行的。它最早的诞生地——巩县兵工厂在抗战期间几经迁移、调整、合并，故而中正式在巩县兵工厂的生产颇为曲折、复杂。

1915年，北洋政府成立兵工督办处，为统一全国兵器制造业，选址河南巩县孝义镇建设新兵工厂，1922年9月正式建成，定名巩县兵工厂（简称巩厂）。制造枪械的机器是1920年从美国康涅狄格州布莱德公司订购的，1922年运抵安装。从1926年开始，该厂陆续仿制毛瑟手枪、伯格曼冲锋枪及俄国

保险装置位于枪机后部

扳至90°时，武器即呈保险状态，但此时仍可拉动枪机，称为“活保”状态

扳至180°时，枪机处于锁定状态，此时枪机不能被拉动，称为“死保”状态

兵工署巩县兵工厂生产的中正式步枪

M1910轮式重机枪等。1928年，开始生产元年式步枪。1929年，该厂收归国民政府军政部管辖。1933年8月，巩厂根据辽宁兵工厂仿制改进的毛瑟M98步枪，改用7.92mm尖头弹，试产巩造M98步枪。

经过数年的运行，巩县兵工厂各项工作均走上正轨。到1934年，该厂每月生产步枪达3200支。这也是军政部兵工署决定由该厂试制中正式步骑枪的原因。同年，该厂花费20余万元，添置了淬火设备、枪托烘房和枪管调质炉，做好了生产新枪的准备。经过索购德国原厂图纸与样板的一番周折之后，1935年7月新枪开始试产，8月正式定名，10月开始批量生产。

最初中正式产量并不大，月产800～900支。但后来产量提高得很快，到1936年12月，产品序号已达到58000，由此可见当时巩县兵工厂至少有年产4万余支步枪的能力。为节约木料和防止变形，早期产品采取了类似日本三八式步枪的做法，枪托由两部分拼合而成，但不是榫接而是用胶粘合，再在枪托底板处用螺丝固定，后期则改为整块木料制作。这一时期，除枪托木料为国产外，其他材料均为进口，像枪管及其他零件用钢均来自德国和奥地利。巩厂制造中正式，采用了欧洲兵工生产管理办法，如零部件上刻有序号，以利装配，因此这一阶段的产品质量也是相当出色的。

1937年7月7日，卢沟桥事变爆发。11月15日晨，巩厂奉命将全部机器拆卸装箱运往湖北汉阳。自11月24日，敌机多次轰炸，兵工厂原址部分被毁。1938年6月1日，巩县兵工厂改名为军政部兵工署第11厂。由于日军步步紧逼，第11厂先迁至长沙北门外朱家花园，后经厂长李待琛选址，迁至湖南中部安化县烟溪镇。当时第11厂设有7个分厂，其中五厂专门制造中正式。在战争环境下，中正式的生产仍坚持了一套严格的检验制度，所有成品先经过厂检验部门检验方能装箱，出厂前再经部派验收委员开箱抽查，并至靶场试射，合格后才予盖章放行，否则退工报废。但好景不长，1938年底恢复生产不久，兵工厂即遭日机轰炸，五厂几成废墟，全厂停工，残余机器迁至车辔头等地。

1939年，第11厂代称“巩固商号”，陆续迁往四川。但因1940年5月枣宜会战开始，6月初日军占领宜昌，迁川的第11厂受阻折回湖南辰溪，迁至湘西山区，李待琛选定沅陵县孝平乡的一个天然山洞作为新厂址。已运川部分于巴县铜罐驿设厂，并于10月并入第1兵工厂（原汉阳兵工厂）。故有史料称第11厂位于巴县铜罐驿并不确切，事实上第11厂主厂并未迁川。现有资料尚未发现记载有关第11厂抗战时期在孝平生产中正式的情况，但从实物来看，刻有第11厂厂徽的中正式步骑枪至少生产

生产中正式步骑枪的各兵工厂厂徽，自左至右分别是：巩县兵工厂（第11厂）、汉阳兵工厂（第1厂）、金陵兵工厂（第21厂）、广东第1兵工厂（第41厂）及第60厂厂徽

到1942年3月。据测算，从1937年到1942年之间，巩县兵工厂包括后来的第11厂大约生产了9.5万支中正式步骑枪。

21兵工厂：达到巅峰 虽然巩县兵工厂是中正式的发源地，但真正使中正式名扬天下的却是第21兵工厂（简称21厂）。无论是从数量、质量还是生产时间来看，中正式在21厂都达到了它的顶峰。

21厂源自1862年冬李鸿章在上海淞江创设的上海洋炮局。1865年（同治5年），这个作坊式的小厂迁至南京，扩建为金陵制造局，主要制造炮弹等。1888年，该局在国内率先仿制出马克沁重机枪。1929年，金陵制造局改称金陵兵工厂（简称宁厂，外文资料中称为“Nanking Arsenal”）。1931年7月，留日回国的李承干任该厂厂长。他博采国外的先进管理经验，改进技术，从严治厂，使得全厂面貌焕然一新。该厂的主产品包括重机枪、迫击炮、枪炮弹等，产品质量居“全国之冠”。

抗战烽火骤起，金陵兵工厂屡遭敌机轰炸，人员、器材多有损失。1937年11月16日，该厂奉命内迁重庆，直到12月1日，南京沦陷前夕，才全部撤离南京。厂长李承干和职工同甘共苦，历经千难万险，将全厂4300多吨机器设备和大量原材料车载船运，全部安然抵达目的地。1938年3月1日，该厂在重庆江北簸箕石新址复工生产，同时更名为第21兵工厂，对外代称“宁和号”。

金陵兵工厂原以“万”字图案为厂徽。因与德国纳粹标记容易混淆，经呈请兵工署批准，1935年7月将厂徽图案方向反转，与佛教中代表佛心的图形相仿，象征幸运、祥和，也有人认为这一改动有反纳粹的含意。内迁重庆后，21厂仍然沿用了这一厂徽，故常有人误将刻有21厂厂徽的中正式步骑枪当成是纳粹德国的产品。

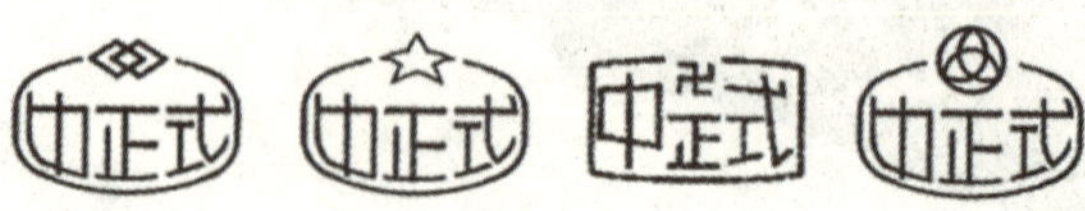

中正式步骑枪机匣上的4种生产厂家厂标，自左至右分别为：第11兵工厂、第1兵工厂、第21兵工厂及第41兵工厂厂标，厂标上方中央为各厂厂徽，下面的数字为生产年份（民国纪年）及月份

1938年7月，21厂接管了汉阳兵工厂的步枪厂，将该厂1000多名职工及300多部机器、部分材料等，陆续运往重庆。1939年1月步枪厂开工，继续生产汉阳造步枪。1939年1月、4月，21厂又分别接管了第20兵工厂轻机枪厂和重庆武器修理所，其后又接收了原第11兵工厂在巴县铜罐驿的动力厂，逐渐成为国内最大的枪械生产厂，备受国民政府的重视。

由于巩县兵工厂内迁过程中机器设备多有损失，难以正常生产，1940年8月，兵工署命令21厂筹备生产中正式步骑枪。李承干委派步枪厂主任赵国才、工程师施政楷等负责，以汉阳兵工厂原有设备为基础，并且参考德国毛瑟M98步枪原图2万余张，于同年10月正式开始筹备生产。在大后方的艰苦条件下，筹备生产人员重新绘制图纸、制定工

抗战期间，一名中国士兵手握中正式步枪实施警戒

序，改进500余部旧机器，重新制造800余套夹头、600余种刀具和锻模，以及1000余种样板，同时还必须兼顾汉阳造步枪的正常生产，其工作量之大可想而知。到次年6月间，又增添机器100余台，并采用了一些简化生产、提高产量的措施。历经3年时间，中正式终于正式出品，全枪连同刺刀共有94个零件。1943年10月10日开始批量生产，至年底共生产中正式3500支。1944年，步枪厂投入全部力量生产中正式，取代了原生产的汉阳造步枪，当时月产量可达7000余支。为此，蒋介石曾召见施政楷等人，并给予重奖。

1944年21厂又接收了内迁到四川綦江的第40厂（原广西兵工厂），并将40厂改称21厂綦江分厂，仍在原地生产。21厂当年的中正式步骑枪产量达到了24500支。此时，21厂的产品已包括步枪、机枪、迫击炮及炮弹等诸多品种，但以中正式步骑枪为主。

当时的21厂正处于从传统生产方式向现代化大批量生产方式过渡时期。大批渴望“科学救国”的爱国知识分子纷纷从海外归来，投入中国的国防建设，他们带回了世界一流的兵器制造技术，为21厂的产品达到世界一流水平，以及进行工艺改进发挥了重要作用。21厂在转产中正式后，按兵工署颁布的图纸编制了零件机械加工、成枪装配、热表处理等工艺规程，制定了材料消耗定额表，并补充设计了工艺装置。在加工方法上也多有改进革新，如小坯件采用一次加热，一次锻造成形；型面加工除广泛采用成形刀具、组合刀具、仿型车床、仿型铣床外，还采用自动进刀加工工艺；膛线加工、铰削内孔采用多刀刃铰刀；钻杆改由刀头、刀杆焊接而成，钻一支枪管孔的时间比原来节约30%；采用钩形拉丝刀加工膛线，比原来节约工时60%以上。

由于上述原因，21厂的中正式步骑枪不仅产量大，而且质量在历次厂际考核中均名列前茅，并深受前方将士的好评。1946年3月，在兵工署举办的中正式步骑枪比赛中，21厂产品获得“最优”，得奖金15万元，这笔奖金按李承干厂长的意见，全部用于奖励步枪厂工作努力的员工。

21厂生产的中正式还曾作为礼品代表中国兵工业走出国门。1947年3月，该厂奉令精选其制造的中正式步骑枪1支、轻重机枪各1挺、82迫击炮1门及附件，赠送给比利时国家博物院收藏。

21厂生产的中正式均采用国产钢材。由于旧中国工业基础薄弱，直到抗战之前，都无法生产枪用钢材，一切材料都依赖进口。抗战爆发后，外援断绝，通过国内兵工人员的努力，内迁重庆的汉阳铁厂、上海炼钢厂和原有的重庆电力炼钢厂组建了第24兵工厂，自行研制出铬钢及钨钢等特殊合金钢，代替进口钢材作为制造枪管的原料。因此，当21厂用国产钢材制造出第一支中正式步骑枪时，便将其以玻璃盒盛装，送交24厂留作纪念。

到抗战胜利时，21厂已成为全国最大的兵工厂，全厂职工达到14300余人。抗战胜利后，21厂厂长李承干因不愿为内战生产武器，于1947年3月辞职，工厂也奉命裁员至9000余人。中正式步骑枪在21厂从试制投产到1949年解放为止，共生产42.6万余支。

自上至下为：第21厂厂房，门外尖顶者为岗亭；第21厂机器厂厂房，当时全厂员工就是在这样简陋的厂房内完成中正式步骑枪试制工作的；1949年11月29日，被国民党军警炸毁的第21厂大板桥弹药库

中正式生产：遍地开花

除11厂（前身为巩厂）和21厂外，抗战期间生产和仿造中正式步骑枪的厂家还有很多，其中最为著名的当属浙江铁工厂及广东第1兵工厂。

浙江铁工厂于1938年1月在浙江丽水大港头成立，时任浙江省主席黄季宽之侄黄祝民为厂长。该厂仿造的中正式步骑枪参考比利时FN M1930步枪，上护木包裹了表尺座，取名为七七式，即不忘“七七事变”之意。到1939年，浙江铁工厂拥有职工5000人以上，包括大港头主厂和小顺、石塘、玉溪3个分厂，还有一个专门的实验室。鼎盛时期，全厂月产1000多支步枪。

1941年3月，浙江铁工厂收归军政部管理，改称兵工署东南区第二分厂，到1944年时仍能月产400支步枪。据推算，浙江铁工厂至少制造了45000支以上的七七式步枪。

广东第1兵工厂（后迁往广西，改名第41厂）于1937年6月开始生产中正式步骑枪，当年生产5010支。1937年12月后，该厂西迁广西融县，继续生产，月产量1000支。1939年底，又迁往贵州，月产量1300支。整个抗战期间，该厂生产了9万余支中正式。战后该厂设备移交21厂。

抗战期间，中国共产党领导下的各抗日根据地兵工厂也仿造过中正式步骑枪。1938年5月，晋察冀军区河北人民自卫军安平县北黄城

1944年，肩扛中正式步骑枪守卫美国第十四航空队机场的中国士兵，枪上配用杂式短型刺刀

修械所试制出仿中正式步骑枪，并定名为二七式步枪，月产量达到50支。1939年7月，山西工人武装自卫总队修械所仿造出7支中正式步骑枪，不同的是改用折叠式三棱刺刀。晋冀豫根据地水窑兵工厂在生产五五式和八一式步枪之前，从1939年7月至1940年7月，也曾生产过改进的中正式步骑枪。

据台湾兵工史学家史宾先生统计测算，从1935年到1949年，包括60厂在台湾的生产数目，中正式的总产量在60万～70万支之间。而德国从1935年至1945年之间，仅M98k就生产了1150余万支。究其原因，只能归结于当时中国包括兵器工业在内的整个工业基础太过薄弱。

这里还想说的是，当年同样生产中正式步骑枪的各大兵工厂，后来的命运却各不相同。抗战胜利后，1946年3月，从原巩县兵工厂分离出的第1厂奉令撤销，浙江铁工厂也于同年奉命停工，人员就地遣散。而前身为巩县兵工厂的11厂先是迁往武昌，后又数次迁址，在海南岛解放前夕撤往台湾，与第1厂部分残余人员并入联勤44兵工厂。1949年11月，重庆解放前夕，国民党军警2000多人围困21厂并运进大量炸药，准备彻底炸毁工厂。由于地下党和厂长俞濯之等积极开展护厂斗争，除大板桥弹药库被毁，发电所被局部破坏以外，其余均得以保全。随着重庆解放，第21兵工厂获得新生，1952年改称456厂，后改称长安机器制造厂，成为新中国兵器工业的重要生产基地。

不朽的篇章

中正式步骑枪和汉阳造步枪一样，是抗战期间中国军队打击日本侵略者的主要武器，参加了8年抗战中几乎所有重大战役。如台儿庄战役中，张自忠率领的第57军就全部装备的是中正式。其后的3年解放战争期间，虽有大量接收、缴获的美国、日本枪械，但中正式仍是最主要的步兵武器之一，在各大战役中都扮演了主要角色。其中大部分中正式最终为人民解放军所缴获并装备，为解放全中国立下汗马功劳。

中正式最后一次大规模使用，是在抗美援朝战场上。英勇的志愿军战士们手持中正式步骑枪在冰雪与岩石之间奋战，经过3年苦战，最终迫使美国在停战协定上签字。中正式为保卫和平、保卫新生的人民政权再立一份新功。

从抗美援朝后期，我军开始逐步换装苏式枪械，到1955年，中正式等各种杂式步枪最终被五三式步骑枪所取代，进而退居二线成为民兵装备。如今，许多出口国外的中正式步骑枪枪托上仍然烙有“民”、“训”或“民兵”字样，就是这一段历史的印记。在海峡对岸，中正式的际遇也大体相同。几乎同时，退守台湾的国民党军队也开始换装美式枪械，中正式退出一线作战序列，作为后备役及军训之用。目前，中正式已成为国际上许多枪械收藏家竞相追逐的藏品。

从1935年到1955年，中正式步骑枪历经20年风风雨雨，见证了一个时代的结束。它作为近代中国步枪制式化的一次成功的尝试，曾有过许多辉煌与第一，并将永远为后人所铭记。

中正式步枪

"九一八事变"中头戴法式钢盔、手持三八式步枪的日军士兵

细说"三八大盖"
——日本三八式6.5mm步枪系列

日本三八式6.5mm步枪，是日本在其三十年式6.5mm步枪的基础上，改进研制的一型制式军用步枪。由于时值明治三十八年（公元1905年），故定名为"三八式"。三八式步枪与三十年式步枪两者在外观上最显著的不同是，前者在机匣上方增设了一个"∩"形的防尘盖，这个防尘盖可随枪机前后滑动，当枪机呈关闭状态时，这个大大的防尘盖将整个机匣完全盖住，可有效防止沙尘进入机匣之内。由此，三八式步枪就得了一个叫得响的名字——"三八大盖"。的确，在中国大地上的城乡村野、街头巷尾，有谁不知道"小日本，大盖枪"呢！三八式步枪是第二次世界大战中日本法西斯陆、海军最主要、最基本的单兵武器，也是装备量最大、装备时间最长的一型单兵武器，直到日本战败，第二次世界大战结束才停止使用，用了整整40年。

一提起抗日战争，在中国人的记忆中就一定会泛出"三八大盖"这个枪械俗名！可以毫不夸张地说，地不分南、北、东、西，人无论男、女、老、幼，时间也不分过去、今天，"三八大盖"这个词的"知晓率"之高，很难找到别的什么词语与之相匹敌。尽管在实际生活中，一般的人们并不能从众多的老式步枪中将他们所说的"三八大盖"分拣出来。曾几何时，"三八大盖"几乎成为一般老式的枪机回转式非自动步枪的代名词。这就是令我们不得不嗟叹的历史烙印！作为世界枪林中的普通一支，中国人民所赋予"三八大盖"的感情色彩极为鲜明、极为厚重、极为复杂。毋庸置疑，"三八大盖"曾沾满了中国人民的鲜血，是中华民族备受侵略、屈辱、奴役的象征；同样，"三八大盖"曾打得侵略者灵魂出窍，是中华民族反抗侵略、血洗屈辱、挣脱奴役、赢得胜利的象征。这也是令我们不得不咏叹的历史！

回眸中国这片世界反法西斯战争的主战

日本明治三十八年式6.5mm步枪及三十年式刺刀

场，本文从枪械技术发展的角度，来细细说一说日本三八式6.5mm步枪。顺乎众意，下文中凡提及日本三八式步枪者，均以“三八大盖”代之。

“三八大盖”的前身

细说“三八大盖”，自然要从“三八大盖”的由来说起。前面我们曾提到，“三八大盖”是在三十年式步枪的基础上改进而来，那就不妨先说说三十年式步枪吧。

在日本幕府末年至明治维新之后的较长时间里，日本军事力量中的步枪，大多是当时欧美的舶来品或仿制品，口径杂、构造差、型号多、质量大，这种状况显然不能适应日本军国主义势力日益膨胀的需要。明治二十二年（公元1889年）以后，随着工业技术的进步和无烟火药的广泛运用，为枪械的生产创造了更为有利的条件，使步枪技术的进步成为可能。这个时期，东京炮兵工厂在一个名叫有坂成章的日军大佐主持之下，对当时一些7mm、6.5mm、6mm口径的步枪进行了分析研究。鉴于欧美各国普遍认为在当时盛行的“阵地战”中，步枪以使用口径较小、初速较高的枪弹最为有利，同时又受到当时较为优良的M1888毛瑟步枪的影响，最终确定日本第一代制式步枪口径折中采用6.5mm，并决定该枪采用回转闭锁后拉式枪机及5发固定弹仓，于是诞生了日本明治三十年式（1897年）6.5mm步枪。该型步枪的一个显著标志，是为了便于操作保险装置，在枪机机尾后端设有一个钩状部件，因此在我国照例地被冠以一个

防尘盖

由于枪机上方设计了可随枪机前后滑动的防尘盖，三八式步枪在中国有个形象的外号——“三八大盖”

三八式步枪的前身，日本明治三十年式步枪，俗称”金钩“步枪

三十年式步枪枪机尾部的“金钩”

形象的俗名——“金钩步枪”。

由于三十年式步枪具有现代步枪的各种特征，比以往日军中各种杂牌步枪都要轻巧灵便，特别是还按照统一制式，同时设计制造和配装了三十年式刺刀，因此很快取代了日本军队中各种杂式步枪，并作为日军一线部队标准的单兵武器，投入了日俄战争。经过日俄战争的检验，日本立即根据三十年式步枪在实际作战中暴露出来的问题，制定了一个旨在全面提高步枪的战斗使用可靠性、分解结合简便性以及生产制造简易性的“一揽子”改进计划。其中，在提高步枪战斗使用可靠性这一方面，还特别针对“满洲”自然环境天候特点，要求改进后的步枪必须确保在中国北部黄沙尘和严寒条件下使用不出故障，并由南部麒次郎大尉——“王八盒子”（日本十四年式手枪）和“歪把子”（日本十一年式轻机枪）的设计者来主持设计。于是，就有了“三八大盖”。

“三八大盖”的特点

“三八大盖”全枪由枪管、瞄具、枪机、机匣、弹仓、枪托、枪刺等七大部分组成。该枪全面秉承和实现了日本军方“可靠、便捷、简易”的宗旨，充分集中和发挥了当时日本机械工业的先进技术成果，可以说是第一次世界大战以来、第二次世界大战期间的一支加工制造品质相当精良且战斗使用性能相当优良的步枪。中国人民解放军华东军区和第三野战军认为该枪具有以下特性：（1）枪的钢质好，经久耐用，如果保管擦拭得法，可以发射1万发枪弹；（2）瞄准基线较长，射击时即使略有瞄准误差，弹头的偏差量也较小；（3）因枪弹装药量小，初速也小，所以杀伤力较小，但射击时枪的震动小，因而命中要精确些；（4）枪管较长，因此射程较远；（5）有防尘装置，使尘土不易侵入机匣；（6）全枪较长，虽携带不大便利，但适于白刃战。

“三八大盖”的结构

“三八大盖”全枪长1275mm，可以说是二战时期主要参战国家军用步枪中最长的步枪，比当时苏联红军使用的莫辛·纳甘1891/30式7.62mm步枪还要长43mm。从外观上看，全枪显得十分纤细紧凑，干净利落，从而操枪更为便捷，不像有些步枪，外观上“零碎”很多。“三八大盖”的枪管长769mm，也是二战时期各种主战步枪中枪管最长者。枪管内部有4条右旋膛线，为了追求射击精度，膛线导程确定为200mm，这在当时各式步枪中是最小的，因此，“三八大盖”发射的弹头转速高，飞行稳定性好，命中误差也相对要小。并且由于弹头的初速为762m/s，尽管在

有坂6.5mm圆头弹、尖头弹及弹夹

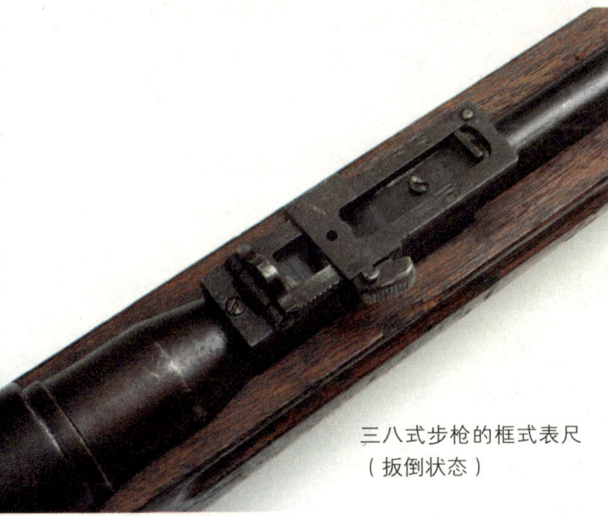

三八式步枪的框式表尺
（扳倒状态）

当时各式步枪中也是最小的，但弹头命中目标后，仍有足够的侵彻力且不易翻滚。说“三八大盖”打得比较准，自然与瞄具有直接关系。“三八大盖”的准星形状为“∧”形，用燕尾槽与准星座配合，可以横向调整，并没有什么特别之处，前期生产的“三八大盖”，没有准星护翼，而后期生产的则有准星护翼。“三八大盖”的表尺，与一般步枪的板状弧形表尺不同，它是一个可以立起的“框”式表尺，上面有3个缺口照门（其中表尺框板上有2个缺口照门，游标上有1个缺口照门），相应地有3种用法。平时携带步枪时或目标在300m以内时，表尺框在向前扳倒的状态下使用，这时表尺框板上的缺口照门所对应的射距为300m；当目标在400m以上时，则将表尺框向后立起并将游标上移，使用表尺框板上的另一个缺口照门，此时这个缺口照门所对应的射距为400m；当目标在500m以上时，则使表尺框仍在立起的状态下，将游标下移到定位，使用游标上的第3个缺口照门，此时这个缺口照门所对应的射距为500m；当射距大于500m时，则逐次上移游标，使游标上的缺口照门与目标距离相对应。“三八大盖”的表尺射程2400m。在后期生产的“三八大盖”中，有的采用3个觇孔照门，其目的是企图利用觇孔照门以抵消瞄准误差，从而简化新兵的瞄准训练过程。但是，实践证明“三八大盖”上的觇孔照门距离使用者的眼睛过远，瞄准时并不方便，特别是在夜间瞄准更为困难。像“三八大盖”这样的准星与表尺关系位置形式，觇孔照门显然不如缺口照门使用方便。“三八大盖”改觇孔之举，不失为弄巧成拙。作战实践证明，步枪战斗使用密度最大的距离，通常在200m以内，而真正达到使用密度峰值的距离是在100m左右。这时，还可以利用立框式表尺的一个鲜为人知的优点，就是当射距在50～100m时，可以竖起表尺框，并把目标与准星同时套在立框之中，做概瞄快速射击，若受过一定训练的射手，枪枪打中不成问题。

“三八大盖”相对于“金钩”步枪改动最大之处，要数枪机。在世界步枪之林中，没有沿袭当时各国盛行的枪机结构而独树一帜者，就要数“三八大盖”的枪机。纵览世界上林林总总五花八门的步枪，凡采用回转闭锁后拉式枪机的步枪，其枪机大体上可以归为三大类。其一，是以德国M1888毛瑟步枪为代表的枪机结构；其二，是以俄国莫辛·纳甘1891式步枪为代表的枪机结构；其三，就是以日本“三八大盖”为代表的枪机结构。这三种典型的枪机中，结构最简单、分解最简便、零部件最少的要数“三八大盖”的枪机，分解开来只有枪机栓体、抽壳钩、机尾、击针和击针簧5个零件。而另外两类枪机的零件，至少在6个以

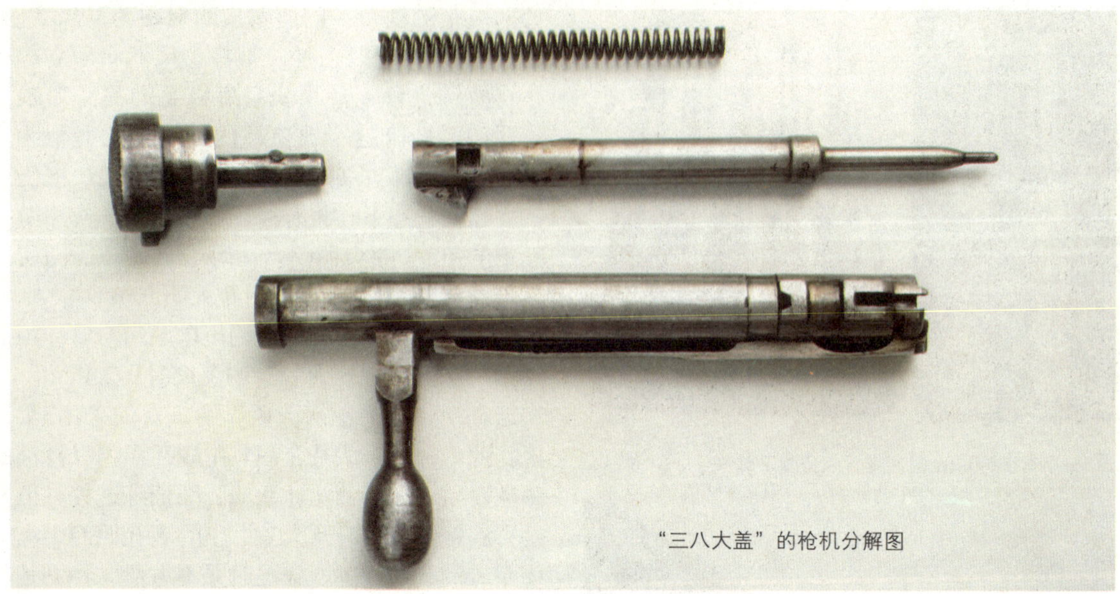
“三八大盖”的枪机分解图

上。上述3类枪机的机头大同小异，而区别主要是在机尾部分。“三八大盖”枪机的机尾部分，没有两个欧洲“兄长”那样复杂，又去掉了其前身那碍事的“金钩”，把机尾部件（保险机）改成一个滚花的扁圆柱体，既不会钩挂服装、装具，又便于射手操作，特别是便于在严寒天候条件之下戴手套操作（向前按压机尾并向右旋转到定位，即为保险状态；向前按压机尾并向左旋转到定位，即为待击状态）。此外，枪机栓体上的拉机柄头，采用了独特的椭球体而不是传统的圆球体，也是为了提高适操性特别是严寒条件下戴大手套时的适操性。

“三八大盖”的机匣上方和右侧各有一道纵向沟槽，用来安装和规正其独特的“大盖子”（防尘盖）。在防尘盖的后端，有一个供拉机柄穿过的方圆形孔，当枪机拉开时，防尘盖随枪机一同向后滑动，让开机匣的装弹/抛壳口和弹夹导槽，以供射手向弹仓内填压枪弹以及完成抽、抛弹壳动作；当推枪机时，防尘盖又随枪机一同向前滑动，直至完全封闭机匣的装弹/抛壳口和弹夹导槽，完全阻止了泥沙、尘土进入步枪的核心部位。这一点在世界各国所有的步枪上都可以说是绝无仅有的，由此带来的战术技术效益也是举世无双的。这一点即使用我们今天的眼光看来，也不失为点睛之笔。

探幽“三八大盖”

应该说，“三八大盖”的结构非常简单，而其在战斗使用性能和战场勤务性能方面的考虑，却又非常周到。让我们从以下从几个方面来看一下。

“三八大盖”机匣顶部的铭文与菊花徽标（注意两个泄气孔）

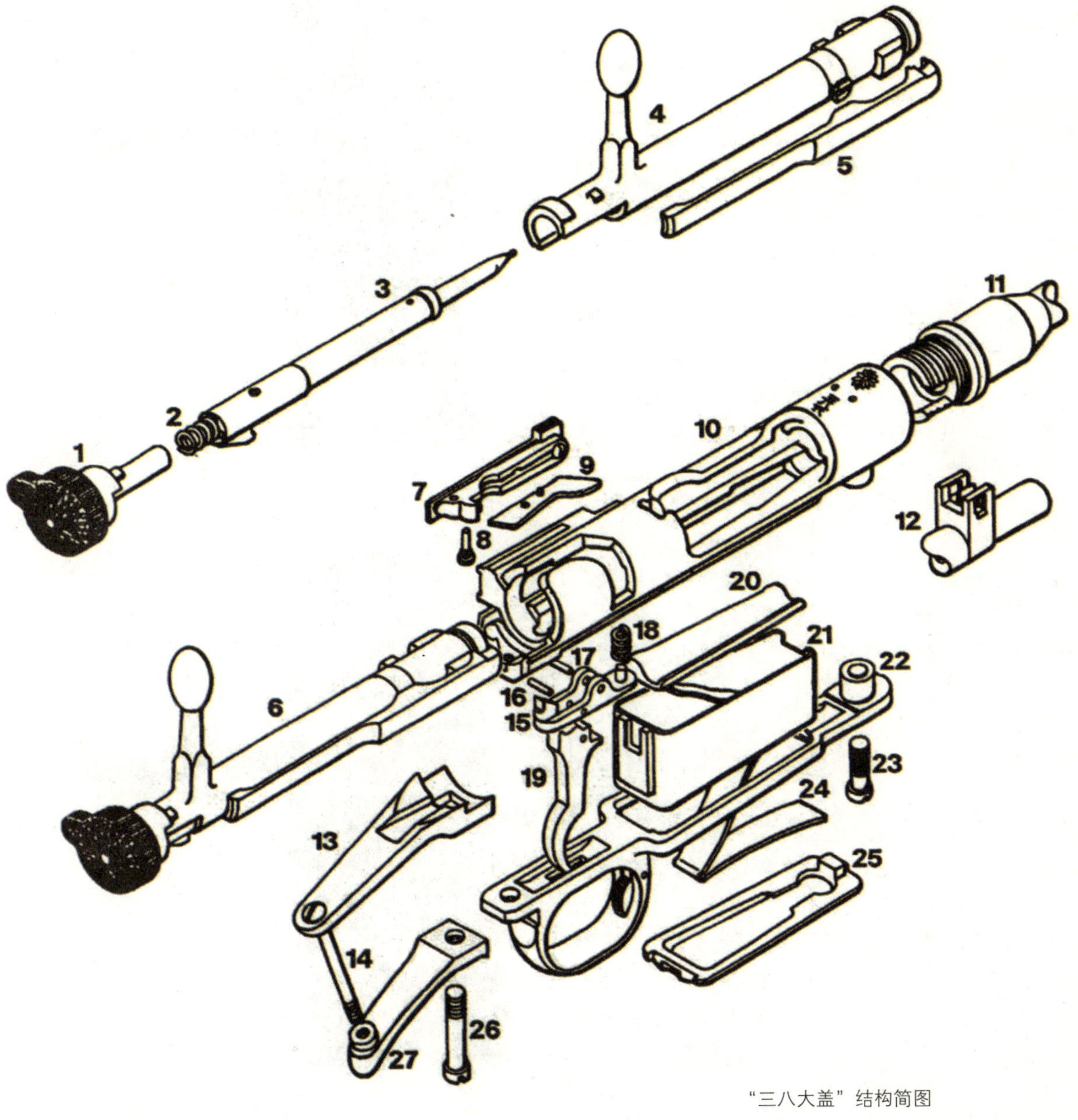

“三八大盖”结构简图

1.机尾（保险机）
2.击针簧
3.击针
4.枪机栓体
5.抽壳钩
6.枪机
7.枪机阻笋
8.枪机阻笋螺轴
9.抛壳挺
10.机匣
11.弹膛
12.准星座
13.上关塞板
14.关塞板结合螺
15.击发阻铁
16.扳机销
17.击发阻铁销
18.扳机簧
19.扳机
20.托弹板
21.弹仓
22.扳机护圈
23.机匣前结合螺
24.托弹簧
25.弹仓盖
26.机匣后结合螺
27.下关塞板

先说“三八大盖”弹膛，总体上看与其他同类型步枪并无大异，但是，在“三八大盖”弹膛的正上方，钻有两个泄气孔，一般人看来似乎没有多大的用处，其实不然。这两个泄气孔可以在枪机开锁的瞬间，与枪口形成一个与现代坦克炮抽烟筒作用类似的气体拉动力，这无疑有利于弹膛的冷却。再说“三八大盖”的弹仓，其总体与“毛瑟”的弹仓类同，但却比“毛瑟”高出一筹，多了一个弹罄提示，即当最后一发弹壳被抛出枪外之后，枪机的机头即被弹仓的托弹板挡住，无法继续前推枪机，以此告知射手“该装枪弹了！”这个类似现代枪械的“空仓挂机”功能，在实战中特别是紧迫仓促的战斗中实在是太重要了！谓之不可或缺并不为过。“毛瑟”的弹仓底盖卡笋，深藏在底盖卡笋孔中，不用相应的工具抵压，难以卸下来，战斗间隙要把弹仓中的枪弹或脏东西取掉，自然也是不易。而“三八大盖”的弹仓底盖结构，几乎与“毛瑟”的弹仓底盖无异，唯其卡笋在扳机护圈前缘内侧，用拇指向前按压，即可方便地卸下弹仓底盖，使擦拭保养和快速退弹具有极大方便性和安全性。

“三八大盖”的机尾保险，上图为待击状态，下图为保险状态

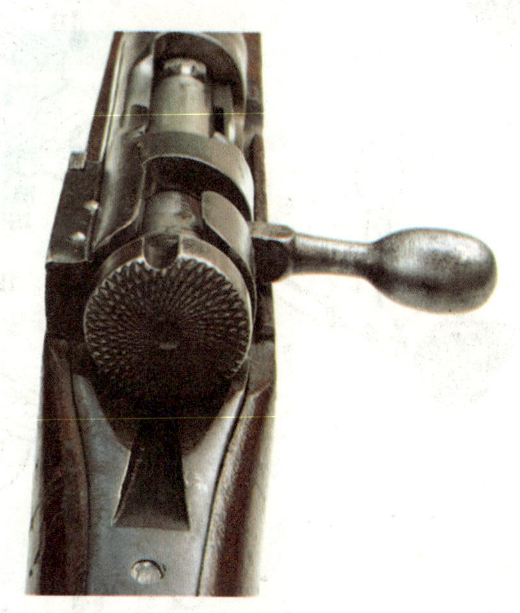

再看“三八大盖”的枪托。对于步枪来说，枪托无论在人机工程方面还是在生产成本方面，都是一个非同小可的问题。从人机工程方面讲，“三八大盖”的枪托无论纵向尺寸、枪颈握围以及枪托厚度和倾斜夹角，还是造型圆弧过渡、粗细过渡以及托底板的设计和枪背带环的位置等，都更适合日本（包括亚洲）成年男性的平均身高体形，使用起来包括据枪、端枪、托枪、背枪以及拼刺等自然感到比较舒适。当然世界上许多优秀的步枪在这方面也都不逊色。从加工生产方面讲，传统步枪的枪托和下护木有两个共同点，其一是大多为一个整体部件；其二是大都用一块整体木材制成。“三八大盖”的枪托和下护木虽然也是一个整体部件，但却是由两块木材制成。其中，枪托的上半部分和下护木是由一条长条木材制作，而枪托的下半部分则由一小块三角形木材拼接。仅此一项，就可以节约大量的木材。这对于日本这样一个木材资源缺乏，又要大量制造武器来满足法西斯侵略战争需要的国家，效益可想而知。

我们再来看看“三八大盖”配装的刺刀。众所周知，伴随大和武道的发展，日本的刀剑打造技术和工艺是很有特色的。日本军国主义在筹措侵略军火的时候，自然是要倾其刀剑打造技术之所有。日本军国主义的枪刺，有两个显著特点：一是实现了绝对的标准化，其制式枪刺为单刃偏锋样式，刺刀全长

四四式马枪

500mm，其中刃部长400mm，全质量0.5kg。包括“三八大盖”在内的所有日本步枪以及九六式轻机枪，刺刀的接口都是通用的；二是钢“活”好。根据在同等条件（开军用罐头）下，对二战时期各主要国家的步枪刺刀所进行的对比试验结果表明，日本步枪所配刺刀是刚度最好的，是唯一不卷刃、不崩口的刺刀。

“三八大盖”家族

按照现在的说法，“三八大盖”实际上是一个枪族。在设计三八式步枪的同时，还设计了三八式6.5mm马枪。该枪除了枪管比步枪短306mm，背带环位置在枪身的左侧，上护木从头箍一直覆盖到表尺座处以外，其他机构与步枪完全相同。在三八式马枪的弹膛部位上表面，也像步枪一样刻有日本皇花和“三八式”三个字的铭文。

明治四十四年（公元1911年），又派生了一型带有折叠枪刺的6.5mm马枪，并将其年式定为“四四式”。四四式马枪的机构特征与三八式马枪基本相同，只是在枪身的正下方增加了可以折叠的三棱锥形枪刺，刺刀座与头箍相连，在其弹膛部位上表面，刻有日本皇花和“四四式”铭文。

到了昭和天皇十二年（公元1937年），“三八大盖”又派生出一型6.5mm狙击步枪，因当年为日本神武纪元2597年，故称之为九七式狙击步枪（该枪弹膛表面的铭文为“九七式”）。九七式狙击步枪乍一看很难与“三八大盖”区分，仔细看来，九七式狙击步枪有瞄准镜座，可以装瞄准镜；枪的二箍上装有一个钢丝支架，平时向前折叠于枪身之下，必要时向下展开，作为射击时的脚架。其实，这个钢丝脚架究竟有多大用处，能不能将枪架稳，很值得怀疑！不过日本枪大多有个规律，这就是到一定的时候总会出点“邪怪、武蛮、拙笨”的东西来，否则就不叫日本枪了。

关于“三八大盖”的口径，始终是日本陆军争论不休的问题。早在日本大正天皇九年七月即公元1920年，日本陆军技术本部的兵器研究方针就要求步枪采用7.7mm口径，但直到昭和天皇十三年六月，即公元1938年，才开始进行步枪使用7.7mm口径九九式枪弹（与九二式重机枪弹同型）的试验，目的在于使步枪具有与重机枪一样的威力，从而解决6.5mm步、机枪弹在中国战场上显得威力不足的问题。试验中，使用的是口径改为7.7mm的三八式步、马枪和四四式马枪，最后认为，两型马枪改大口径之后，枪口动能以及后坐力过大；而“三八大盖”改大口径则没有多大问题。于是于昭和天皇十四年（公元1939年）在“三八大盖”的基础上出台了7.7mm的新步枪，因当年为日本神武纪元2599年，故称该步枪为“九九式”。九九式步枪基本上就是后期出厂的“三八大盖”，除了口径改大以外，又在二箍上增加了与九七式狙击步枪相同的钢丝脚架，立框

抗战时期，贺龙、林彪视察部队，林彪手持缴获的日本九七式狙击步枪（带瞄准镜）

式表尺两侧各增加了一根可以折叠的、对空中目标射击的提前量杆，并采用了觇孔照门。昭和十五年七月以后，九九式7.7mm步枪被确定为日本制式武器，“三八大盖”则停止生产。

因为体形如同“三八大盖”的九九式7.7mm步枪，枪口动能以及后坐力均比“三八大盖”有所增加，显然不适应五短身材的日本兵，所以接着又出台了一型长度在“三八大盖”与两型马枪之间的九九式7.7mm短步枪，其主要特征为上护木从头箍一直覆盖到表尺座处，二箍处无钢丝脚架，背带环在枪身左侧。弹膛上方也铭刻日本皇花和“九九式”字样。

此外，为了适应空降兵作战需求，还生产了一种可从枪管节套处将枪分解成前后两段的7.7mm短步枪，日本军方将其命名为“二式”步枪。九九式7.7mm步枪系列开始正式投产并装备日军之时，也正是日寇“西边的太阳快要落山”之时。九九式无论是在中国战场，还是在东南亚乃至太平洋战场，事实上并没有成气候，更不能挽救日寇的失败。到后来，九九式的生产水平和加工质量每况愈下，远远不及“三八大盖”。

“三八大盖”在中国

“三八大盖”自1907年开始生产到1940年停止生产，累计生产数量达300余万支。我国旧统治当局曾经向日本购买过一批，后来辽宁和太原的兵工厂也先后仿造过。在抗日战争中以至抗战胜利，中国军民曾缴获了大量的“三八大盖”。因弹药不足，弃之又实在可惜，当时国民党当局曾经指定军政部第60兵工厂将6.5mm口径的“三八大盖”改为7.92mm口径，以同国民党军队7.92mm口径弹药体制一致。凡被改扩口径的“三八大盖”，其弹膛上方均刻有“改七九”字样。抗战胜利之初，国民党沈阳第九十兵工厂曾仿造九七式步枪，但口径改为7.92mm，同时

朝鲜战争中，手持“三八大盖”志愿军狙击手张桃芳和皮定均军长（拿望远镜者）

把瞄准镜座去掉。因该产品未列入制式，故称其为“临时式步枪”，并在机匣正上方刻“临七九”三字。

在中国广大抗日战场上，缴获的九九式7.7mm步枪或短步枪数量远远不如“三八大盖”多，主要原因是九九式7.7mm步枪或短步枪在中国只分布在东北地区的关东军手中，而大部分都用来装备在太平洋地区作战的日军，因此现在欧美各国有为数不少的九九式，都是战后作为战利品收藏的。

在中国，“三八大盖”被日军一直用到战败投降，我军则一直用到祖国大陆全境解放，还有相当一部分“三八大盖”参加了抗美援朝战争。此后，我国广大的民兵一直用到20世纪70年代中期。“三八大盖” 这样一支取之于强敌之手，又为我所用与强敌作战的战利品，在中国军民手中使用时间之长，分布面积之广，赢得胜利之众，实为历史所罕见。以至于老一辈军人每每谈及“三八大盖”的时候，总是有说不完的故事；每每端起“三八大盖”的时候，是那样爱不释手，操枪的一招一式又总是那样娴熟。这就是中国人民和他们的士兵！历史就是这样写着：兵民是胜利之本！

三八式步枪附录

日本军国主义的“利爪”——三十年式刺刀

2003年12月9日，温家宝总理访美期间，以这样的一段话开始了他在美国国务卿鲍威尔欢迎晚宴上的答谢辞：“我出生于中国的抗日战争时期，幼小时，在侵略者的刺刀面前，我依偎在母亲怀里的情形，至今难以忘怀……”温总理的心声引起了亿万华人的共鸣。的确，任何有血性和良知的中国人都永远不会忘记70多年前那场给中国人民带来深重灾难的侵略战争。对于那场战争，大多数中国人最为鲜明和直接的记忆就是侵略者的太阳旗和刺刀。其中，三十年式刺刀一直是日军对外侵略扩张所使用的主要兵器之一。保存至今的三十年式刺刀，每一把都可能浸染过中国人民的鲜血，都是日本侵华的铁证。在抗战期间，很多三十年式刺刀被中国军队缴获，并且反过来成为消灭侵略者的有力武器。

日军泅水前进的照片。步枪上装有三十年式刺刀

淞沪事件中，进攻上海的日本海军陆战队士兵头戴九〇式钢盔及海军“二式”防毒面具，三八式步枪上均装有三十年式刺刀

日本早期军用刺刀和三十年式刺刀的诞生

日本国内最早出现的制式步枪刺刀，是1831年（天保2年）长崎市谘议高岛秋帆通过荷兰商馆馆长德·希列尼购买的荷兰燧发枪上所带的刺刀。1865年（应庆元年）5月，长州藩的伊藤博文和井上馨从英国购入了1800支米涅步枪及配用的刺刀，这是日本第一次大规模地装备近代刺刀。

明治初期，日本政府着力改进军事装备，大量购进并装备英、法、德、美等国的步枪，同时也进口了相配套的各种刺刀。为实现“富国强兵”的目标，政府接管了原幕府经营的军事工业，并逐步加以改造和扩充，初步形成了日本近代的军工生产体系。1870年（明治3年），东京炮兵工厂成立后，开始仿制英国恩菲尔德1858式步枪。4年后，开始生产全长705mm的仿斯奈德步枪刺刀。1880年（明治13年），步兵少佐村田经芳研制出11mm口径的十三年式单发步枪，并成为制式军用步枪，随即在东京炮兵工厂投入大批量生产，到1886年陆军全部装备了该型步枪。与十三年式步枪同时开发的还有仿自欧式枪刺的十三年式刺刀，全长约710mm，质量0.79kg，配装于枪口右侧。随着村田步枪的不断改进，十三年式刺刀也先后更替为十八年式和二十二年式等型号。为改善枪身的平衡性，从二十二年式刺刀开始，改为装于枪口下方。这些早期刺刀的生产与装备，为三十年式刺刀的研制定型奠定了基础。

1887年（明治20年），东京炮兵工厂生产的十八年式刺刀上所打的印记

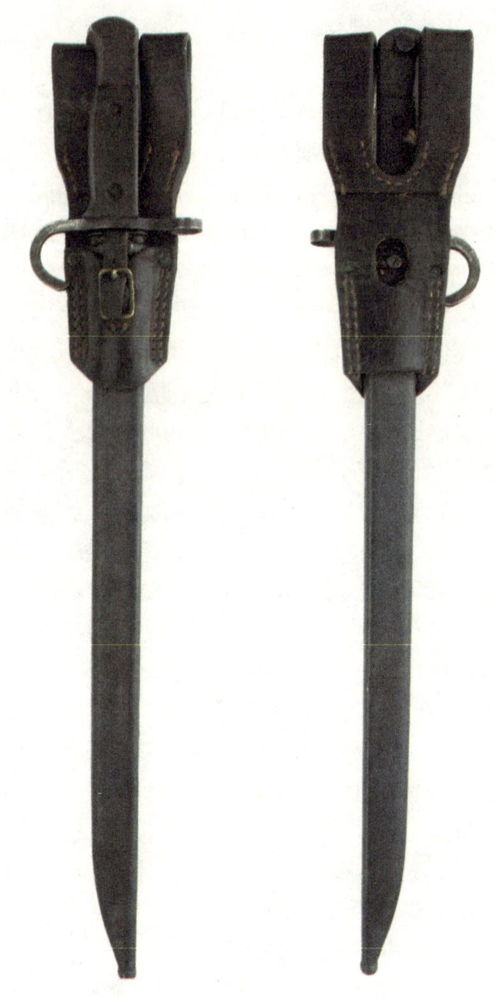

皮挂、刀鞘齐备的三十年式刺刀

19世纪90年代后期，东京炮兵工厂厂长友坂成章大佐（Nariakia Arisaka）受命开发一种使用无烟火药的新式小口径步枪，以取代村田步枪等早期型号。1897年（明治30年）新枪正式定型，称为三十年式6.5mm友坂步枪，同时为该枪设计了相配套的三十年式刺刀，也称为友坂刺刀。该刺刀全长525mm，刀体长400mm，质量0.69kg。用今天的眼光来看，三十年式刺刀相当长，近似于短日本刀，但考虑到当时世界上步枪刺刀普遍在600mm左右的情况，而且相对于早期的十三年式刺刀，三十年式刺刀的长度已大为缩短，实际上符合军用刺刀的总体发展趋势。三十年式刺刀的总体设计建立在德国西门子公司产品基础之上，最早的三十年式刺刀刀身上甚至打有西门子的标识。但三十年式刺刀刀尖处不是对称的剑形，而是上端平直、下端单刃上挑，故有人曾撰文指出三十年式刺刀刀尖是模仿传统武士刀的形状，实际上并非如此，同时代的欧洲刺刀中也有类似的设计。之所以采取这种形状，只是为了方便生产以及手持刺刀格斗时便于劈砍。稍迟出现的英国P1907式刺刀，在设计上也参考了三十年式刺刀，长度与外形都与后者相似。至于后来日本故意夸大刺刀的作用，有意将其与武士刀联系起来，使之成为一种“精神武器”，则是后话了。

日俄战争结束后，根据实战经验，随即对三十年式步枪的枪机、保险和瞄准装置进行了改进，并于1905年（明治38年）正式定型为三十八年式步枪，三十年式刺刀则因为本身较为完善的设计以及在日俄战争中的良好表现，被原封不动地继承下来，并一直使用到日本战败投降，因此三十年式刺刀也往往被误称为三十八年式刺刀。三十年式刺刀和三十八年式步枪一起，作为日本军国主义的得力帮凶，参与了对中国的侵略及整个第二次世界大战，成为二战中最著名的军用刺

装配在九六式轻机枪上的三十年式刺刀

刀之一。

三十年式刺刀的结构和形式

三十年式刺刀的设计从整体看较为完善，是近代军用刺刀中一个具有相当代表性的样板。以标准型三十年式刺刀来看，全刀可分为刀体、刀鞘两大部分。

刺刀刀身为下单刃式样，截面形状为尖锐的倒三角形；刀身两侧铣有宽血槽，作用是刺入人体后使血液迅速沿槽流出，方便拔刀，同时减轻刀体质量和加强刀身刚度；刀身右侧靠护手处打有生产厂标记；护手为一整体，上端为枪口套环，下端为向前方伸出的护手钩（这种设计在19世纪后半叶的军用刺刀上相当常见，其作用是在白刃格斗时卡、别对方的刺刀，并方便将若干支步枪牢靠架设在一起，此外还可以用来在枪上悬挂旗帜。后来的军用刺刀大多放弃了这一设计），后期生产的刺刀则取消了护手钩，护手下端为直形；刀柄末端为闭锁机构，上部为一T形长槽，用以和枪管下方的刺刀座相连接，槽内右侧有弹簧控制的活动卡笋，上刺刀时与刺刀座上的缺口相配合，可将刺刀牢

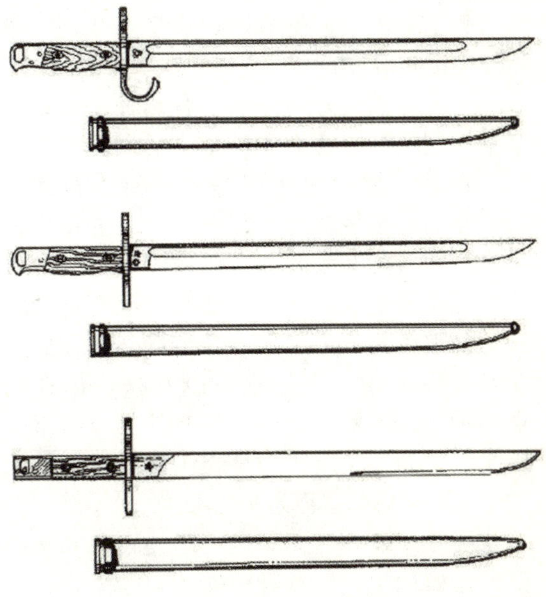
三十年式刺刀在生产过程中逐渐简化：上方为早期型号；中间为1937年以后生产的型号，取消了护手钩，其他部分变化不大；下方为二战末期生产的简易型刺刀，进一步取消了血槽，仅在刀身前

靠地固定在步枪上，需要卸下刺刀时，只要压下柄尾左侧的圆形按钮，使卡笋缩回，即可将刺刀向前方取下；刀柄中段呈弧形，方便用手握持，两侧有以铆钉或螺钉固定的护木；刀柄末端金属部分向下弯出呈“鸟嘴”状，末端顶部平面上往往打有号码等。

刀鞘用来盛装和保护刀身，其结构相对较为简单，为薄钢板冲压成形后再经焊接而成。刀鞘上端口部焊有一个用来加固鞘口边沿的部件，称为“吞口”或“鲤口”；稍下方为连接挂件用的止动环，以螺钉与刀鞘本体固定，穿皮带用的环口在刀鞘右侧；刀鞘内部有两对板状弹簧片，上端的用来在插入刺刀后夹紧刀身，下端的则用来防止刀身在刀鞘中过分晃动。刀鞘在拼刺训练时也有很大作用，一般要将刀鞘套上以防误伤，鞘尾端设计成突起的球鼻状“水滴”，正是为了在训练中起到减缓冲击力的作用。保存至今的刀鞘上大多有凹瘪痕迹，多半是在训练时相互撞击而留下的。

两种标准型三十年式刺刀：上方为早期生产型，下方为中后期生产型，两者的刀体和刀鞘在外观上均有较明显的差异

刀柄末端“鸟嘴”和闭锁机构的变化。早、中期的三十年式刺刀刀柄末端金属部分向下弯曲，称为“鸟嘴”，末期产品刀柄末端为简单的矩形，取消了“鸟嘴”部分，同时闭锁装置也越发简陋和粗糙

三十年式刺刀的标准型有两种型号：除了早期型号外，还有一种是中后期定型的型号，因其主要配用在1939年（日本神武纪2599年）定型生产的九九式7.7mm岩下步枪上，也有人称其为九九式刺刀，但这只是俗称，并不是正式的叫法，通常情况下这两种刺刀都被称为三十年式，其结构基本相似，并且可以通用，刀鞘也可以互换，但在刀身、护手、刀柄、刀鞘上均有差别（在下一段文字中为方便叙述起见，仍将早期型称为三十年式，后期型称为九九式）。

从刀身来看，三十年式厚度较九九式略薄，血槽稍浅，刀背靠前端处较为平直，少数刀尖的上方向下呈弧形收敛，并开有假刃，刀尖低于刀脊；而九九式则大多相反，并有一部分刀尖向上略微翘起，有尖而无刃，刀尖高于刀脊，更接近于武士刀刀尖的形状。从护手来看，三十年式弯钩处宽度较窄，到钩尖处则变粗，从侧面看略呈三角形，钩尖明显；九九式弯钩比较宽厚，基本没有粗细变化，钩尖不明显，有的近乎方形。从刀柄来看，三十年式刀柄较为纤细，弧形明显，中间呈“鼓肚”状，与手型比较吻合，护木后端与柄尾金属部分连接处为斜线，固定护木的铆钉或螺钉多有椭圆形垫片，柄末的“鸟嘴”状突起比较明显；九九

刀柄护木形状的变化。早、中期产品护木呈明显的弧形，与手型相吻合，后期产品均为简单的直线形

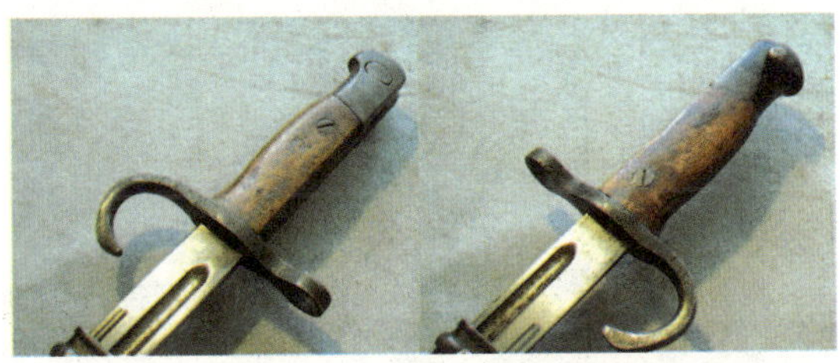

早期型三十年式刺刀，但刀柄护木的固定方式极为特别，是由分别从两侧相对拧进的两个螺丝将其固定的

护手形状的变化。早期产品护手制作精细并带有护手钩，中、后期产品取消了护手钩，末期的护手只是简单的带孔矩形铁板

式刀柄较为粗厚，两侧皆为平面，下方的弧形部分较浅，护木后端与柄尾金属部分连接处和刀背相垂直，铆钉垫片为圆形，“鸟嘴”部分较不明显。从刀鞘来看，三十年式的止动环为机加件，较为厚实，刀鞘末端的“水滴”多呈半圆的球鼻形；九九式的止动环为2mm左右的钢板弯折而成，较为单薄，“水滴”则为向前伸出的圆柱状。

早期生产的三十年式刺刀都是上述两种标准型号。但随着侵略战争规模不断扩大，加上国内资源匮乏，日本虽然对内颁布了《国家总体动员法》，并对中国和朝鲜进行疯狂掠夺，但仍不能满足战争的需求。到1941年，日本的煤炭、铁矿石和钢只能达到需求量的88.3%、42.4%和43%，原本就不丰裕的军工生产能力更是到了捉襟见肘的地步。为了尽可能地提高生产效率和节约原材料，三十年式刺刀的生产不得不一再简化，于是出现了许许多多的变型刺刀。虽然这些变型刺刀的整体构造大体相同，但根据刀身、护手、刀柄、刀鞘等部分的差异，保存至今的三十年式刺刀从外形上来区分至少有18个不同的品种，这些差异主要体现在以下几方面。

早期刺刀刀身两侧均有血槽，而战争末期生产的则将血槽取消；早期的刺刀一般将刀身全长都磨削出刃口形状，后期产品只将刀身前端1/3到二分之一磨出，但新刺刀一般都没有锋口，而是在下发后由使用者自行开刃；护手下端分为带钩和直形的两种形式，为提高生产效率，从1937年开始，逐渐出现了不带护手钩的刺刀，到末期几乎所有刺刀都取消了护手钩；不同厂家的产品护手本身形状也不尽相同，特别是简化产品的护手形状更是多种多样，战争末期生产的护手更是变成了简单的带孔的矩形铁板，护手与刀身、刀柄的固定方式也有紧配合、紧配合加铜焊固定以及较少采用的侧面铆固等数种；刀柄的形状变化最多，除了标准型外，后期又出现了矩形的刀柄，而且有的刀柄末端带

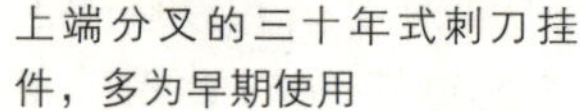

上端分叉的三十年式刺刀挂件，多为早期使用

上端不分叉的三十年式刺刀挂件，多为中后期使用

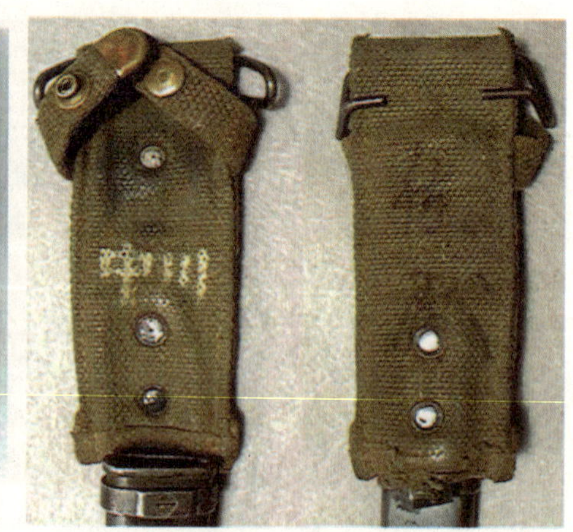

帆布制三十年式刺刀挂件

“鸟嘴”，有的则不带，闭锁机构的形状和位置也各不相同，末期产品中也有完全取消闭锁装置的；刀柄的固定方式也种类甚多，总的分为螺钉固定和铆钉固定两种方式，其中以前者居多，垫片形状也有椭圆形、圆形和六角形等数种，铆钉材质则有钢制、铜制等区别。除此之外，有些刺刀刀身做了发蓝处理，在有些刺刀上还能见到护手和刀柄部分发蓝但刀身却未经处理的情况。早期刺刀表面大多经过打磨，光洁度较高，而后期产品表面大多留有初加工痕迹，工艺比较粗糙。同时，三十年式刺刀刀身钢材一般不如同期的欧式刺刀，多以低碳钢制造，钢质偏软，磨出的锋刃难以持久且容易卷刃，特别是战争末期的产品，材料更是五花八门，质量也参差不齐。

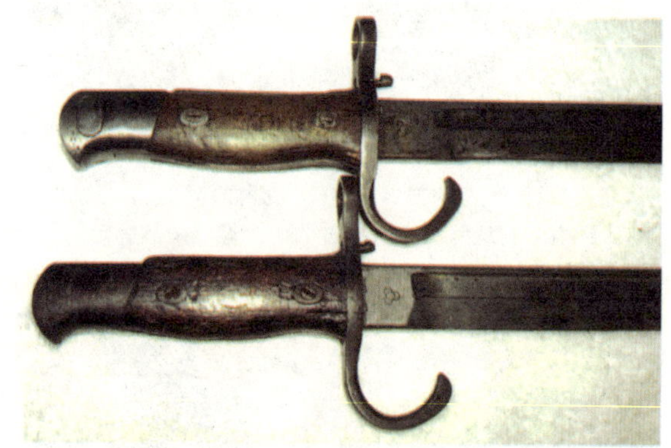

三十五年式海军型刺刀，手柄正上方靠护手处设有一个弹簧控制的“桥式”开关

与刀体相比，刀鞘的种类变化更多。早、中期的刺刀刀鞘均为钢制，其表面大部分为发蓝处理，少数直接涂覆暗棕绿色油漆。除止动环外，刀鞘末端的“水滴”形状的生产过程也逐渐简化，前后共有4种式样。到二战后期，日本金属原料特别是钢铁来源匮乏，刀鞘不得不改为非金属材料制作，其中最常见的是木质，而且根据制造年代的先后也有所变化。早期的木制鞘身由两瓣对称的木片组成，有薄金属板制成的吞口和鞘尾，并有钢板制成的止动环，中、下部分别缠绕两段棉线或箍有两道薄金属片用以加固鞘身，刀鞘外涂棕绿色或棕黄色油漆以防木材腐烂。后期木鞘的制作进一步简化，首先是鞘尾由刀尖形改成方形，后来又取消了金属吞口、鞘尾直至止动环，最后甚至出现了仅用棉线缠绕木片而成的简陋刀鞘。皮制刀鞘也有使用，但皮革成本较高且易损，使用并不广泛。后来还出现了以帆布为骨架、外覆棕黄色橡胶蒙皮的橡胶制刀鞘，特点是将

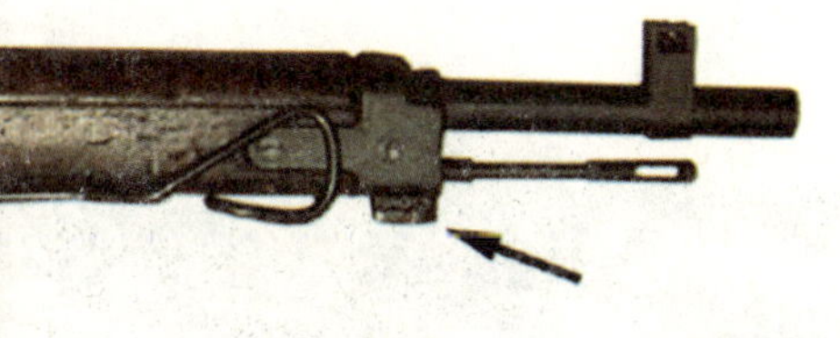

配装于九九式步枪上的三十年式刺刀。三十年式刺刀采取枪口套环定位，以手柄背部T形槽与枪管下方的刺刀座（图中箭头所指处）配合并以卡笋固定。这种连接方式在可卸式刺刀中最为常用，连接牢固并且各方向受力性均较好

挂件和刀鞘做成一个整体。这些简易刀鞘由于材料易损的原因，保存到今天的为数很少，但却都是日本军国主义穷途末路却仍困兽犹斗的境况的真实见证。

除刀体与刀鞘之外，三十年式刺刀还有一个重要配件——挂件（日文称为“剑差”），用来连接和固定刀鞘，防止运动中将刀鞘丢失。通常情况下，日军士兵都是将刺刀用挂件固定于腰部左侧。挂件通常由牛皮或猪皮缝制而成，上端为皮环，用以穿腰带，有上端分叉和不分叉的两种形式，后者较为多见，下端由两片皮革缝成，有的还以铆钉固定，并附有皮带和扣环（铆钉、扣环又分为铜、铁两种材质）。使用时刀鞘插入两片皮革之中，然后再将皮带穿过刀鞘上的止动环并以扣环固定住。为避免止动环背面的突起磨损挂件，在挂件的相应位置上开有圆形或椭圆形孔。太平洋战争爆发后，在南洋地区作战的日军发现皮质挂件在高温多雨的环境下极易霉烂，遂将部分挂件改用帆布制作，除材质外其他都与皮质挂件相同。朝鲜战争期间的南朝鲜军队也曾根据日本二战末期的设计，装备过一种帆布材质的三十年式刺刀挂件，上端改为一个与美式刺刀挂件相仿的钢丝卡子，用以与S形腰带上的小孔配合，下端以铆钉固定的一个钢钩来连接刀鞘上的止动环。

由于日军对个人武器装备管理极为严格，损坏或丢失刺刀者都要受到严厉的处罚，所以有些日军士兵会在自己的刺刀上做上个人记号，这些记号多半是姓名和数字，有的刻在手柄的金属部分或护木上，有的涂写在挂件上。保存至今的实发使用过的三十年式刺刀及挂件上，都可能有这样的记号。

值得一提的是，日本海军还曾使用过一种三十年式的变型刺刀，由于是在1902年（明治35年）定型，通常称为三十五年式海军型刺刀，配用于南部麟次郎（Kijiro Nambu）少校在三十年式步枪基础上改进而成的海军用三十五年式南部步枪上。其外形与三十年式基本相同，区别是在手柄正上方靠护手处设有一个弹簧控制的“桥式”开关，与吞口上的缺口配合以固定刀鞘，这种设计与后来的九五式士官刀如出一辙。另外，日本还装备有部分训练用刺刀，常见的一种训练刺刀与早期标准型三十年式没有太大差别，只是刀身改用廉价材料制造，厚度比标准型减少约1/3，血槽较浅，制作粗糙；另外还有一种日本少年军校使用的训练刺刀，外形与标准型差别较大，刀身较短并且刀尖部分为对称的椭圆形，而且只能装在训练步枪上。除此之外，二战后期的日本还曾把许多老式的十三年式、十八年式刺刀改造后继续使用，为配用后来的各型步枪，刀身部分都被截短，刀柄部分也做了相应改动，其特征是护手钩钩尖部分为扁球形，且血槽一直延伸到刀尖处，并配用截短了的有金属吞口和鞘尾的黑色刀鞘。

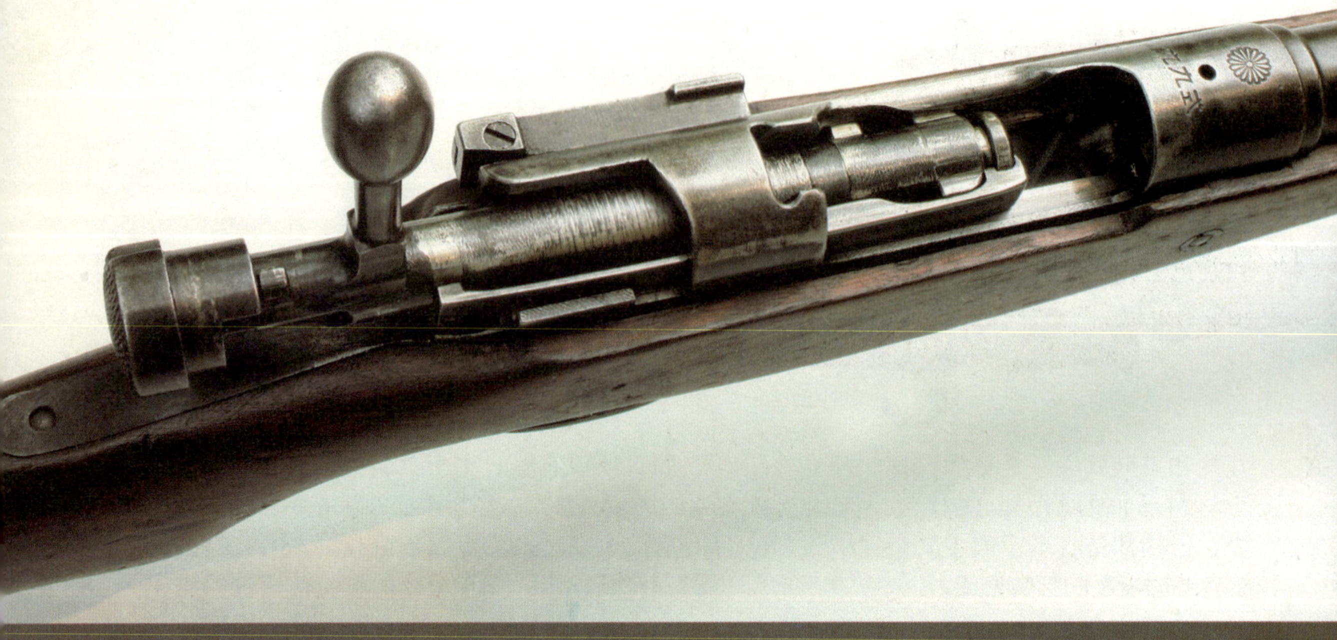

狂热战争的产物——日本九九式7.7mm步枪

日本九九式7.7mm步枪是日本在二战结束前以三八式6.5mm步枪为基础改进发展的新一代军用制式步枪，主要用于对外侵略作战。由于二战后期的日本已陷入重重困境，为做最后挣扎，继续加紧侵略作战，日军需要大量九九式步枪，但当时生产材料不足，且缺少熟练技工，因而武器粗制滥造，名声糟糕。其他战败国如德国在二战末期也有类似情况。

九九式是旋转后拉枪机式非自动军用步枪，日军采用该枪作制式有其自身考虑。当时的日本不具备用半自动步枪作为制式步枪的基础，因为半自动步枪的弹药消耗量比旋转后拉枪机式步枪大，如果不能确保弹药的及时供应，半自动射击的火力优势就无法实现。二战中，全军采用半自动步枪作制式的只有美国，其他国家与日本一样，步兵的主要装备是旋转后拉枪机式步枪。德国与苏联只是部分部队采用半自动步枪作制式。

当时，日本采用的三八式、九九式步枪的性能并不逊于同时代的步枪。时至今日，九九式步枪初期型及配装单脚架的中期型都已成为收藏珍品。

研发过程

1905年（日本明治38年）日俄战争刚结束，日本陆军轻武器开发部鉴于世界枪械工业发展形势及三十年式步枪在日俄战争中暴露的问题，决定由有坂大校领导，对三十年式步枪进行改进，结果制成了三八式6.5mm步枪并将其作为制式。该枪在改进中无疑参考了当时世界著名的德国毛瑟M98、英国李-恩菲尔德、美国斯普林菲尔德等旋转后拉枪机式步枪。三八式步枪的优点是弹头飞行稳定，后坐冲量小，射击精度高，但全枪太长，威力不足。

1920年（大正9年）7月，日本陆军技术本部鉴于三八式6.5mm步枪威力不足的缺点，提出了7.7mm口径步／机枪弹、步枪与机枪的研制计划。

1932年，7.7mm半凸缘弹及发射该弹的九二式重机枪被定为制式。1938年（昭和13年）开展7.7mm步枪选型试验，选中名古屋兵工厂的岩下式7.7mm步枪，该枪为三八式的改进型。1939年（昭和14年，神武纪元2599年），该枪按神武纪元的最后两位数字命名为九九式。1940年7月，该枪被定为制式，取代三八式，用于对中国、东南亚乃至太平洋地区的侵略战争。侵略中国东北的日本关东军就装备了该枪。

九九式步枪被定为制式之后，除了名古屋兵工厂生产之外，小仓兵工厂、秦泉（JINSEN）兵工厂（朝鲜）、东洋工业公司、东京重型机械厂等厂家也批量生产该枪。由于二战后期生产数量不能满足需要，该枪在结构上被轻率简化与改型，且使用劣质材料，同时仅采用抽检方法，所以九九式步枪在使用中常出现故障甚至造成危险。九九式步枪全枪长1258mm，与三八式（全枪长1275mm）相当。后来又研发了两种变型枪，一种为九九式短步枪（马枪），全枪长1130mm（名古屋兵工厂）或1127mm（东洋工业公司）；另一种为1942年定型、供伞降部队使用的二式步枪，此枪的枪管与枪托部分可分离，便于伞降时贴身携带。九九式步枪在二战后仍装备日本自卫队，直到1964年64式7.62mm自动步枪被定为制式后才退役。

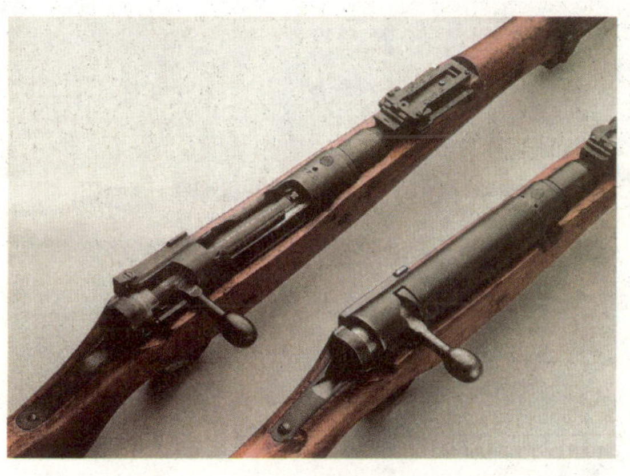

九九式步枪（左）与带防尘盖的三八式马枪（右）

从左至右为三八式马枪、二式步枪、九九式步枪

二式步枪可从枪管节套处分成两部分，便于伞降部队携行

细看结构

工作原理 九九式步枪与三八式一样，采用旋转后拉式枪机，沿袭英国李－恩菲尔德7.7mm步枪的开膛待击系统。拉机柄为直式，向上回转90°呈竖起状态时，枪机的两个闭锁突笋脱离机匣的凹槽使枪机开锁，向后拉即可抛出弹壳，然后向前推，使下一发弹进

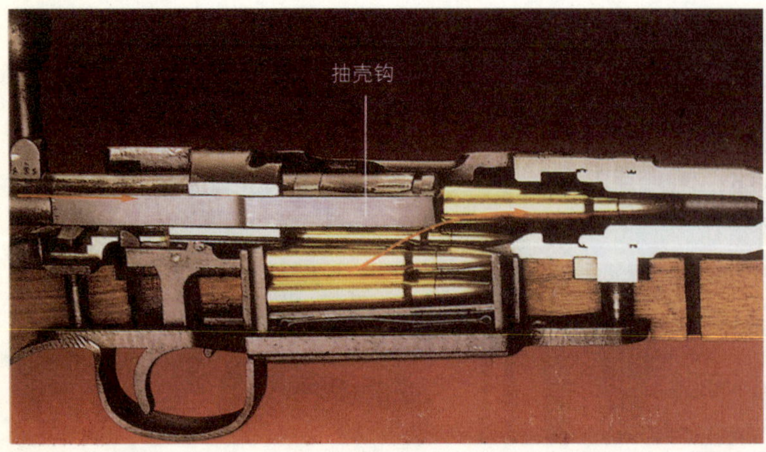

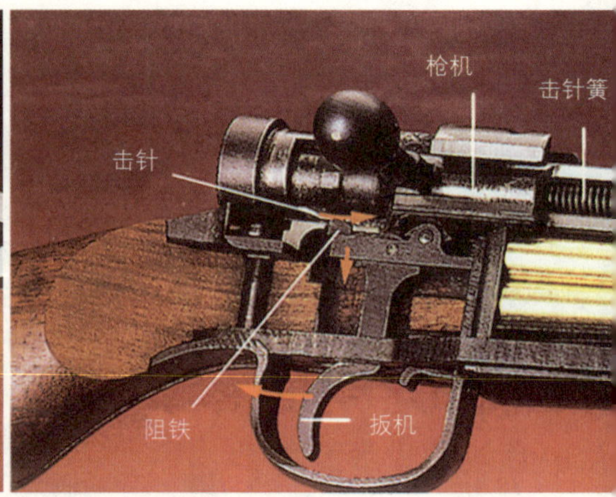

拉动枪机时，弹仓的第 1 发弹被推入弹膛，同时抽壳钩进入弹壳的抽壳钩槽，击针待击

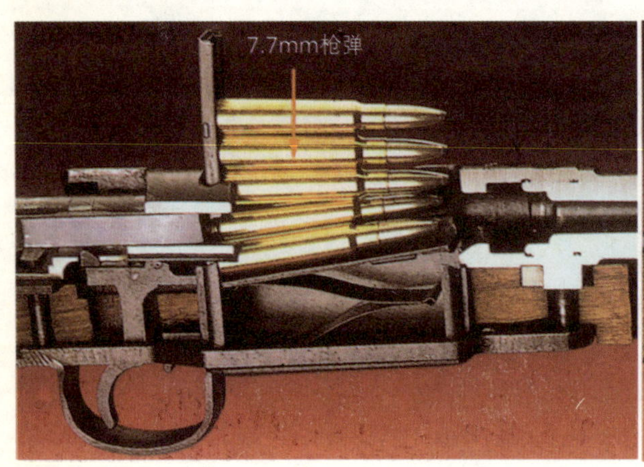

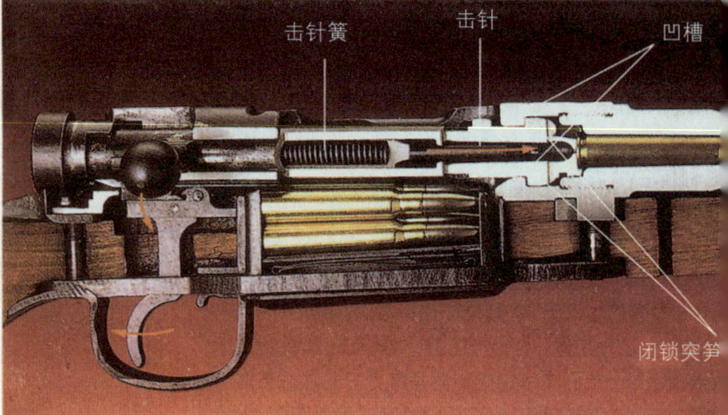

九九式步枪枪弹装填剖面图。可看到枪机打开，用弹夹装填 5 发弹的状态

膛，向下回转90°，闭锁并使击针待击，此时扣扳机即可击发。

枪机机构 该机构由枪机、抽壳钩、机尾、击针和击针簧组成，结构简单，分解结合无须工具。机尾为带滚花的圆柱体，不易被外物挂住。机尾兼作保险机，其作用极其特殊，前推并右旋到位为保险状态，前推并左旋到位为待击状态。

防尘盖 其置于机匣上方和右侧的纵向槽处，可随枪机往复移动。

弹仓 弹仓内可装 5 发枪弹，利用弹夹装弹。由于装填后前推枪机时将 1 发弹送入弹膛，所以实际上弹仓容纳 4 发枪弹。当最后 1 发弹发射完之后，机头被弹仓的托弹板挡住，枪机停止前进，起空仓挂机作用。弹仓底盖卡笋设在扳机护圈前端内侧，用拇指按压便可卸下底盖，退出枪弹并擦拭保养。

扳机 九九式与三八式一样为典型的军用两道火扳机，从扣动扳机至底火发火的击发时间为5～6s，是现代运动用旋转后拉枪机式步枪的 2 倍，此击发时间与同时代的斯普林菲尔德M1903步枪相当。三八式马枪扳机力约34 N，名古屋兵工厂的九九式约29N，东洋工业公司的九九式约33N，二式步枪约33N。

安全排气设计 该枪在机匣正上方设置安全排气孔，左闭锁突笋侧面开直线槽。枪机

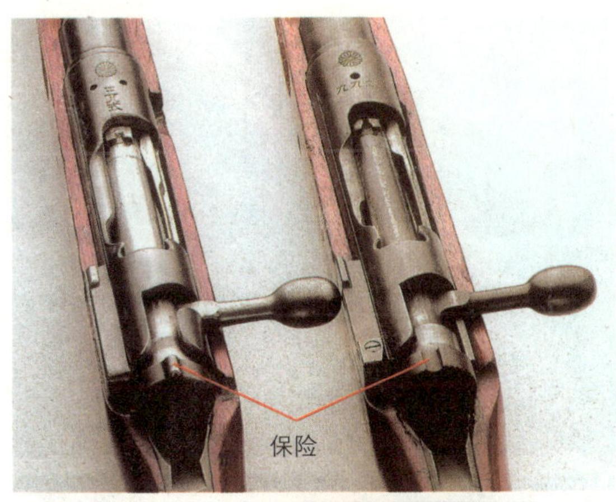

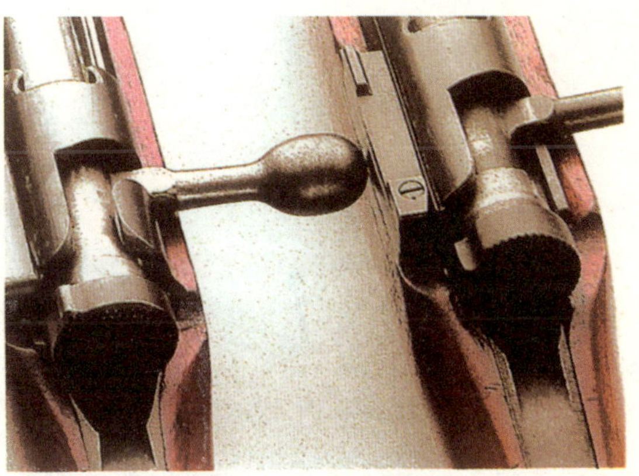

三八式（左）与九九式（右）步枪的保险（机尾）设计不同，但机构动作相同。三八式的保险为一突起，九九式的保险为一凹槽。将保险向左转动时均呈待击状态

从上方往弹仓装填 5 发弹，由于装填后前推枪机闭锁时将 1 发弹推入膛内，实际上弹仓内为 4 发弹

闭锁时左闭锁突笋的直线槽位于正上方，与安全排气孔及枪机前端形成排气通道，倘若在异常高压下弹壳底部破裂，火药燃气经过排气通道，由安全排气孔排出，确保安全。三八式的机匣顶部有 2 个安全排气孔，而九九式只有 1 个。

瞄准装置 九九式采用与三八式一样的锥形准星，可在燕尾槽内横向调整。但表尺与三八式带 3 个V形缺口的折叠式框形表尺不同，九九式步枪框形表尺上的照门为觇孔式。表尺竖起时框架左右刻的“4～15”的数字，表示“400～1500m”，表尺扳倒时的战斗瞄准距离为0～300m。九九式与三八式一样，准星两侧有垂直的护翼，一般在慌乱情形下快速射击时，人们容易将垂直的护翼当作片状准星错误瞄准。但如M1伽兰德步枪的护翼前端弯曲或斯普林菲尔德M1903、毛瑟98K的带护圈的准星，均不会出现上述错误。

单脚架与刺刀 九九式步枪设有钢丝制的单脚架。九九式短步枪及二式步枪均无单脚架。单脚架可往前折叠于护木下面。九九式步枪配用三十年式刺刀或九九式刺刀。

使用枪弹 九九式步枪使用7.7×58mm步枪弹，该弹又称7.7mm步枪弹或有坂7.7mm步枪弹。瑞典诺尔玛公司现在还生产销售该弹，称7.7mm日本弹（7.7mm Jap）。日本7.7mm弹与英国0.303in（7.7mm）弹相比，两者大小及性能完全相同，但前者为半凸缘弹，后者为凸缘弹，无互换性。由于日本7.7mm枪弹已退役并停止生产，所以瑞典诺尔玛公司的弹价格较高，每发约 2 美元。

射击试验

射弹散布试验 用九九式步枪发射诺尔玛7.7mm出厂弹。射击距离91.4m（100码），靶标为纸靶，3 发散布60mm。射击距离274m（300码），靶标为人像靶，结果射击 5 发有 4 发中靶。风从时针10时的方向刮来时，在91.4m处的射击散布偏右，274m处射击正好

九九式步枪不完全分解状态

三八式步枪（左）与九九式步枪（右）的枪机机构组成基本相同

三八式马枪（左）与九九式步枪（右）的表尺竖起状态，图中可看出，三八式为V形缺口式照门，九九式为觇孔式照门

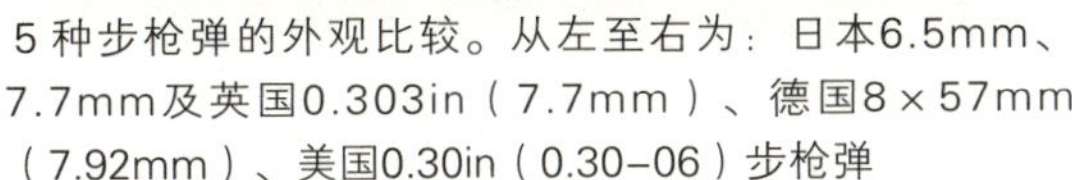

5种步枪弹的外观比较。从左至右为：日本6.5mm、7.7mm及英国0.303in（7.7mm）、德国8×57mm（7.92mm）、美国0.30in（0.30-06）步枪弹

九九式步枪垂直的准星护翼

打中人像靶。射击距离457m（500码）、表尺置于500m的刻度上，结果所射击的5发弹弹痕不明，完全脱靶。究其原因是射击距离（457m）与表尺设置（500m）偏差较大所致。最后用重装弹试验，射击结果最小散布为98mm，比诺尔玛弹的散布大。

水中射击试验　该组试验枪除了日本九九式之外，还包括日本三八式、斯普林菲尔德M1903A4。在装满1893L水的水槽中多次射击。结果，九九式全部不击发，三八式偶尔击发，M1903A4完全不击发，但将其击针簧延长之后可击发。这些老式步枪当时完全没有考虑水中射击的可能性。水下枪械只是在近20年来才有较大发展。

结论

旋转后拉枪机式步枪的火力明显不如半自动步枪猛烈。半自动步枪可更快地逐发射击，如果数人集中用其射击可得到近似于轻机枪的火力压制，而用旋转后拉枪机式步枪则需要10人以上。

仅就旋转后拉枪机式步枪比较时，日本九九式不比德国毛瑟98K、美国斯普林菲尔德M1903、英国李－恩菲尔德No.1步枪差。

与掷弹枪有关的三种日制式步枪。从上至下分别是：十八式、三八式和九九式步枪。注意三八式、九九式两支枪枪口上带有铜制防护帽

早期步兵武器的“异类”

——两次世界大战期间的日本掷弹枪

掷弹枪是一种特立独行的早期步兵支援武器，它是在尾杆式枪榴弹以及迫击炮的雏形——掷雷器的基础上发展而成的，是后世各种榴弹发射器的直系祖先之一。掷弹枪可以看作是把枪、炮两种武器结合在一起的一种尝试，试图在保持武器体积、质量较小的前提下发射较大威力的爆炸或特种弹。日本很早就在这一研究领域取得了实质性进展，基本实现了掷弹枪的实用化，一战、二战期间曾研制出多种型号的掷弹枪及类似武器。

本文所称的掷弹枪在日文中表示为“掷弹铳”，如“乙号掷弹铳”，对应的英文是Grenade Rifle（榴弹步枪），是一种只能用来抛掷弹丸的枪械；而日文中的“掷弹器”或“发射筒”，如“二式掷弹器”、“试一〇〇式掷弹器”等，英文则称为Grenade Launcher（榴弹发射器），是指一种安装在制式步枪枪管上的用来发射榴弹的附加装置。二者的区别是掷弹枪只能发射空包弹，用于将榴弹或其他弹丸抛掷出一定距离，本身不能当作普通步枪使用；而安装后者的步枪将其卸除后即恢复成为普通步枪。

本文涉及到的掷弹枪均是由制式步枪改造而成，或是在制式步枪结构基础上设计出来的。但不是所有的日本制式步枪都与掷弹枪有关，研究证明只有3种步枪参与过这种改

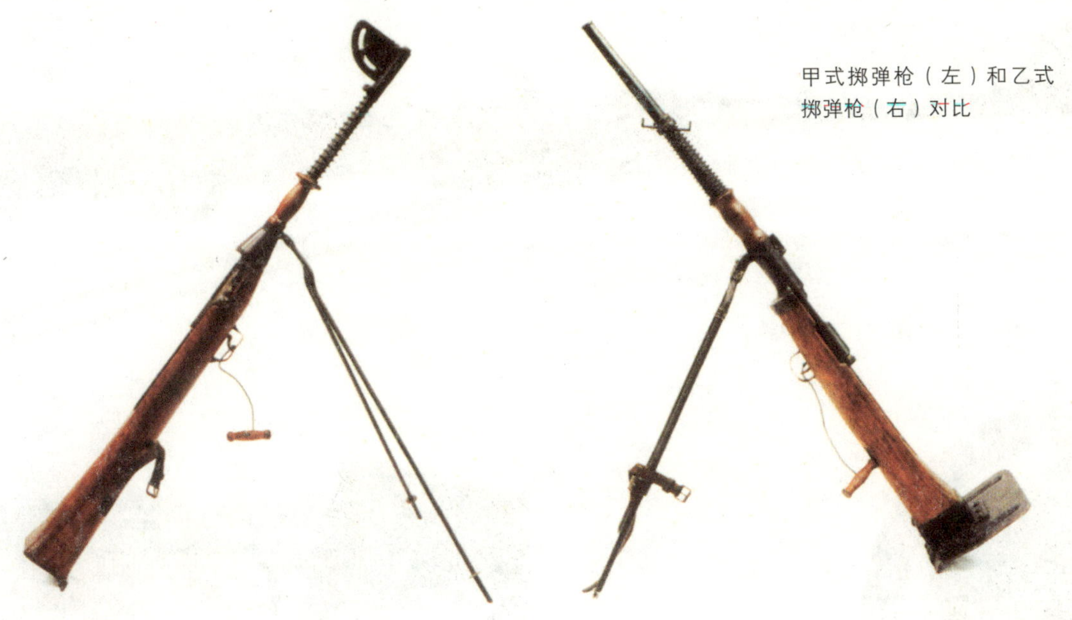

甲式掷弹枪（左）和乙式掷弹枪（右）对比

甲式掷弹枪（左）由十八式步枪（右）改造而来，二者枪机略有不同

造——十八式、三八式和九九式。

十八式步枪也称为明治十八年（公元1885年）式村田步枪，是村田芳设计的一种单发步枪，没有储弹机构，发射一种11mm黑火药步枪弹。日本一共生产过约81000支十八式步枪。三八式步枪是1905年在南部寅次郎主持下设计定型的，发射6.5mm无烟药步枪弹，并有一个5发单排弹仓。三八式设计合理，制造精良，其独特特征就是枪机上有一个跟随枪机一同开合的防尘盖。三八式的生命力很强，在日军中的服役时间跨度超过了35年，三八式步枪与三八式骑枪总共生产了约350万支。九九式步枪是1939年定型的三八式的改进型号，包括标准长度步枪和短步枪，发射7.7mm步枪弹。标准长度的九九式生产时间很短，只生产了约38000支。从1941年末到二战结束，九九式短步枪生产了约240万支。

甲式/乙式掷弹枪

以十八式和三八式步枪为基础制成的两

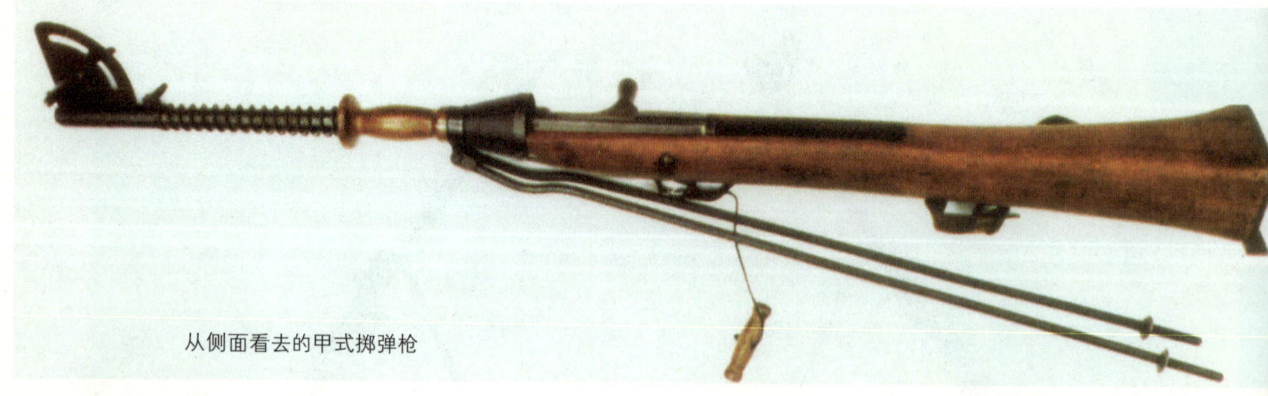

从侧面看去的甲式掷弹枪

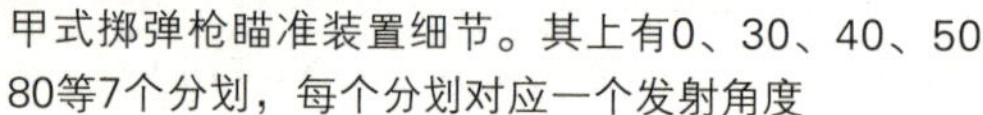

甲式掷弹枪瞄准装置细节。其上有0、30、40、50 80等7个分划，每个分划对应一个发射角度

甲式掷弹枪枪机左侧细节。机匣上的编号为88693（首位的“8”被圆锥形的连接套挡住）

种掷弹枪首次出现在1919年出版的日本步兵学校为野战军官印制的一本手册中，分别称为“甲式掷弹枪（甲号掷弹铳）”和“乙式掷弹枪（乙号掷弹铳）”。两种掷弹枪都用来抛射底部带有长杆的高爆榴弹和特种弹。尽管掷弹枪在1919年之前就被投入到战场上进行实地应用，但之前一直被认为是一种有争议的试验产品。

甲式掷弹枪是利用退役的十八式步枪改造而成的，但甲式掷弹枪是由谁制造的，以及总共制造了多少支等，尚未见到详实资料。

甲式掷弹枪有一个沉重的带有金属托底板的大型木制枪托，枪身中部有一副支撑枪身的可折叠式两脚架，枪托中下部设有一根皮带，用来捆扎两脚架以便携行。在枪管下部套有一个木套，用以握持枪身，方便调整方向和发射角度，木套是活动的，靠枪管上的定位弹簧固定。枪管前端设有一个可调整的瞄具。此外，还有一根带有木制手柄的拉火钢索，钢索的一头穿过扳机上的小孔并固定在上面。甲式掷弹枪的枪管为滑膛式，口径为12mm，枪管长476mm。从外观来看，甲式掷弹枪显得非常“壮实”，全枪长1.15m，全枪质量达到7kg。

甲式掷弹枪可发射甲式高爆掷榴弹、照明弹和信号/烟幕弹。甲式高爆掷榴弹采用不带预制破片槽的铸铁弹体，内装130g苦味酸炸药，全弹质量1kg，使用触发引信。照明弹弹体采用铜管制造，内装照明烟火剂，全弹

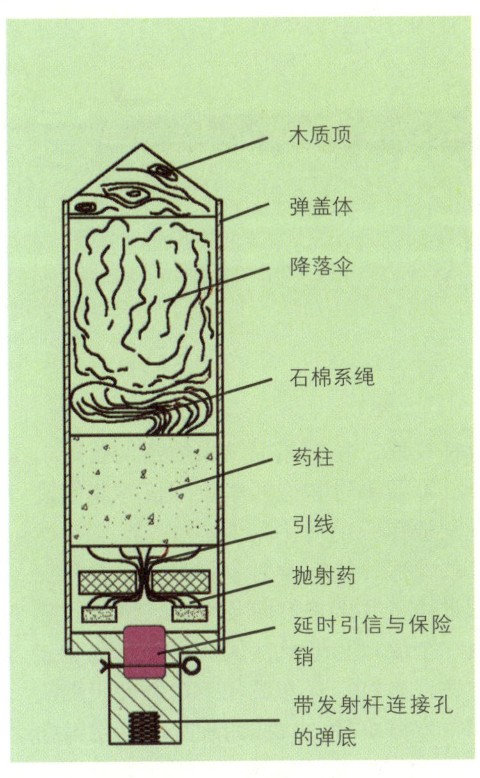

甲式信号/烟雾弹结构示意图

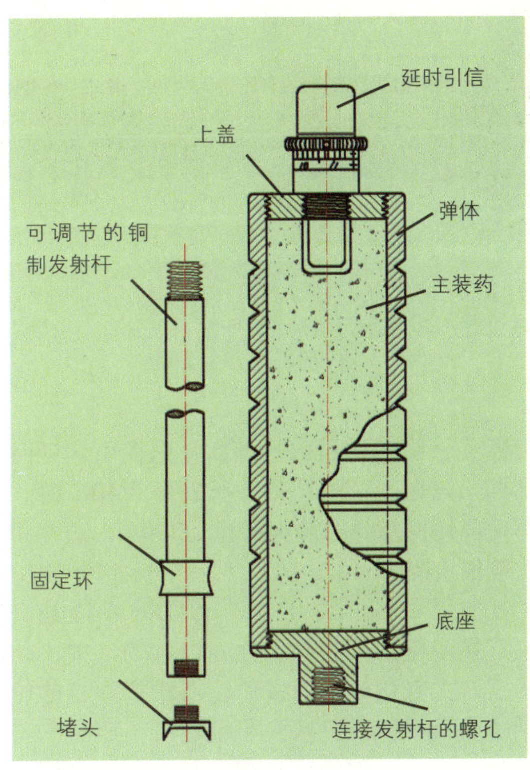

乙式高爆掷榴弹结构示意图

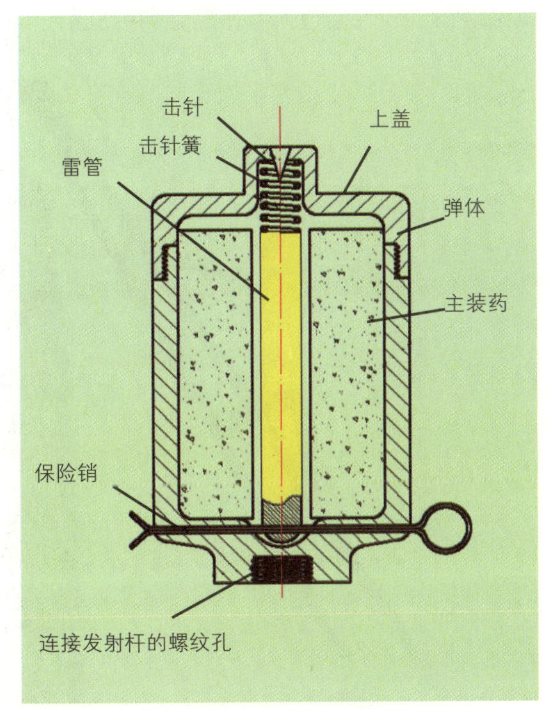

甲式高爆掷榴弹结构示意图

质量1kg，使用延期引信。信号/烟幕弹弹体材料为薄钢板，内装照明剂或发烟剂，药柱上方带有降落伞以延长滞留空中的时间，全弹质量1kg，同样使用延期引信。无论是哪种弹丸，其弹体底部都有以螺纹固定的发射杆。

甲式掷弹枪的具体使用步骤如下：将两脚架打开，将枪身支撑在地面上，根据目标位置，调整方向及角度；将弹丸底部的发射杆插入枪管内，抽出弹体上的保险销；拉开枪机，装入一发空包弹，握住拉火钢索手柄并向后拽，钢索向后拉动扳机，击发空包弹，产生高压火药燃气，推动发射杆，将整个弹丸抛掷出去。随后即可进入下一轮发射程序，每分钟大约可以发射2～3发弹。甲式高爆掷榴弹在落地时，引信因撞击发火而引

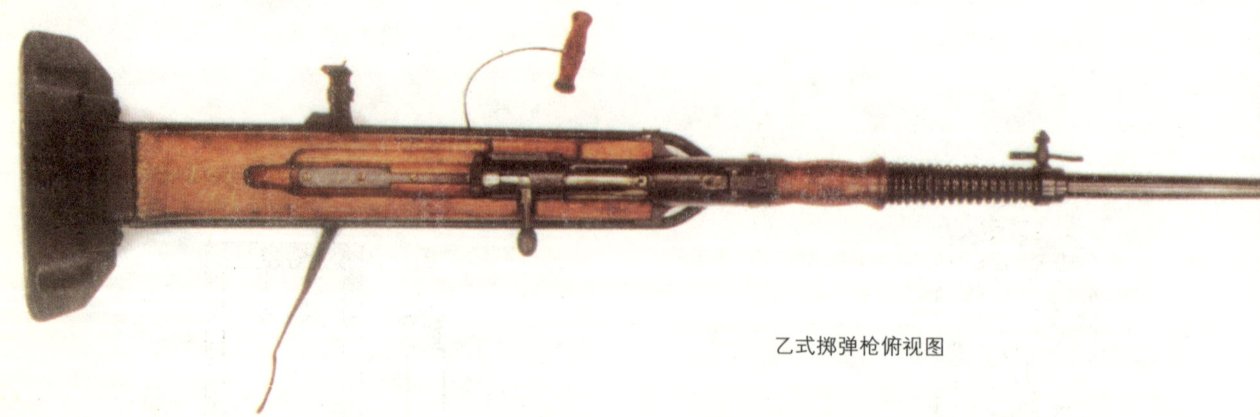

乙式掷弹枪俯视图

爆弹丸，照明弹和信号烟幕弹则在引信延时到期后点燃内装的药剂。当射角为40°时，甲式高爆掷榴弹的最大射程为320m，破片杀伤范围半径为5m。

与甲式掷弹枪不同，乙式掷弹枪是在三八式步枪结构基础上独立设计的，并不是用三八式直接改造而成的。乙式掷弹枪的枪机缺少通常标准三八式步枪枪机生产时的一些加工工序，例如没有加工与弹仓相连接的部分，也没有加工出桥夹装弹时的插槽，甚至没有防尘盖。

乙式掷弹枪和甲式结构相似，但枪管口径为11.3mm，同样是滑膛的，枪管长增加到530mm，但全枪长减少到1.05m，全枪质量则为10.8kg。质量大幅增加的主要原因是乙式掷弹枪改用类似于迫击炮式的大型金属底座，以防止在松软地面使用时强大的后坐力将枪身“砸”入地面。

乙式掷弹枪发射乙式高爆掷榴弹、照明弹和信号/烟幕弹，全部采用延期引信。其中照明弹、信号/烟幕弹与甲式掷弹枪使用的基本一致，但高爆掷榴弹则与甲式使用的有较大区别。乙式高爆掷榴弹全弹质量达到2kg，弹体带有预制破片槽，而且改用延期引信，其最大延期时间超过11s，时间精度为0.5s。该弹配用可以调节长短的铜制发射杆，不同长度的发射杆对应着榴弹的不同射程，发射杆长射程即远，反之则近。乙式掷弹枪配有一个铜制的简易计算器，用来计算发射杆长度、发射角以及引信延期长短，这个计算器平时和炮兵用象限仪等其他设备一同放在一个附件箱内。

乙式掷弹枪的发射步骤如下：首先安置掷弹枪，并调整方向及射角，该枪的瞄准由一个缺口和准星柱构成的简易瞄准装置完成，当目标、准星和缺口中央三点位于同一直线上时，目标即被瞄准，发射角度则借助于炮兵用象限仪调整；适当校准之后，将弹丸上的发射杆插入枪管，并抽掉保险销；装入空包弹并击发，将弹丸射

从侧面看去的乙式掷弹枪

乙式掷弹枪（左）和三八式步枪（右）枪机顶部细节对比。可以看出两者有很大差别，如乙式掷弹枪的枪机上没有供桥夹定位的插槽，也没有防尘盖等

乙式掷弹枪机匣左侧细节。图中可以看出拉火钢索穿过扳机尖端的小孔并固定在扳机前方，因此尽管掷弹枪的枪机结构和发射机构都与步枪类似，但发射时的动作却与炮兵相似

出，引信延期结束后引爆装药或点燃药剂。在42°射角时，乙式高爆掷榴弹的最大射程为320m，破片杀伤半径达20m。

甲式/乙式掷弹枪曾于一战期间在中国及俄国西伯利亚等地使用过。1914年，日军进攻盘踞在中国青岛的德国军队，查尔斯·巴迪克所著的《日本围攻青岛之役》中这样描述道：“东京派遣来的专家仔细地训练和挑选人选，配备掷弹枪、破坏铁丝网的爆破筒和夜间联络信号，组成突击队……”。1918年，日本又向远东的白俄军队提供过掷弹枪，詹姆斯·莫雷尔在《1918：日本插手西伯利亚》中提到，日本顾问向俄国西蒙诺夫特遣队提供了“10支掷弹枪、1000发榴弹和2000发照明弹”。

“布干维尔”掷弹枪和简易掷弹枪

到二战期间，笨重的甲式/乙式掷弹枪在日军中已经彻底淘汰，取而代之的是品种繁多的榴弹发射装置，如九一式枪榴弹、三式套管枪榴弹、二式枪榴弹、一〇〇式掷弹器和八九式重掷弹筒等。不过掷弹枪本身并未完全消失，在二战末期又出现了几个新品种，“布干维尔”掷弹枪就是其中最有名的一种。

“布干维尔”掷弹枪是将八九式重掷弹筒筒身结合到三八式步枪上，用以发射直径为50mm的八九式掷弹筒弹，也可发射手榴弹。这种具有相当独创性的构想是第六师团的野村上尉提出来的，这位设计者还曾制造过代用地雷和手榴弹。1945年7月，澳大利亚军队在所罗门群岛西北的布干维尔岛与日军的战斗中缴获了7支这种掷弹枪，因此得名“布干维尔”掷弹枪，而此前对该掷弹枪并无一个专门的称呼。这种掷弹枪是将标准步枪枪管截短，然后将八九式掷弹筒的筒身焊接上去，在掷弹筒弹的底部相应地钻一个孔，去掉受潮的发射药，以便发射时使火药

不明型号的带有膛压测试装置的掷弹枪

燃气进入药盂，药盂铜制的侧壁膨胀嵌入膛线，以密闭火药燃气，达到相应的射程。由于后坐力较大，这种掷弹枪和掷弹筒一样抵在地上发射，常用的发射角度是45°。这种武器即便是在距离目标很近的情况下也可以使用，射程在27～274m之间。澳大利亚军队缴获的7支都是用三八式步枪改装的，但英国诺丁汉皇家军械馆中还藏有一支用7.7mm口径的九九式步枪改造的“布干维尔”掷弹枪。

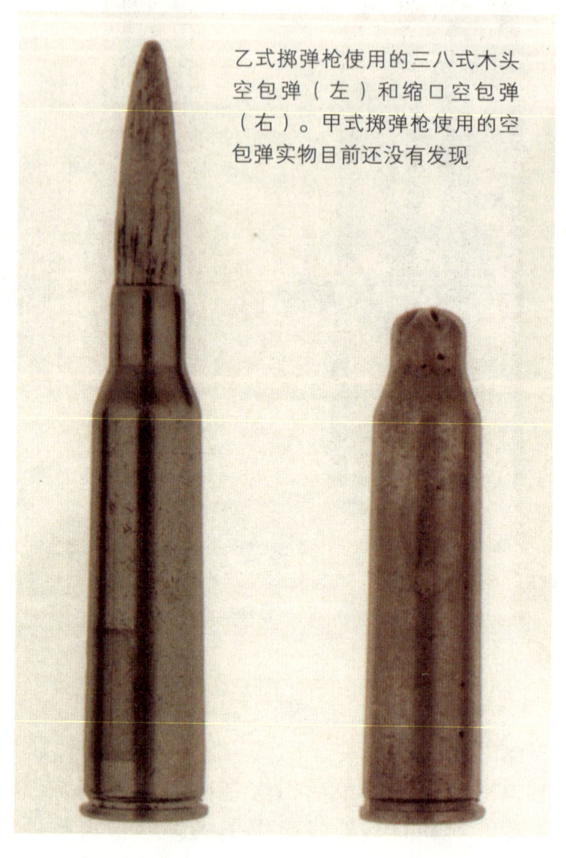
乙式掷弹枪使用的三八式木头空包弹（左）和缩口空包弹（右）。甲式掷弹枪使用的空包弹实物目前还没有发现

现存的实物中还有一支带有膛压测试装置的掷弹枪。该枪是以小仓陆军造兵厂第二分厂制造的一支三八式步枪改装的，发射7.7mm步枪弹，在加大的节套上装有全套的膛压测试装置，全长1.08m，其中枪管长603mm。圆柱形榴弹发射装置螺接在枪管口部，全长73mm，外径25mm，带有5条闭气圆环，后部有左右对称的两个方形缺口，以便用工具将其卸下。关于这支掷弹枪的资料几乎为零，只知道它发射的是某种套管式枪榴弹，很可能是用来测试发射枪榴弹时空包弹的膛压。

二战末期还出现了几种简易掷弹枪，它们并不是制式型号，而是当日本面临最后失败时，计划用于武装民众，进行“本土决战”的一类自制的简易代用品。这类武器是一种大口径的身管武器，以黑火药为动力，发射“从榴弹到碎铜烂铁的一切能找到并可以装入枪管的东西”。虽然看起来并不像真正的武器，但确实是日本的武器设计师专门设计的，并且将制作和使用方法印成手册进行推广，以便军队和居民能够以最快的速度和最简便的方式使用该武器。其材料各式各样，包括木、竹、线绳、金属丝、铁钉和薄铁管等，发火方式包括导火索和夹在简易枪机上的火绳。常见的简易掷弹枪有两种式样：一种是以粗竹筒为枪管，外面缠有金属丝以防止裂开；另一种以薄壁金属管代替竹筒，外面同样缠有起加强作用的线绳。此外，还有用废旧步枪改装的简易掷弹枪，枪口处装有用竹筒、金属管和木头制成并外缠线绳加固的发射筒，仍使用空包弹作为发射动力。后期的空包弹甚至也进行了简化，用棉花和棉布制成并浸过蜡的塞子代替弹壳缩口或木制弹头。不过由于日本迅速溃败投降，这些简易产品并未经历实战，也没有它

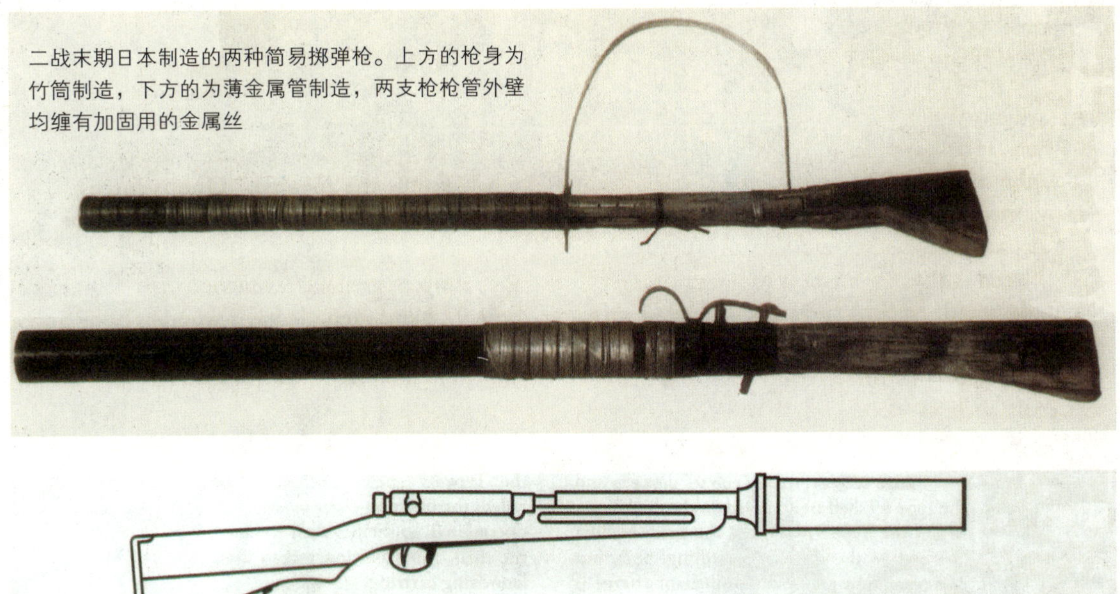

二战末期日本制造的两种简易掷弹枪。上方的枪身为竹筒制造，下方的为薄金属管制造，两支枪枪管外壁均缠有加固用的金属丝

“布干维尔”掷弹枪外形线条图

们实际使用的记载，甚至连大致的生产数字也无从统计。

结语

掷弹枪是步兵用榴弹发射装置发展进程中的一个旁门分支，似乎命中注定其更适合成为博物馆展品而非实用武器，尽管其构思不可谓不巧妙，但它比枪榴弹发射装置要笨重得多，携行不便，而与迫击炮相比，在发射速度、发射准备和射程调节的方便性以及弹丸的种类和威力上都相差甚远，特别是掷弹枪的用途单一，不能发射步枪弹借以自卫，还需要占用额外的人员编制，种种缺点决定了它将成为一种半途夭折的武器，因此只有日本等国在20世纪前半叶进行过研究，在枪榴弹发展成熟和中小口径迫击炮实现轻型化以后，掷弹枪的设计就被彻底淘汰，再未被重新启用过。

“布干维尔”掷弹枪发射改装过的八九式掷弹筒弹

照片为1954年10月，法军从越南撤离的场景。士兵手中多为MAS1936步枪和MAT49冲锋枪

设计独特 生不逢时

——法国M1936 CR39伞兵步枪

法国受第一次世界大战影响深重，战后疲敝，主要精力用于重整荒废的国土，忘掉一战中令人苦楚的兵器旧式化问题。天下虽平，忘战必危。20年后，第二次世界大战爆发，法军在战争中依然装备旧式兵器，不久在德军"闪电战"打击下而战败投降。

其实，法国在一战后也曾研制出一些性能优良的兵器作制式，如M1936 CR39步枪。该枪为伞降部队制式武器，但未大量生产，二战中也未投入战场，成为虚幻的制式兵器。法国的教训值得各国引以为鉴。

下面让我们走近这支步枪，细查究竟。

历史背景

一战中，飞机作为兵器被用于侦察和空中战斗。战后，各国都认识到军用飞机的用途，开始研究新的作战方法。陆军重视的战法是伞降部队的运用，因为步兵的行进速度慢，当遭到敌人抵抗，或有河流和山岳阻挡时，就难以行进。而乘坐飞机行进，则可逾越自然障碍、飞越敌阵地，利用降落伞在需

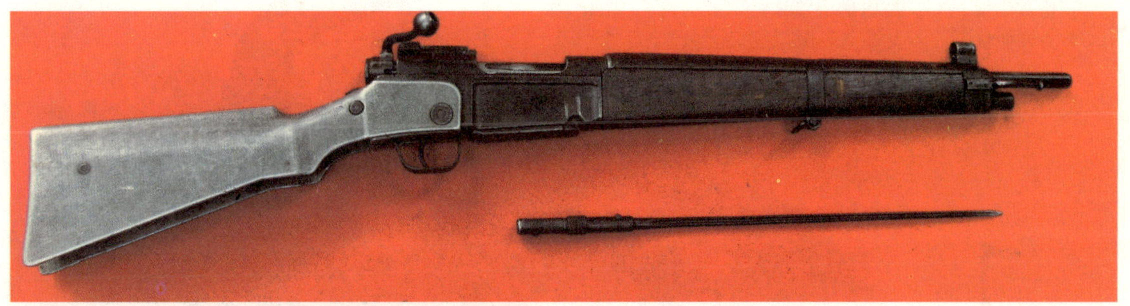

上图 M1936 CR39伞兵步枪，铝制的金属枪托在当时的步枪设计中较为少见

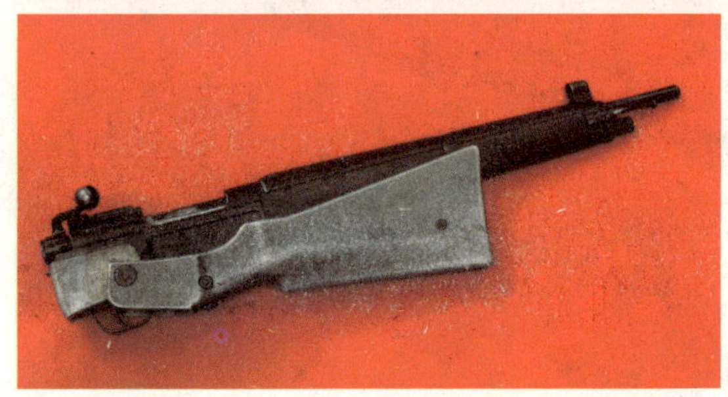

枪托呈折叠状态的M1936 CR39伞兵步枪，携行极为方便

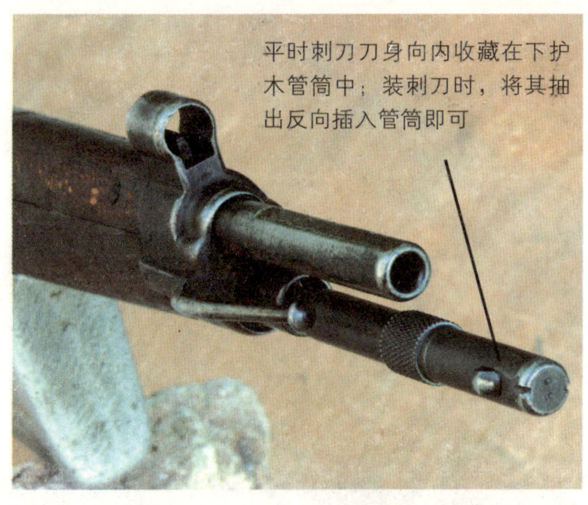

要的地点降落，与敌开战。因此，对陆军来说，伞降部队机动性强，作战更为灵活。

20世纪二三十年代，欧洲各国探讨伞降部队的作用，并相继建立伞降部队。其中苏联和德国最热衷研究和建立伞降部队。他们认为，伞降部队应由小型飞机输送，降落伞的质量必须减轻，伞降部队的兵器必须与一般步兵部队的不同。当时普遍认为，具有较大压制火力的半自动步枪是伞降部队的最佳兵器，但当时的半自动步枪长而重，可靠性也差。所以各国更倾向于将可靠性有保障的非自动步枪进行改造，用作伞降部队兵器。

法国当时以德国为假想敌，鉴于德国的情况，也于20世纪30年代开始建立伞降部队。法国圣·艾蒂安兵工厂（MAS）以其新研制的M1936 7.5mm旋转后拉式枪机步枪为基础进行改造，1939年制成折叠枪托步枪，用作伞降部队制式步枪，制式名称为M1936 CR39 7.5mm步枪。该枪定型后的第二年即1940年，德军开始进攻法国，不久法军败退，所以该枪仅生产极少量。在与德军交战的短时间内，法军伞降部队尚未投入战场，因而M1936 CR39步枪也没能在战场露面。

该枪使用的最活跃时期，是从二战结束后开始的。战后装备M1936 CR39步枪的法国伞降部队参与镇压法属殖民地阿尔及利亚和越南人民的反抗。该枪还曾提供给驻法兰西的外国军队。

结构剖视

M1936 CR39步枪以法国制式M1936步枪为基础改造而成。该枪继承过去军用勒贝尔M1886 8mm弹仓步枪的特点，金属制的机匣外露，便于在机匣后端安装新设计的枪托；配装独特的向前弯曲的拉机柄，使拉动枪机操作容易。此外，还具有以下特点。

枪身后部特写。拉机柄设计独特，为向前方弯曲状

枪托　该枪的枪托颇为独到。其采用铝材整体铸造成形，具有质量轻、牢固、晃动小、可提高射击稳定性的优点，但整体型金属枪托几乎不吸收射击时的后坐能量，强烈的后坐力直接传递到射手肩上。枪托内部中空，便于从下方越过扳机护圈向前折叠，并紧贴于下护木。托伸时，枪托前端的锁定钩与机匣后端啮合，将枪托固定；折叠枪托前需将枪托左侧的锁定杆向上方推，使锁定钩解脱。枪托内还设有安装枪背带的回转轴。该枪托折后全长645mm，约为托伸时的3/5，伞降时可将枪贴身携带，落地无损坏危险。

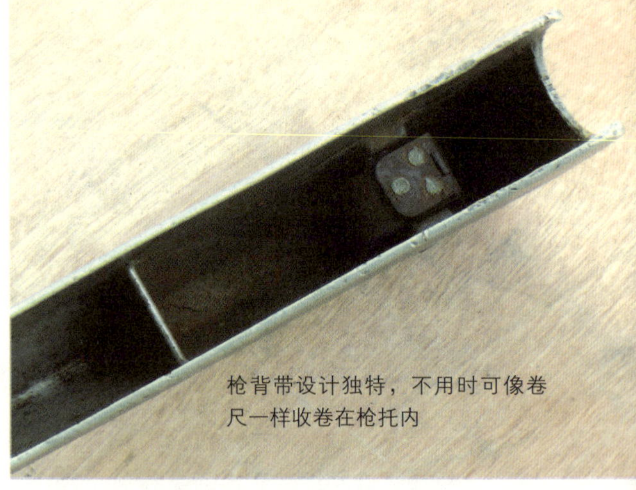
枪背带设计独特，不用时可像卷尺一样收卷在枪托内

枪背带　枪背带的设计也很有趣，其一端装在护木前方套箍下面，另一端装在枪托内的回转轴上，枪托折叠，背带就像卷尺似地卷在回转轴上，使背带完全藏在枪托内，携行时不会被外物挂住。

供弹具　该枪配用容弹量5发的弹仓。装填枪弹时，将装有5发枪弹的弹夹插在机匣后方的槽内，再用手指将枪弹推入弹仓。

枪管　该枪配用与M1936步枪相同的枪

将枪托左侧的枪托锁定杆推到上方时，即可折叠枪托

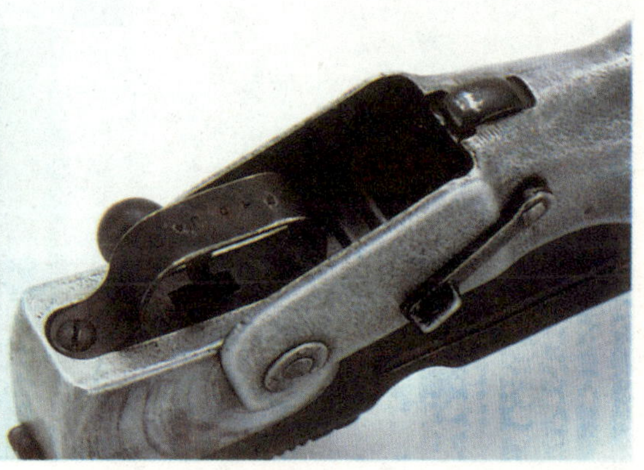
枪托越过扳机护圈折叠，并与下护木紧贴

机匣左侧刻有厂家名称、型号及枪号

管，口径7.5mm，枪管长570mm。膛线4条，左旋。

瞄准装置 该枪采用由叶片状准星和弧形表尺组成的机械瞄具。为了防止叶片准星变形和受损，设有准星护圈。表尺射程1200m，可移动照门调整射击距离。

刺刀 采用法国传统的细长状刺刀，刀身为四棱形。平时刺刀刀身向内收藏在下护木的管筒中，刀柄露在外面。使用时推刺刀刀柄处的制动钮，从管筒内抽出刺刀，再将刺刀刀柄插入管筒，刺刀便装上了。

使用枪弹 该枪使用1929年被法军选作制式的7.5×54mm步枪弹。该弹弹头为尖头、平底、铅心、被甲结构，弹壳为瓶形，无凸缘，全弹质量23.5g，初速823m/s。

铭文 该枪机匣的左侧面刻有生产厂家名称“MAS”、型号“Mle1936 CR39”和枪号。

弧形表尺，表尺射程1200m

一张描绘太平洋战场上反法西斯战争的宣传画。澳军士兵手中即为李-恩菲尔德“丛林步枪”

来自南半球的名枪

——澳大利亚李-恩菲尔德“丛林步枪”

No.1 Mk Ⅲ 步枪

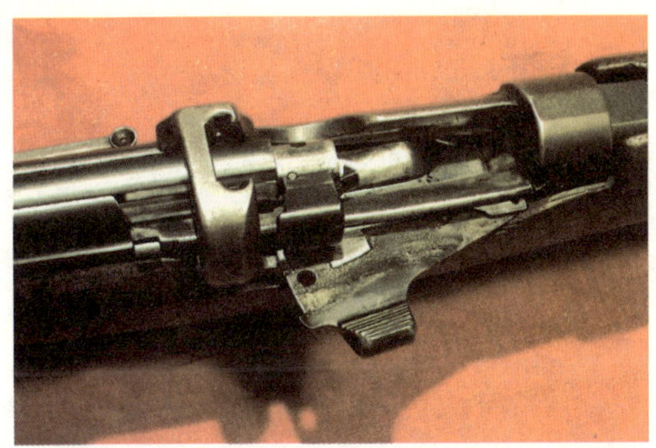
No.1 Mk Ⅲ 步枪枪机特写

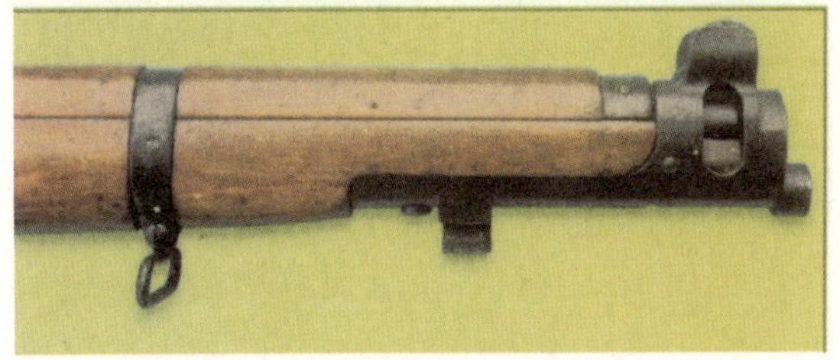
上图，No.1 MK Ⅲ *短型步枪的枪管前端特写；
下图，No.1MK Ⅲ *中间型步枪枪管前端特写

很多人对英国的0.303in（7.7mm）李－恩菲尔德No.5步枪（丛林卡宾枪）及它的前身No.4步枪相当熟悉，但是很少有人知道澳大利亚生产的李－恩菲尔德丛林步枪/卡宾枪。

英国李－ 恩菲尔德步枪

英国恩菲尔德兵工厂在1888～1945年间研制生产了许多步枪，统称为李－ 恩菲尔德步枪，口径有5.6mm、7mm和7.7mm，分别在不同年代装备英军使用，有的使用多年，有的还参加过第一、二次世界大战，立过赫赫战功。

在各种口径的李－恩菲尔德步枪中，7.7mm口径型号最多。1903年，恩菲尔德兵工厂开始正式生产7.7mm口径的李－恩菲尔德步枪的短步枪型——Mk Ⅰ。1904年，皇家兵工厂、伯明翰轻武器公司(BSA)和伦敦轻武器公司(LSA)也开始生产Mk Ⅰ。1906年，出现了稍做改进的Mk Ⅰ*（英国国防部在步枪命名中用“*”号表示该型号只是在原型上稍做改进，但变化不大）。同年，恩菲尔德兵工厂、皇家兵工厂、BSA公司和LSA公司都开始生产Mk Ⅰ*。

同样也是在1903年，英国政府还批准将原有的李氏长步枪更换枪管，改成短步枪，命名为Mk Ⅱ李－恩菲尔德短步枪。

将Mk Ⅰ进一步改进出现了MkⅢ，该枪于1907年由恩菲尔德兵工厂、BSA公司和LSA公司开始生产。1909年，印度伊莎波尔步枪

李-恩菲尔德No.5卡宾枪

厂和澳大利亚利特高轻武器厂都开始生产MkⅢ步枪。

一战时期，为了迅速提高产量，英国政府特批准生产了MkⅢ的简化型Mk.Ⅲ*，简化的零部件主要包括取消弹匣隔断器和照门上的风偏调整螺帽，并减少了生产工序，提高了产量，因此MkⅢ*就成了最常见的李-恩菲尔德短步枪型号。

MkⅣ是将原有的MkⅡ按MkⅢ标准进行改进的。

1926年，英国兵工部门感到他们的武器命名方式太混乱，因而决定采用新方式来命名。于是原有的7.7mm口径的李-恩菲尔德短步枪统一命名为No.1步枪，主要型号就包括上述的MkⅠ、MkⅠ*、MkⅡ、MkⅢ、MkⅢ*及MkⅣ。0.22in口径的李-恩菲尔德训练用短步枪被命名为No.2步枪，而P14步枪则命名为No.3步枪。

1928年，李-恩菲尔德No.4 7.7mm步枪研制成功，该枪采用枪机旋转后拉式工作原理，其特别之处是采用了觇孔式瞄具，性能可靠，射击精度高。自1941年起，加拿大和美国就大量制造该枪，英国则少量生产。加拿大、美国、英国军队均正式列装，一直沿用到1957年。在使用中，人们还进行了小小的革新，有的装配了瞄准镜，有的装配了不同的刺刀，但枪的整体结构没有什么变化。

二战期间，根据在东南亚战场上的反映——No.4步枪显得过长过重，不太适合丛林作战，恩菲尔德兵工厂在1943年开始研制一种较短较轻的No.4缩短型，经过试验后于1944年正式定型为李-恩菲尔德No.5 7.7mm步枪，俗称“丛林卡宾枪”。该枪的外形与No.4步枪基本相同，不同的是其枪管较短。

李-恩菲尔德No.5卡宾枪

李-恩菲尔德No.4 Mk.I(T) 狙击步枪

No.5步枪的设计较为成功，1944年9月12日被英军正式列装，后来还大量流入别国军队，在远东战场上曾大量投入使用。No.5步枪比No.4步枪缩短了127mm，虽然其较短较轻，但用来发射7.7mm步枪弹时会产生过大的后坐力和过多的枪口焰，为此专门在枪口安装了一个喇叭形消焰器，在枪托上安装了一个橡胶缓冲垫。不过即便如此，No.5步枪的后坐力仍然显得过大，因而自1947年7月起被撤装。

No.6卡宾枪在外形上与No.5步枪非常相似

No.6卡宾枪尝试了几种不同类型的瞄具。图为觇孔式瞄具

被迫迎战

1941年12月7日，日本海军以6艘重型航空母舰为核心组成机动部队，万里奔袭珍珠港，重创美军太平洋舰队，从而揭开了太平洋大战的序幕。这一事件的发生使得位于南太平洋和印度洋之间的澳大利亚非常担心日本会侵略他们，时任澳大利亚总理的约翰·柯廷在“珍珠港事件”之后的12月8日即宣布：“这是我们历史上最危险的时刻！”

二战时，澳大利亚一直作为英国的附属国，主要在海外战场作战，但“珍珠港事件”之后，澳大利亚人懂得了他们必须为生存而战斗。最初澳大利亚很自信，他们认为强大的美国是不可能在战争中被日本打败的。 但通过珍珠港遭受的袭击、美国菲律宾远东空军的毁灭、日军在马来西亚和泰国的登陆、“威尔士亲王”号和“反击”号战列巡洋舰的沉没，使澳大利亚政府和人民的警惕性到了非常高的程度。1941年底，澳大利亚皇家军队第2大队第8分队与日本军队在马来西亚半岛展开战斗，不久，越来越多的澳大利亚军队在东帝汶岛和新几内亚与日本军队打了起来。

1944年底，No.5 Mk.I步枪开始在法扎克雷皇家兵工厂和BSA公司雪莉工厂投产，该枪主要用于在东南亚丛林里与日军的战斗

丛林步枪在东南亚地区应用非常广泛。图为在菲律宾马尼拉地区装备丛林步枪的士兵

澳大利亚在二战中所展开的战争均发生在北非的沙漠和南欧洲地区，当时的No.1 MkⅢ步枪发挥了有效作用，但是在丛林地区作战就是另外一种局面了。1942年，日军欲占领新几内亚的莫尔兹比港，在科科达径（Kokoda Trail）与澳大利亚军队展开生死战，澳大利亚第七师拼死以战，至少600人阵亡。整个新几内亚战事则有2000名澳大利亚士兵阵亡。日军最终未能夺取莫尔兹比港，澳大利亚才得以不受日军威胁。在这次战争中，澳大利亚军队第一次感觉到他们需要短而轻的步枪。虽然当时的澳大利亚缺乏有效的自卫武器，但其并没有精力来完成这件事。

浅尝辄止

1944年以前，澳大利亚利特高武器兵工厂小批量生产过两种样枪：一种是仿No.1 MkⅢ步枪的外形、只是比其短一些；另一种外形上接近李-恩菲尔德No.5步枪。

第一种样枪生产了两种不同长度的型号——短型和中间型，均在弹夹槽正上方安装有可调的觇孔式瞄具，以此代替MkⅢ步枪枪管上的斜坡式瞄具，从生产角度看，觇孔式瞄具比斜坡式更具工艺性。为了缩短全枪长，设计者在确保武器瞄准精度的前提下缩减了瞄准基线长。其实，该枪就是MkⅢ步枪的缩短版，只是瞄具不同而已，另外还缩短了上护木，并将下护木刻上了线。中间型步枪全枪长998mm，枪管长513mm，质量3.9kg。短型步枪枪管长462mm，全枪长比中间型的短51mm，质量也要轻一些。1944年3月前，曾有100支中间型步枪用于试验，并且每一支上都配有刺刀。配备的刺刀原本是标准的巴顿M1907刺刀(长432mm)，但是后来换成254mm长的刺刀。

这100支步枪的序列号从XP1至XP100，其中有些序列号与样枪的型号重复。原理样机中，XP1代表短型，XP2代表中间型。改进后的XP1和XP2的枪口焰和后坐力都比MKⅢ*步枪的大，也有悖设计的初衷，所以没有继续生产下去。目前，这两支枪一直保

No.6卡宾枪生产数量较少，现已成为军品收藏者眼中的珍品

存在位于新南威尔士的澳大利亚皇家兵工厂博物馆里。

一枪成名

第二种样枪就是后来著名的为丛林战而设计的No.6卡宾枪，该枪质量为3.4kg，是一支非常有价值的标准步枪缩小版。

该枪的试验共分4个阶段。每阶段分别安装有不同的瞄准装置：第一个阶段用的是MKⅢ步枪的斜坡式瞄具；第二阶段用的是觇孔式瞄具；第三阶段用的是翻转式瞄具；最后一个阶段用的是专供射击俱乐部用的一种瞄具。使用觇孔式瞄具时，必须使瞄具靠近射手的眼睛，这样才能获得比较好的射击效果。但该枪的觇孔式瞄具安装在弹夹槽正上方，离射手的眼睛比较远，所以准确度不高。

No.6卡宾枪的枪身上并没有刻上“No.6”的字样，只是在旁边刻上序列号XP101～XP296。

No.6有MkⅠ和MkⅡ两个基本型号，大约分别生产了100支，每一个型号大概有50种不同的护木形状，护木缓冲垫一种是黄铜的，还有一种是橡胶的。No.6 MkⅠ的瞄具是根据No.1 MkⅢ的斜坡式瞄具改进的；No.6 MkⅡ的瞄具则是根据翻转式瞄具改进的。

No.6卡宾枪上设有一个缩短的护木，护木上加工有更多的防滑纹，此外还有一个消焰器，从外观上看与No.5步枪的消焰器类似，但刺刀卡笋和准星座的高度不同。

时过境迁

澳大利亚曾签订过一份数量在4万支左右的No.6卡宾枪生产合同，但是在正式生产前，大家都认为该枪很快就会过时。日本投降后，“丛林步枪”的需求也就不复存在了。澳大利亚将已经生产出来的No.6卡宾枪储备起来，打算卖给本土的轻武器收藏家。听起来像是天方夜谭，但这却是事实。多年以后，很多幸运的澳大利亚人突然发现，他们当时以非常便宜的价钱买到的“与众不同的运动用枪”或“与No.5非常相似的仿制品”，如今在真正收藏家的眼里则成为相当罕见、珍贵的藏品。

No.6卡宾枪的实际生产数量大概在300支左右，大多数已被博物馆收藏，或者被卖到了世界各国的轻武器收藏家手中。由于数量非常少，所以该枪的价格相当高，于是也不可避免地出现了一些不法商人仿制出假货，从中牟取暴利的现象。

澳大利亚李–恩菲尔德“丛林步枪”象征着澳大利亚士兵在丛林战中曾经经历过的艰苦历程，也证明他们曾肩负过的责任。

“好大的步枪！”1918年一名英国坦克手在观看缴获的毛瑟反坦克步枪时发出如是感慨！

向战争之王挑战

——世界大战期间各国反坦克步枪巡礼

反坦克步枪的历史，从第一次世界大战坦克出现不久后开始，直到1945年二战结束，跨越27个年头，历经了发展、顶峰以及衰落的过程。反坦克步枪在两次世界大战中均发挥了重要的作用，闪烁出耀眼的光芒。

第一次世界大战中，随着西线战事愈演愈烈，交战双方都难以突破对方以机枪为主要武器的绵亘阵地，于是居心叵测的德军开始在战场上使用毒气。为了对付德军的毒气，1916年9月英法联军在索姆河发动了攻势，在索姆河战役中，9月15日这天英国军队第一次使用新式武器——坦克，为了保密，称其为“tank”（箱、罐之意，“坦克”即音译）。世界战争史上第一次有坦克参战的战斗打响了，庞大的钢铁怪物怒吼着向敌人冲去，碾平了掩体，轧毁了机枪阵地，使德军损失惨重。英国坦克的参战，迫使德国陆军急于寻找一种武器来对付这个钢铁怪物，这种武器要求：质量不能太重，要轻到一个人可以携带；威力要大，能足以破坏车辆，最好能像野战炮一样，直接瞄准射击就可以摧毁坦克。但是直到1918年这种武器才露面，它就是德国毛瑟兵工厂研制的T-格韦尔毛瑟13mm M1918反坦克步枪，而此时一战已经临近尾声。

毛瑟13mm M1918反坦克步枪是毛瑟兵工厂研制出的第一支单兵对付坦克的步枪，

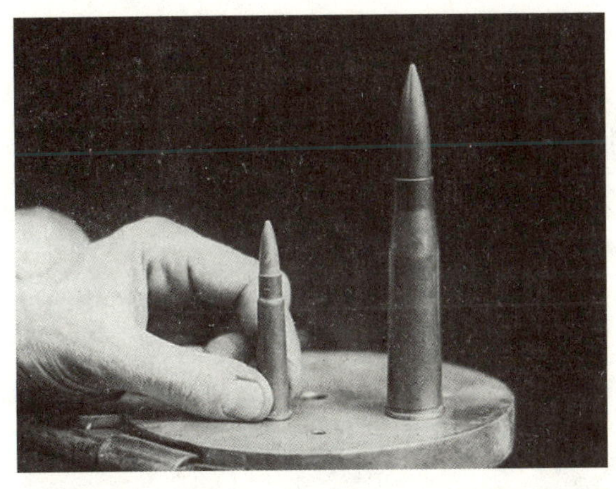

左为英国0,303in（7.7mm）的步枪弹，右为毛瑟13×92mm SR步枪弹，从外形上就可感受到其威力的巨大差异

也是世界上公认的第一支反坦克步枪。它是老式毛瑟步枪的放大型，即放大了的旋转后拉枪机式毛瑟步枪，在笨重的枪托下加装了一个小握把，枪管有所加长，一个轻型两脚架支撑着枪身。该枪全长1680mm，空枪质量17.69kg，枪管长983mm，4条右旋膛线，手工单发装填，发射13×92mmSR枪弹，该弹采用被甲穿甲钢心弹头，全弹长133mm，弹头质量62.53g，半突缘式弹壳，弹头初速达到914m/s，穿甲性能为25mm/200m/90°，即200m处，射弹轴线垂直靶板平面，可击穿25mm厚的均质钢靶板。

那时的穿甲步枪弹如著名的英国 0.303in枪弹、美国0.30–06斯普林菲尔德枪弹、德国7.92mm毛瑟枪弹等，其枪口动能均在3000～4000J之间，可击穿4～6mm厚钢板，这样的威力对当时的坦克构不成什么影响，因为此时坦克的装甲厚度在5～12mm。

毛瑟13mm M1918反坦克步枪使用的13×92mmSR枪弹，枪口动能达到26000J以上，威力相当于普通步枪弹的6～8倍。在当时对付坦克的武器中，除了火炮外，只有像M1918反坦克步枪那样的长枪管武器，使用高射速、大威力的枪弹，才能对坦克构成严重的威胁。

一战结束以后，人们普遍认为人类已经远离战争，下次战争将会是很遥远的事情。因此，在两次战争之间的20年时间里，反坦克步枪的发展并不大，只是在基本型上增加了弹匣，形成半自动发射以减少手工装填时间，并且为打得更准、侵彻更好而改进弹头和弹药等而已。直到二战前夕，参战各国才开始加快研究并大量装备反坦克步枪。二战开始时，绝大多数参战国的陆军部队都装备了反坦克步枪，那时候的反坦克步枪有能力击穿当时所有坦克的装甲钢板，同时还可能重创坦克内的人员及设备。二战期间，在任何一个废弃的铁甲后面都可以找到破损的弹头，由此可见，当时反坦克步枪使用得相当普遍。

值得注意的是，这时钨合金弹头的研究正在加紧秘密进行着，它极大地提高了弹头的侵彻性能，从而使步枪打坦克的能力达到顶峰。

在反坦克步枪快速发展的同时，坦克的装甲厚度也在迅速增长，1940年初苏联基洛夫工厂生产的KB–1型重型坦克的车体和炮塔的装甲厚度达到30～106mm，随之生产的

德国毛瑟13mm M1918反坦克步枪是世界上公认的最早出现的反坦克步枪之一

苏联在二战期间的反坦克武器主要为PTRD-41 14.5mm反坦克步枪

KB-1B型的最大装甲厚度达到了130mm。到了1942年，坦克的外观发生了根本性的变化，此时的反坦克步枪对付新型坦克就像蚊子叮水牛一样，根本谈不上构成威胁。幸运的是，那时处于领先地位的空心装药技术已经趋于完善，相应的单兵反坦克武器投入战争，首先推出的是美国2.36in（60mm）口径的M1型反坦克火箭发射器——“巴祖卡”。“巴祖卡”首次出现在1942年11月的北非战场上，在突尼斯战役中对付德国坦克首战告捷，全面阻止了“非洲虎”兵团的进攻，扭转了当时的非洲战局。“巴祖卡”的出现令德军大为恐慌。

很快地，英国、德国也推出了反坦克火箭发射器及其类似的武器，曾经辉煌一时的反坦克步枪开始退役和废弃。然而苏联却剑走偏锋，并没有迎合这个潮流，当时苏联陆军就装备了两种发射14.5mm大威力机枪弹的反坦克步枪，他们认为，这两种武器可有效对付坦克的“软肋”。在这种思想指导下，二战期间苏联没有新的单兵反坦克武器出现，14.5mm反坦克步枪一直服役到1945年二战结束。

二战结束了，似乎反坦克步枪的历史也随之结束了。然而，时隔近40年，当年大名鼎鼎但早已被淘汰的英国博伊斯反坦克步枪竟意外地出现在1985年的一次美国轻武器研讨会上，但它不是作为反坦克步枪或远程狙击步枪出现的，而是用来对付靠近前线的高科技装备，如简易机场、雷达设备、通信系统等，人们给它起了一个专用术语——反器材步枪。

反器材步枪不仅作为外围攻击武器使用，而且也为远距离起爆销毁爆炸物和消除恐怖装置提供了一种很好的武器。到20个世纪末，反器材步枪已被大多数国家军队所接受，接受的程度如同1920年前后冲锋枪的出现。人们似乎找到了一种期待已久的满足战术需要的武器，看来早已被淘汰的反坦克步枪又有了新的转机。

需要说明的是，反坦克步枪不适合改作狙击步枪，因为对付个人目标不需要0.50in机枪弹那么大的威力，而且反坦克步枪也不一定能满足狙击步枪对远程射击精度的要求。

在此介绍的在两次世界大战中曾经使用过的反坦克步枪，可能早已被人们遗忘了，但它们都曾经有过辉煌的历史。重读历史，温故知新，也许会对今天轻武器的发展有一

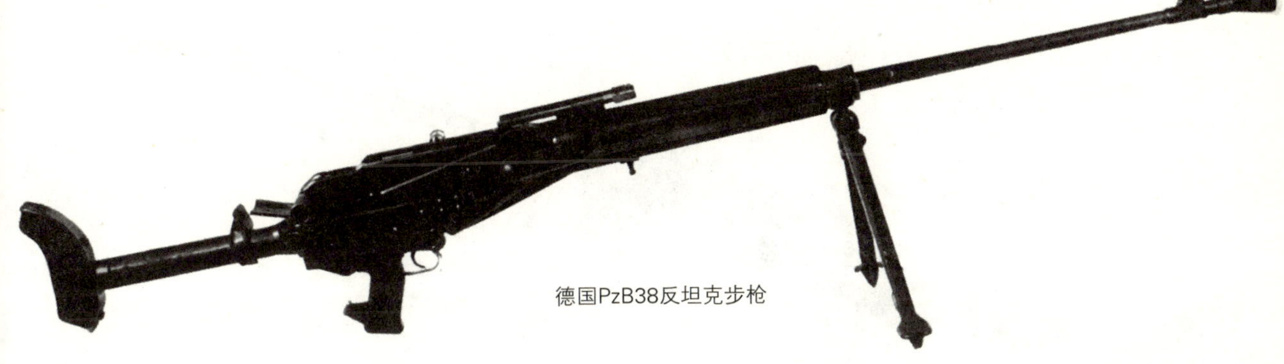

德国PzB38反坦克步枪

为了能快速装填，在德国PzB39反坦克步枪枪尾带一个装有5发枪弹的“快速装填器”

装在装甲车上的德国PzB38反坦克步枪

定的启迪。

发射催泪毒气枪弹的反坦克步枪——德国7.92mm PzB38反坦克步枪

PzB38反坦克步枪是德国莱茵梅塔－博尔西希公司研制生产的，以毛瑟M1918反坦克步枪为基础，但做了很多改进。首先，该枪采用的7.92×95mm枪弹与7.92×57mm毛瑟步枪弹相比有很大的不同，主要是威力提高了很多，枪口动能增加了1.7倍。7.92×95mm枪弹是在13×92mm SR步枪弹的基础上将13mm口径的弹壳收口到7.92mm口径，使弹头具有更好的穿甲性能，更适合在近距离对付装甲厚度提高了的坦克。该弹的弹头结构除了采用被甲穿甲钢心外，还带有催泪毒气囊，枪弹发射后，毒气能够快速污染坦克里的空气以伤害车内的人员或迫使车内人员离开。催泪毒气囊与弹头构成一体，这是在检查缴获的弹药时才发现的。

PzB38反坦克步枪是单发步枪，采用楔闩横动式闭锁机构，看上去简直就像一门炮。发射后，枪管后坐，带动凸轮机构完成枪机开锁和抛壳动作，这时弹膛打开，装填一发弹后，推上枪机并使之闭锁。该枪全枪长1595mm，空枪质量15.88kg，枪管长1092mm，4条右旋膛线，手工装填，发射7.92×95mm枪弹，全弹长118mm，弹头质量14.38g，弹头初速1210m/s，穿甲性能为30mm/100m/60°。在一段时间里，PzB38反坦克步枪被认为是一种可以满足使用要求的武器，但生产厂家认为，该武器的结构复杂，且造价高，不利于大量生产。于是出现了一种与之通用的型号，这就是PzB39（又称为GrB39）反坦克步枪，发射相同的7.92×95mm枪弹，保持了原来的侵彻性能。PzB39主要改进之处是去掉了枪管后坐式

当PzB39反坦克步枪对坦克不再构成威胁时，枪管被截短，改装成榴弹发射器，发射制式枪榴弹

的半自动结构，改成完全手动式，使武器结构大大简化、质量减轻、生产成本降低。PzB39全枪长1581mm，空枪质量12.35kg，枪管长1066mm，弹头初速1265m/s。PzB39在德国莱茵梅塔－博尔西希公司、奥地利斯太尔－戴姆勒－普赫公司及其他一些公司都有生产。

随着坦克装甲厚度的增强，反坦克步枪的发展处于萎缩状态，PzB39与其他反坦克步枪一样，截短了枪管，在枪管的前面装一个榴弹发射器，改成用枪榴弹打坦克。

故弄玄虚的反坦克步枪
——德国7.92mm SS-41反坦克步枪

SS-41反坦克步枪是一支设计古怪的武器，生产数量很少，二战结束时，它也随之销声匿迹了，无法考证是谁研制出来的。有人认为是瑞士的索罗图恩兵工厂设计的，但更可信的一种说法是SS-41曾在捷克布尔诺兵工厂进行过小批量生产，从它使用的布伦式两脚架进一步确认了这种推测。

SS-41是一种无托单发反坦克步枪，发射7.92×95mm穿甲弹，6发弹匣供弹，弹匣大约呈45°角装在枪身左边、小握把的后面，不会影响射手右手操作。采用轻型的布伦式两脚架，架腿可以拉长，枪管直接装在上面。该枪设有一个小巧的枪口制退器，采用缓冲良好的枪托抵肩板，小握把装在长套管上，枪管的一端装在长套管里并可以在其中滑动。当枪管处于最后方位置时，枪尾端面上的闭锁突笋将枪管锁在枪尾上，发射后向前推小握把而开锁。

该枪的机构动作是：发射后，手握住小握把向右转动并向前推，使枪管与枪尾端面解脱而开锁，小握把先带着长套管在枪管上滑动，然后也带着枪管一起向前运动，在长套管运动到最前方位置时，空弹壳从右上方抛出枪外。向后拉小握把，长套管随之一起向后运动，装入一发新弹，拉小握把到最后位置，反向转动小握把至垂直位置，锁住长套管，此时武器呈待发状态，扣动扳机即可发射。

显而易见，这一套非常规的、复杂的动作是为了解决所有反坦克步枪都存在的武器质量过大和长度过长的问题，但是它并没有起到多大效果。另外，该枪还存在着长套管在枪管表面上滑动很容易受到污垢和尘土的影响，机械加工困难等问题，因此，可以说这支枪的设计思想与潮流相左，与时代不合。SS-41反坦克步枪全枪长1510mm，空枪质量13.5kg，枪管长1100mm，弹头初速1080m/s，穿甲性能为25mm/200m/90°。

德国SS-41反坦克步枪，下图为打开枪尾，准备装填状态

最复杂笨重的反坦克步枪
——德国20mm PzB41反坦克步枪

这支笨重的步枪是1918年埃哈德设计的航空机枪的改进型。自动机的改进设计是由瑞士索罗图恩兵工厂的赫拉克和雷卡利两个人完成的。早在1938年PzB38反坦克步枪刚刚投入使用的时候，他们就意识到其有效寿命太短（只有一年或两年），因此PzB41是专门为代替PzB38而设计的。

PzB41被认为是曾经生产过的最大、最复杂的一种反坦克步枪。它的机构动作是靠枪管后坐完成的，从枪机上伸出的锁紧轴环与枪管锁紧而实现闭锁。首发装填后，枪机闭锁时，要先用手柄向右转动一个链轮，带动链条推进一定的距离，才能使枪机与枪管闭锁，次发以后枪弹的再装填闭锁是自动完成的。

PzB41在设计中非常注意武器后坐的问题，努力使其减到最小。其枪口装有大尺寸的制退器，枪身后面装有单腿支架，对减轻武器的后坐力起到了很大的作用。弹匣装在枪身的左边，以减小武器的高度。PzB41全枪长2108mm，空枪质量44kg，枪管长901mm，8条右旋膛线，弹匣容弹量5～10发，发射20×138mmB枪弹，该枪弹又称为20mm索罗图恩长弹，全弹长205mm，弹头质量146.45g，底带式弹壳，弹头初速731m/s，穿甲性能为30mm/250m/90°。

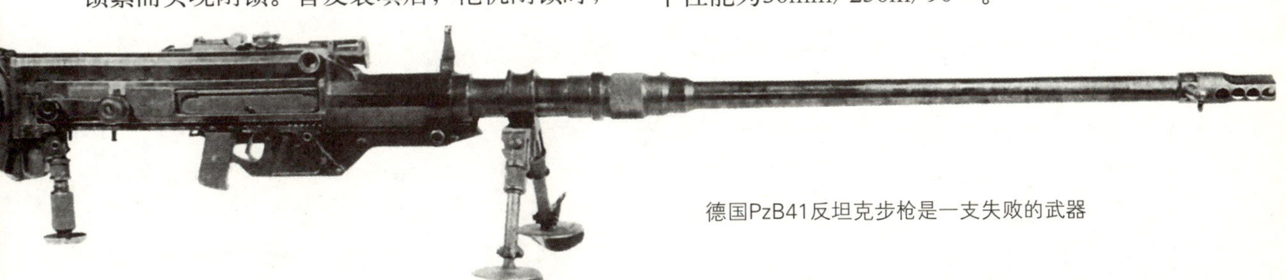

德国PzB41反坦克步枪是一支失败的武器

英国博伊斯反坦克步枪的结构说明图

PzB41在“东方战线”中很少出现，而且自从苏联T-34坦克投入使用以后反坦克步枪就风光不再了，PzB41很快被弃用。从现存极少的缴获战利品及文献中可知，在1943年的战役中，意大利陆军也装备了一些PzB41。PzB41像所有反坦克步枪一样，造价非常昂贵。

带缓冲装置的反坦克步枪
——英国0.55in博伊斯反坦克步枪

0.55in（13.97mm）博伊斯反坦克步枪是20世纪30年代中期由英国恩菲尔德皇家轻武器工厂研制生产的，设计者是英国轻武器委员会

二战期间的敦刻尔克战役中，德军缴获了英军遗弃的大量武器装备。图中德军士兵查看的即为英制博伊斯反坦克步枪

瑞士索罗图恩20mm S18-100反坦克步枪。20mm已经是枪械口径的极限，威力大的同时也伴随着巨大的后坐力，非普通人所能驾驭

负责人之一的卡普泰恩·博伊斯。该枪最初称为“斯坦奇恩”。当武器研制成功后准备大量生产的时候，博伊斯去世了，为纪念他对轻武器的贡献，轻武器委员会决定以他的名字命名这支反坦克步枪。

博伊斯反坦克步枪采用旋转后拉式枪机，弹匣供弹，弹匣设在枪身上方，备有枪口制退器和单腿枪架。另外，该枪采取了两项减小后坐的措施——摇架上设有缓冲装置和很厚的托底板，极大地缓解了枪身后坐力。设计之初，该枪打算采用大威力的运动步枪弹，但最后采用了被甲铅套硬钢心弹头、底带式弹壳枪弹，增强了弹底的强度。

博伊斯反坦克步枪全枪长1614mm，空枪质量16.32kg，枪管长915mm，5发弹匣供弹，发射英国0.55in博伊斯反坦克枪弹，又称为13.9×99mm B枪弹。该弹全长134mm，弹头质量58.3g，底带式无突缘弹壳，弹头初速990m／s，穿甲性能为21mm／300m／90°。

20世纪40年，一种配用于反坦克步枪的新型枪弹——钨合金弹心、塑料或铝合金弹体的枪弹研制成功并开始装备部队。然而，这时发射空心装药的单兵反坦克火箭也在加紧研制，随着反坦克火箭的出现，博伊斯反坦克步枪很快被取代。1942年，博伊斯反坦克步枪又以短管型在空降部队一度流行开来。然而随着时间的推移，问题逐渐暴露出来：枪管减短后，弹头的速度下降了，导致侵彻力也大打折扣。同年，虽然锥膛枪管的研究获得了成功，使反坦克步枪的侵彻性能有所提高，但是这时的空降部队已经弃用了这种武器。

瑞士索罗图恩20mm S18-100反坦克步枪

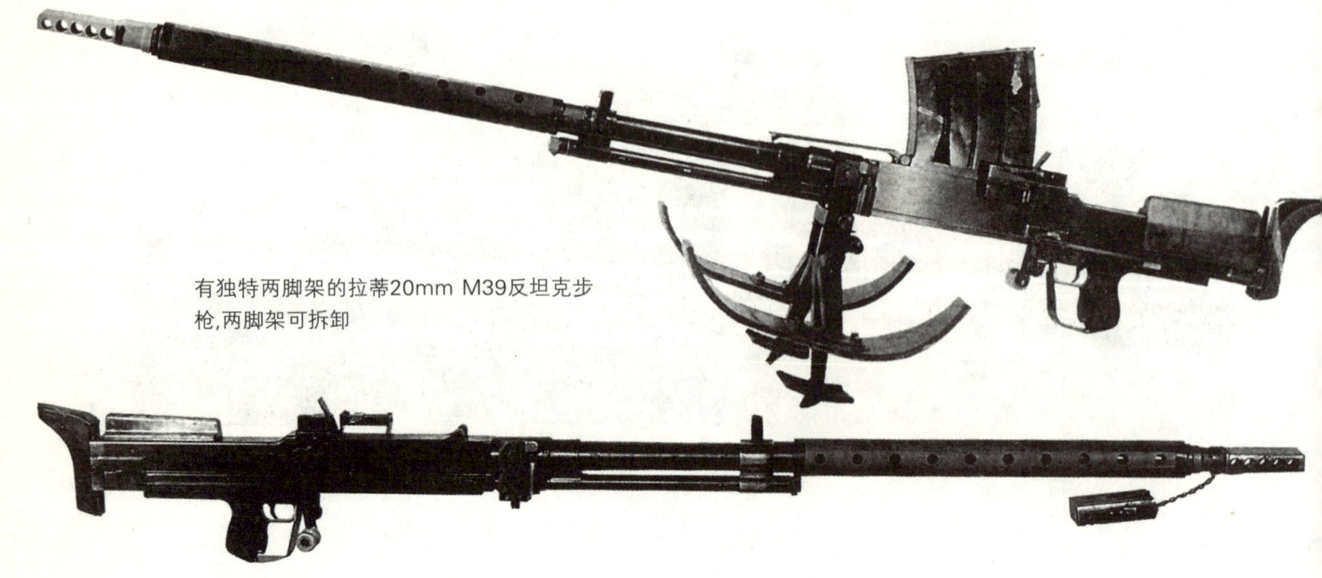
有独特两脚架的拉蒂20mm M39反坦克步枪,两脚架可拆卸

发射带弹底引信穿甲弹头的反坦克步枪——索罗图恩20mm S18-100反坦克步枪

20世纪30年代初期，瑞士索罗图恩公司以一战的埃哈德20mm机关炮为基础研制出了S18-100反坦克步枪，瑞士和匈牙利军队采用过该枪，意大利也有少量装备。该枪采用管退式自动方式，单发发射，枪身后面设有一个单腿支架和成型托底板，可吸收大量的后坐能量。发射的20×105mm B枪弹，又称为20mm索罗图恩短弹，底带式弹壳，带弹底引信的穿甲弹头。这种弹在当时是非常先进的，所以S18-100反坦克步枪成为30年代威力最大的反坦克步枪之一，与德国PzB41反坦克步枪齐名。同一时期，索罗图恩公司还在研究威力更大的枪弹及反坦克步枪。

S18-100反坦克步枪全枪长1760mm，空枪质量45kg，枪管长900mm，5或10发弹匣供弹，弹头初速762m／s，穿甲性能为27mm／300m／90°。

有独特两脚架的反坦克步枪——拉蒂20mm M39反坦克步枪

拉蒂20mm M39反坦克步枪是芬兰国家兵工厂从1939年开始生产的一种反坦克步枪。该枪是从拉蒂1937年式航空炮派生出来的，经过改进，装上了小握把、枪口制退器、托底板、瞄具及两脚架，带有扳机的发射机构，枪管的前半部设有散热套筒。该枪的两脚架设计独到，两脚架的每个支架上都有上、下两个驻锄，下面的驻锄带尖脚适用于较硬的地面，上面的弧形驻锄适应于雪地或淤泥地，架腿上有一个小的弹簧减震器可以减轻枪口跳动。

大多数M39反坦克步枪采用单发发射，也有的采用点射发射。在托底板的位置虽然设有缓冲装置，缓解了枪身的部分后坐力，但还是有相当一部分后坐力作用在射手肩上，特别是点射发射时易引起射手的畏惧。

M39反坦克步枪全枪长2232mm，空枪质量42.10kg，枪管长1393mm，膛线12条、右旋，10发弹匣供弹，理论射速500发/min，弹头初速900m/s，使用20×138 Bmm枪弹。

二战后，M39反坦克步枪曾出现在美国民用枪械市场上。

最早采用钨合金弹头枪弹、质量最小的反坦克步枪——7.92mm M35玛罗斯科泽克反坦克步枪

大约在1935年底，华沙卡拉比诺兵工厂为波兰陆军生产了一种发射7.92×107mm枪弹、采用传统的旋转后拉式枪机的反坦克步枪。该枪基本上是以毛瑟M1918反坦克步枪为基础设计的，但去除了毛瑟反坦克步枪上所有不必要的结构，成为当时质量最小的反坦克步枪。

M35的另一个特点是发射钨合金弹头枪弹，这在当时可以说是顶尖技术，其他国家得知后无不为之震憾，一支看起来简单、平常的步枪，其穿透力竟然那么强，似乎有一种难以抵御的侵彻威力！一开始外界只注意到该弹超大尺寸的弹壳，并不知道是弹头中的钨合金弹头在发挥作用。后来在德国和苏联也出现了类似的钨合金弹头枪弹，但钨合金应用于枪弹弹头一直被公认为是波兰的成果。

M35备有枪口制退器，采用普通步枪的外形，方便携行，供弹具为10发可卸式弹匣，全枪长1760mm，空枪质量9.10kg，枪管长1200mm。

尽管M35反坦克步枪优点多多，但也有不尽人意之处。由于打坦克需要弹头具有很高的速度，所以枪管内保持较高的膛压。钨合金弹头很硬，在枪管内运动时对膛线损伤很厉害，致使枪管寿命只有200发左右，超过200发后，该枪的穿甲性能迅速下降。

为解决武器寿命这个问题，从1939年起波兰就开始研究锥膛枪管，同时对发射的钨合金弹头也做了改进，用软铅裹着钨弹心，外面采用白铜（白铜，为铜镍合金，因色白如银而得名，又称德国银）被甲，在弹头的中心还突起一条弹带。弹头在枪管内向前运动时，枪管膛线挤压弹带，形成较高的膛压，使弹头初速接近1542m/s，侵彻效果接近原来的两倍。

1940年，正当波兰做超越极限研究的时候，步枪及其图纸被走私到了法国，法国拿到后如获至宝，加紧研究。1940年上半年，法国战事吃紧，试验被转移到凡尔赛附近的沙托瑞继续进行，法国计划最迟在年底投入生产并装备部队。不料，1940年6月6日，德军以优势兵力向法军在索姆河和埃纳河一线构筑的魏刚防线发动猛烈进攻，仅用了3天时间，防线就被攻破了。德军大举进攻，法军全线溃败，在混乱中步枪及其图纸丢失了，

日本20mm 97式反坦克步枪

中国战场上缴获的日本97式反坦克步枪（前排），陈列于中国人民革命军事博物馆。由于其威猛的外形及巨大的口径，也难怪会被陈列于“炮区”

样品也没有保存下来。

登峰造极的反坦克步枪——日本20mm 97式反坦克步枪

日本20mm 97式反坦克步枪是一支导气式的全自动反坦克步枪，也被称为反坦克机枪，其质量和后坐力均很大，是反坦克步枪鼎盛时期的代表作。该枪开锁、闭锁、抛壳、装填等机构的自动循环动作都是利用导出的火药燃气完成的，由于没有缓冲装置，枪管的后坐力全部传给枪身，并通过枪架传给地面和射手的肩膀，后坐力相当大。如果枪架在粗糙的地面上射击，会向后移动15cm左右。尽管如此，体重比枪的质量轻得多的日本士兵也能自如地使用该枪，他们的解决办法是在枪身的后面设置一个向后倾斜的后腿，后腿可坚实地插入地面，使射手不必用力顶住枪身。这个办法虽然解决了后坐力对射手作用的问题，但是也使武器的射击方向受到了限制。为解决这个问题，绝大多数射手采取了首发命中的策略，因为在首发射击后，无论是点射还是连发射击，枪口都会离开瞄准点。

97式反坦克步枪配备4个士兵，其中2人负责携行，两脚架和后腿插在一个像自行车把一样的装具里，这样既方便携行又起到了保护作用。该枪亦设有枪口制退器。发射的枪弹有穿甲弹和高爆弹两种，该枪全枪长2095mm，空枪质量68.93kg，枪管长1195mm，7发弹匣供弹，发射97式20×124mm枪弹，全弹长194mm，弹头质量132.9g，弹头初速609m/s，其枪口动能比7.92mm毛瑟步枪大5.5倍左右。

在二战后期的太平洋战争中，97式反坦克步枪对付美国海军的轻型坦克获得了一些成功。在1939～1940年间，该枪也曾出现在中国的战场上。

1938年，出现了20mm 98式反坦克步枪。该枪发射20×142mm枪弹，威力并不比97式大多少。采用轮式枪架，可随枪身一起转移阵地。枪架上设有两个后脚和一个可折叠的前脚，射击时可形成一个稳定的三脚支撑。此外，该枪在枪架上还有完整的高低机、方向机和平衡机等结构，这些结构使得枪的质量增加

1942年，一支苏联小分队过河的场景。为首士兵端着的正是PTRD41反坦克步枪

到了280kg，但这种枪无论如何不能算是“轻武器”了，或许98式回到97式还比较理智些。

采用军用制式机枪弹的反坦克步枪——苏联14.5mm PTRD41反坦克步枪

PTRD41反坦克步枪于1941年装备苏联部队，发射制式枪弹中质量最大的枪弹——苏联14.5mm机枪弹，又称为14.5×114mm枪弹。该枪配用的枪弹最初采用流线型覆铜钢被甲硬钢心的穿甲弹头，后来采用非流线型的钨心穿甲燃烧弹头，该弹全弹长156mm，全弹质量200g，装药量31g，弹头质量64g，比英国0.55in博伊斯反坦克步枪弹的弹头大，弹头速度、穿甲性能也高。

PTRD41由杰格雅夫设计，以简洁的面目出现，设计很巧妙。该枪是一种枪管长后坐式武器，发射后，枪管后坐，并在后坐运动中带动定型面转动使枪机开锁，枪管带着枪机继续后坐，在枪管后坐到位后，枪机被抓住停在后面，而枪管在枪管复进簧的作用下复进并与枪机分离、拉出空弹壳，然后，手动装填下一发枪弹，并推动枪机闭锁。

PTRD41反坦克步枪全枪长2000mm，空枪质量17.3kg，枪管长1227mm，弹头初速1010m／s，穿甲性能25mm／500m／90°。

在苏联，还有一支与PTRD41同年代、使用同样枪弹的反坦克步枪，那就是由西蒙诺夫设计的14.5mm PTRS41反坦克步枪，但其结构要比PTRD41复杂得多。PTRS41采用导气式自动方式，枪机框上带有活塞，以常规方式打开枪机、退壳和装填。导气装置上带有气体调节机构，可根据不同的使用环境调节导出的火药燃气压力，以克服污垢或寒冷天气带给自动机的影响。PTRS41全枪长2134mm，空枪质量20.8kg，枪管长1220mm，5发弹匣供弹，弹头初速1010m／s，穿甲性能25mm／500m／90°。

尽管PTRS41在理论上比PTRD41有更大的优越性，但两者的性能相同且PTRS41更重、更长，所以研制出来后并不受欢迎。这两种反坦克步枪在苏联服役至二战结束，在其他一些国家则服役得长久些。

雪橇板的设计便于在雪地拖行

机匣左侧刻有生产厂家标志和批次编号的铭文

来自北欧的重拳——芬兰拉蒂L39 20mm反坦克步枪

诞生于二战前夕的芬兰拉蒂L39是专为反坦克作战而研制的超大口径反坦克枪。由于坦克装甲的不断发展，二战前夕，芬兰军队已有的7.92mm、12.7mm和13.2mm口径的武器对当时主战坦克高达30mm的装甲厚度已经难以奏效，而开发新口径的反坦克枪又需要较长的研制周期。为了在短期内推出反坦克枪，具有较高初速并且弹道比较低伸的20mm小口径高射炮弹成为反坦克枪设计者的研制基础。1939年11月，艾莫·拉蒂设计的20×138mm B半自动反坦克枪被芬军列为制式装备，并命名为L39 20mm反坦克枪——20mm口径，这在当时被视为枪械的极限口径。

苏芬战争现峥嵘

1940～1944年间，L39 20mm反坦克枪在芬兰国家兵工厂进行了批量生产。首批中的部分产品还有幸赶上了苏芬冬季战争的尾声，经历了战火的洗礼，成为对付苏军在当时还算得上先进的T-26和BT-7坦克之好手。

L39体积较大，全枪长2240mm，枪管长

它挑战了枪械的极限口径；它发射小口径炮弹，在反坦克战中发挥了应有的作用；它的巧妙设计减小了后坐冲量；它的脚架上设有雪橇板，便于雪地行进。这是一支耐人寻味的武器

1300mm，全枪质量高达57.7kg，在军中被誉为“枪中之大象”。其采用单发发射方式，由射手和弹药手两人小组操作。“块头”大自然威力也大，其配用穿甲弹，在300m处的穿甲深度为30mm。除了打击坦克外，该枪还可以配用高爆弹和燃烧弹，用于摧毁敌方碉堡和火力点，高爆弹的破片可以杀伤以炸点为中心、半径2.5m范围内的敌有生目标。

该枪还具有良好的射击精度，在300m处5发弹的散布直径为300mm，如果是经过训练的优秀射手，甚至可以从高处向敌坦克炮塔打开的上盖（当时的坦克通风技术不佳，这种情况在战场上很常见）俯射，将弹头射入坦克内部，作用效果类似当前的反器材步枪。因此，即使苏军后来装备装甲更为厚重的T－34坦克之后，虽然L39无法击穿其装甲，但该枪凭其良好的射击精度仍有用武之地。

据相关数据显示，芬兰一共生产了1900具L39反坦克枪，虽然总体上并不太多，但相对于规模不大的芬兰军队来说，这个数字还是很可观的。在整个苏芬战争期间，L39的损耗不超过30%，这当然得益于战士的爱护，而这份爱与它的卓越性能是分不开的，即使部队在撤退中，L39也很少被遗弃。要知道，携带质量高达57.7kg的枪身再加上一定数量的

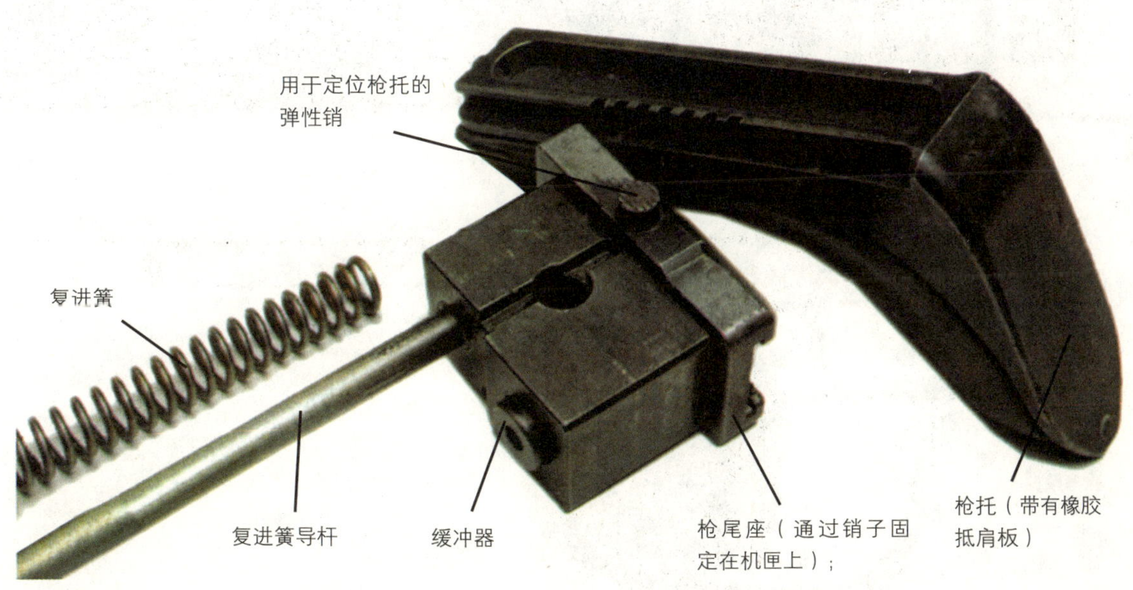

弹药机动，并不是一件很容易的事！

L39反坦克枪配用专用的枪架后，在打击苏军的伊尔-2攻击机方面也发挥了一定的作用。但是，由于其采用单发发射方式，射速较低，难以射中快速移动的飞机，于是在1944年，拉蒂对该枪进行改进设计，推出了连发发射的L39-44，枪上增加了运动灵活的枪架和对空瞄具。直到20世纪60年代，L39-44仍是芬兰军队打击直升机等低空目标的重要步兵防空武器。

容弹量为10发的弹匣。20×138mm B穿甲弹（中）的体型远大于当时常用的7.62×63mm枪弹（右）

结构特点细解析

L39采用导气式自动原理，导气管位于枪管下方，活塞行程较短。运动部件包括枪机体、机头以及安置在机头中的击针簧和击针组件，结构略显复杂。击针体积较大，还兼作楔形闭锁机和上阻铁的底座，楔形闭锁机和上阻铁的作用是带动击针在机头中纵向移动。L39发射的20mm弹的威力较大，运动部件的后坐冲击也较大，因此枪尾部设有专门的缓冲器，除缓冲运动部件的冲击外，还积蓄能量促进运动部件的复进，提高枪械在各种复杂环境下完成正常动作的能力。

装有球形橡胶手柄的拉机柄位于机匣右侧。首发射击时，需将拉机柄转动约2周，通

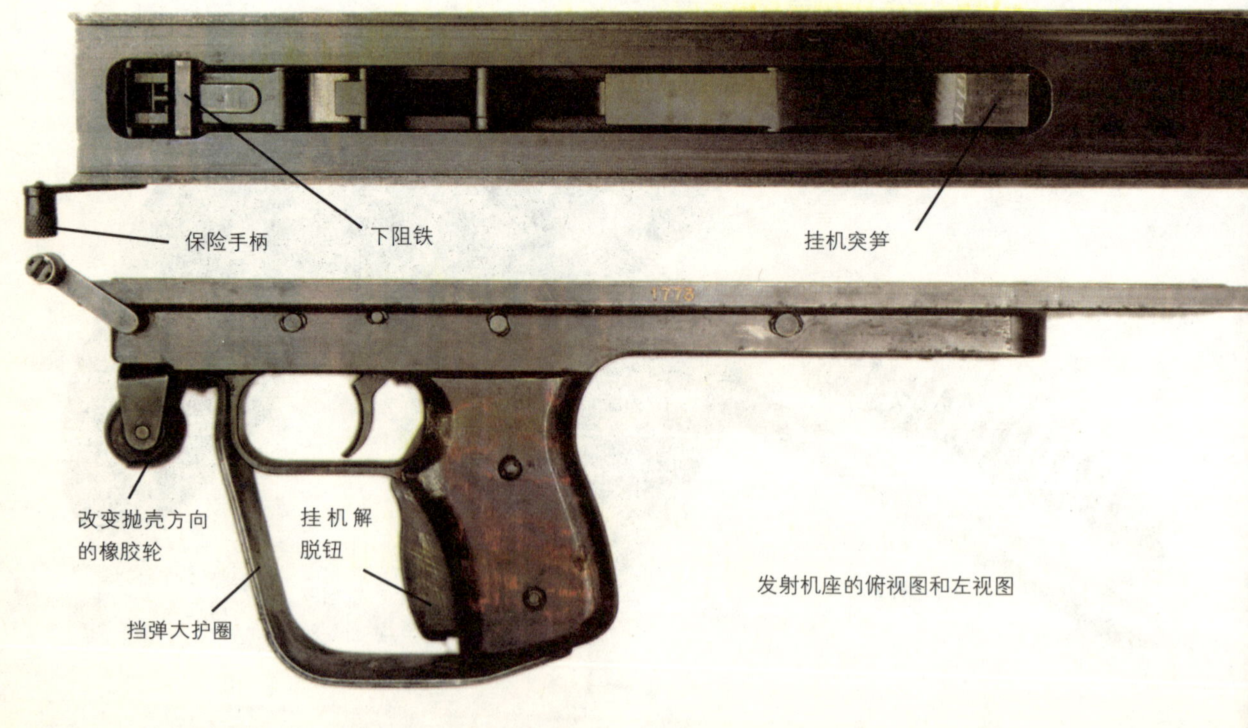

发射机座的俯视图和左视图

枪架侧面装有竖直缓冲器，用于缓冲枪身在竖直方向的跳动

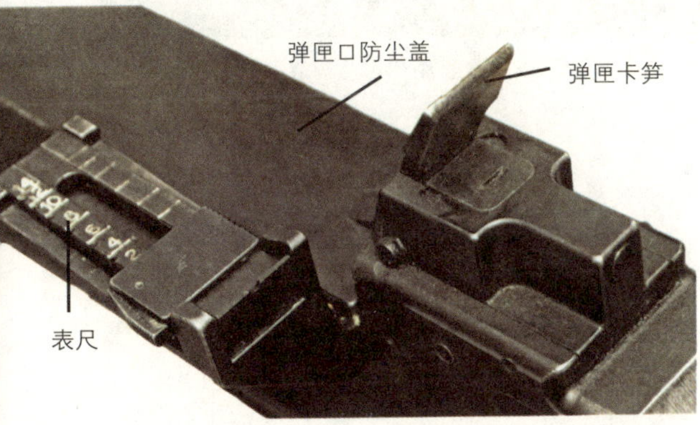

表尺最大射程1400m

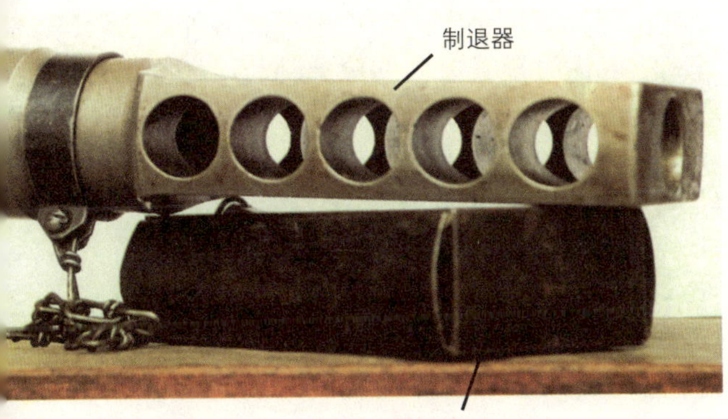

膛口制退器两侧各设有5个泄气孔。制退器上还配有保护套，可以防止携行中沙尘进入。保护套与制退器之间装有保险链相连，以防保护套丢失

过齿条机构的配合带动运动部件到达最后方位置。在运动部件后退过程中，击针被上阻铁挂住，压缩击针簧，呈待击状态。放开拉机柄，此时运动部件在挂机卡笋的作用下停留在后方。然后将保险打开，握住握把前方的挂机解脱钮，使运动部件向前冲，机头推弹部将弹药推入弹膛并闭锁，扣动扳机，带动下阻铁上抬，通过顶杆使上阻铁上移而释放击针，击针便在簧力的作用下前冲击发枪弹。射击后，弹头经过导气孔之后，火药燃气进入导气管而推动活塞并带动枪机体和机头后退，在后退过程中完成开锁、抽壳、抛壳和击针待击动作。当运动部件行至最后方位置撞击到枪尾的缓冲器时，若是射手松开握把上的挂机解脱钮，运动部件将会停留在后方位置；若是射手握住挂机解脱钮，运动部件则会在复进簧的作用下向前冲，并在前进过程中完成推弹上膛和闭锁动作。此时必须松开扳机，使下阻铁与顶杆扣合，才能扣动扳机击发下一发弹。

保险手柄位于机匣左侧、扳机前上方位置。保险手柄的设计非常独特，其由转轴和指示片组成，转动转轴，指示片处于前方位置时是保险状态，此时扳机被锁定而无法扣动。

供弹具位于机匣上方，可以使用容弹量为5发或10发的双排盒式弹匣供弹，也可以使用容弹量为15发的弹鼓供弹。为便于机动，弹匣配有单独的携行具。枪身上方的弹匣接口配有可翻转的防尘盖，卸下弹匣时，关闭防尘盖以防运输途中沙尘进入内膛。防尘盖卡笋同时也是弹匣卡笋，按压这个卡笋，防尘盖就会在弹簧的作用下自动打开。

弹匣位于上方的布局与全枪结构设计息息相关，更方便位于机匣内上部的机头将枪弹从弹匣中推入弹膛。抽壳钩位于机头下方，它与固定在机匣上的抛壳挺配合完成向下抛壳的任务。为了改变抛壳路线，防止抛出的弹壳伤及射手，还在扳机护圈前方专门设计了一个橡胶轮，以将斜向后方抛出的弹

由于弹匣位于枪身正上方，L39的准星及表尺均位于枪身左侧。图中内层两脚架折叠于枪管下方，以雪橇板支撑射击

壳向前弹开。而扳机护圈外围、连接握把前方和下方之处设有护圈，可以避免被抛出的弹壳又从地上弹起时伤及射手的手。

由于位于上方的弹匣会挡住瞄准视线，故L39的表尺及准星均设于枪身左侧。其准星为片状，表尺为翻转式，表尺最大射程1400m。

机匣左侧装有木制的贴腮板，采用螺钉固定。枪管外装有圆柱形木制隔热套管，上面开有排列规则的散热孔，以提高散热性能。枪管前方通过螺纹装有高效的膛口制退器。制退器两侧各有5个横向的、略向后倾斜的泄气孔，通过向侧后方喷出的火药燃气的反作用力来减小武器的后坐，制退效率可达40%。制退器采用整块圆柱形坯料加工而成，为防止运输和携行中沙尘通过泄气孔进入枪管，还配有制退器保护套，保护套与制退器之间有保险链相连，以防保护套丢失。

枪托可以沿枪尾后端的纵向槽内上下移动，可以根据需要调节枪托的上下位置，调整好后，枪托由枪尾座上的弹性销定位。枪托尾部装有橡胶抵肩板，可以缓冲后坐力。

该枪枪架结构也颇具特点。其由两组两脚架组成，内层为常规结构的驻锄，不用时，可向前方折叠收在枪管下方；外层脚架的架杆底部装有胶合板制作、黄铜包边的雪橇板，可供在土质较软的地区架枪射击以及较短距离转移阵地时拖着枪走——由于芬兰冬季寒冷，经常下雪，雪橇则成为雪地非常实用的交通工具，从雪橇板的设计上也可以看出设计者因地制宜的巧妙构思。另外，为了减小射击时竖直方向的枪身跳动，在脚架座两侧还装有竖直的缓冲器。

枪械家族中占有一席之地

拉蒂L39 20mm反坦克枪是一支耐人寻味的武器，它发射以面杀伤为主的炮弹，但又保障了一定的射击精度；它挑战了枪械的极限口径，且多种优秀设计保障了武器的机动性，减小了武器的后坐冲量。L39反坦克枪在当时的历史条件下有效发挥了作用，在枪械史上占有一席之地。

第二章　半自动步枪

M1伽兰德步枪使美军成为世界上最早大量装备半自动步枪的国家

不灭的传说——美国M1伽兰德半自动步枪

麦克阿瑟将军曾说：“在战场上，它几乎不会出现机械故障，持续一周的作战中它能保持良好的性能，并且不需要费力地保养擦拭。”

巴顿将军曾说过：“在我看来，它是一支最伟大的步枪。”

它被公认为是20世纪最出色的步枪之一。

它就是M1伽兰德半自动步枪，其设计者是大名鼎鼎的约翰·C.伽兰德。

横空出世

伽兰德，1888年1月1日生于加拿大，自幼渴望成为一名优秀的射手，九岁时去了美国，从此开始了对机械设计的迷恋。尽管伽兰德只受过初等教育，但这并不能掩盖他与生俱来的设计天赋，20岁时，伽兰德设计的一挺机枪就已经引起了美国军方的注意。

M1伽兰德半自动步枪是伽兰德的代表作，但是这支枪从提出到立项，再到装备部队历经了漫长的几十年。

第一次世界大战期间，欧洲上空战云密布，美国陆军再一次感受到了步枪的短缺，于是美国军方开始讨论新式步枪的可行方案。1919年，伽兰德到斯普林菲尔德兵工厂担任枪械设计师，1923年，他与其他设计师开始受命研制新式半自动步枪。由于军事委员会要求采用7mm口径，所以其他设计师老老实实地按要求设计，只有伽兰德注意到了美国陆军部对7.62mm口径的坚持意见，于是他又另外悄悄地设计了一个7.62mm口径的样

伽兰德在向军方介绍自己设计的步枪。历史上有人评论，伽兰德之所以获得成功，不仅仅是技术上的成功，更因为他关注“绘图板以外的东西”，也就是在政治上和公关方面都有过人之处。而这一点，恰恰是很多技术人员所缺乏的

枪。

样枪在工厂进行了多次试验，最终于1929年送交阿伯丁试验场进行选型试验。当时参加角逐的还有汤普森的半自由枪机式步枪、柯尔特的枪管短后坐勃朗宁步枪、捷克的ZB29式步枪和德国的导气式步枪等。通过对比试验，评审组认为伽兰德设计的7mm步枪性能最佳。试验一结束，评审组就向陆军部推荐此枪。但陆军部不认可这个口径，要求仍采用7.62mm口径。关于这两种口径的争论到了不可开交的地步，最后由当时的陆军参谋长麦克阿瑟将军出面作了决定：采用7mm口径是为了减轻步枪的质量，但是轻易地改变口径并花费大量的资金是得不偿失的。于是7mm口径就这样被麦克阿瑟“枪毙”了。由于伽兰德事先留了一手，所以其设计的7.62mm口径样枪就顺理成章地过关了。

1936年1月9日，军方正式宣布伽兰德设计的7.62mm步枪为制式武器，定型为M1 7.62mm步枪。1937年，M1正式投产，但直到1939年才少量装备部队。由于美国远离欧亚战场，而且正值经济大萧条时期，因此最初的几年只生产了4万支左右。1941年，太平洋战争爆发，美国被迫卷入二战的漩涡，而此时军队中装备的M1步枪数量仍旧不多。M1第一次投入战斗是在菲律宾群岛，其强大的火力给日军留下了可怕的记忆。后来随着

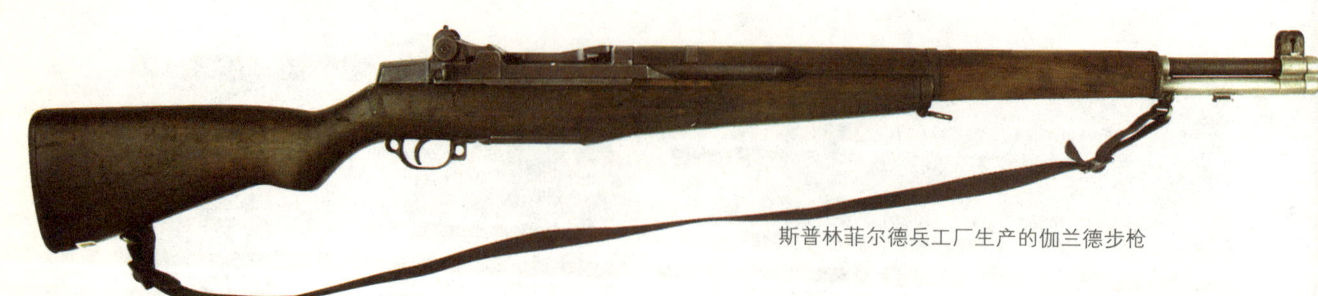
斯普林菲尔德兵工厂生产的伽兰德步枪

经济的复苏和战争的发展，M1的生产数量猛增，到了1945年，美国各军工厂的生产总数达到了400万支。

剖视M1步枪

M1半自动步枪主要由枪管－机匣组件、活塞－枪机框组件、枪托、弹仓、前后护木以及击发发射机构等组成，采用导气式工作原理，枪机回转闭锁方式。

自动机运动过程 枪弹被击发后，枪机框在火药燃气的作用下，首先独自后坐8mm的自由行程，之后，枪机框继续后坐，带动枪机逆时针转动，使得枪机上的两个闭锁突笋从机匣的闭锁槽中解脱出来，实现开锁。因为有枪机框的自由行程，所以使枪机开锁时间延迟，也正是由于这段延迟时间，使得枪弹在枪机开锁前就已飞出了枪口，而使得枪管内的压力降至安全值范围内才抽壳，避免了炸壳现象的发生。

在随后的枪机后坐过程中，抽壳钩、抛壳挺完成抽壳、抛壳动作，弹壳从枪的右侧抛出。与此同时，枪机后端压倒击锤，击锤簧被压缩，击锤呈待击状态。

当枪机框尾端撞击机匣后端面时，复进簧开始驱使自动机前进。当枪机快复进到位时，枪机框导槽导引枪机上的导向突起向下转动，带动枪机顺时针转动，直至两个闭锁突笋进入闭锁位置。而后，枪机框继续复进，走完8mm自由行程。此时枪又呈待击状态。

探究发射机构 该枪有两个阻铁，形状为钩状的是第一阻铁；带有阻铁簧、装在扳机连杆上的是第二阻铁。击锤上有两个钩，当击锤被完全压倒时，两钩呈水平位置，朝前的称为主钩，朝后的称为辅钩。

击锤呈待击状态时，第一阻铁扣住击锤前面的钩，扣压扳机，第一阻铁向前，解脱击锤。击锤击打击针尾端，击针向前击发底火。枪弹击发后，当击锤被枪机压倒时，由于扳机仍被扣住，故主钩移到第一阻铁的后

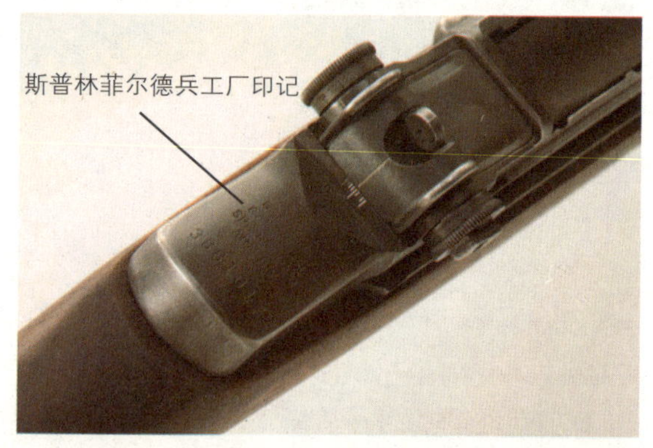

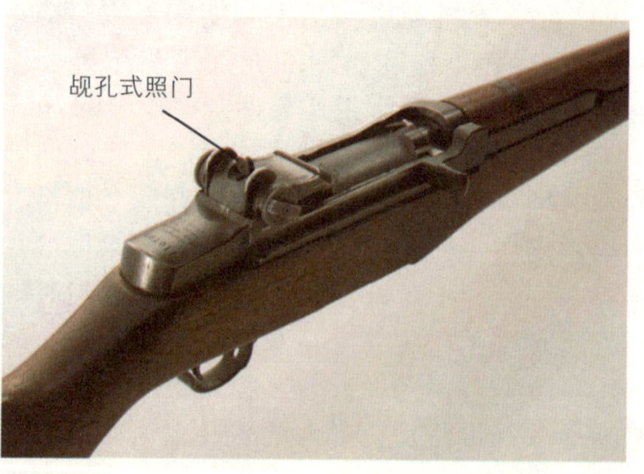

朝鲜战争中M1步枪还有大量使用

面，而辅钩却为第二阻铁所扣住，使击锤停留在后方。欲再次发射，必须先松开扳机，使第二阻铁解脱，击锤向前转动时被正在向后运动的第一阻铁扣住。至此，击锤便重新呈待发状态。

手动保险 该枪只有一个手动保险，设在扳机护圈前面。当把手动保险向后推至保险位置时，其上的缺口便与击锤上的凸肩扣合，使击锤无法解脱。当手动保险向后完全推到位时，它将阻止扳机运动，故不能扣动扳机。

其他 M1的机械瞄具为片状准星，觇孔照门，表尺分划为183～914m。

M1使用的0.30–06斯普林菲尔德步枪弹(又称7.62×65mm枪弹、美国0.30in制式枪弹)是由0.30–03步枪弹改进而来，最初是为斯普林菲尔德M1903步枪设计的，并深受德国7×57mm以及8×75mm毛瑟枪弹的影响。1906年，圆头弹改进为尖头平底弹头，保留原弹壳。1954年，该弹被7.62×51mm北约(NATO)标准枪弹替换。该枪还可发射

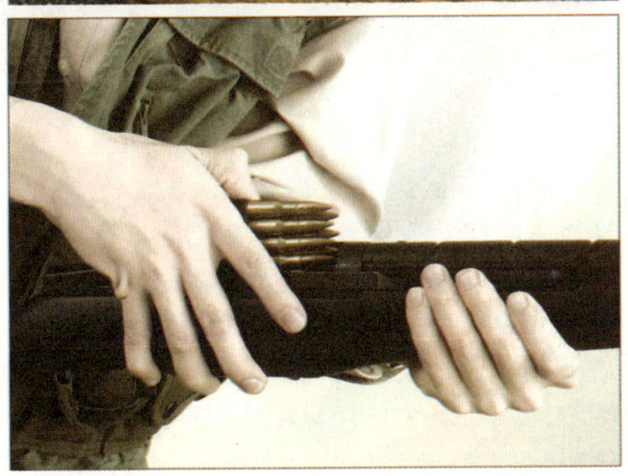
伽兰德采用的弹夹供弹

枪榴弹。

白璧微瑕

M1在二战中被公认是设计最好的一支步枪，其击发发射机构至今仍被许多步枪所采用。当然，也不能说M1步枪完美无缺。首当其冲的就是该枪的质量，其4.3kg的质量即使在当时也稍微显得有些重，几乎比毛瑟98K步枪多了近0.5kg。其次是该枪8发的弹仓容弹量不但偏少，而且装填枪弹后不能中途更换弹夹，即在膛内枪弹打光前不能再次压弹，只能等弹膛空仓挂机后借助弹夹再次压弹，而这将导致士兵在情况危急时无法保持足够的火力。

还有一个潜在的更危险的问题，那就是当枪弹打光以后，金属制弹夹会被托弹板的强大簧力弹出弹膛。弹夹如落到坚硬的地面时，会发出清脆的撞击声，这在近距离巷战中，等于是向经验丰富的敌人告知：我的枪没弹了。德国人最先发现这个现象，所以德国士兵通常先耐心地潜伏，等到听见对方弹夹落地的声响后再冲出来，向正在重新装填枪弹的士兵开火。一开始美国士兵吃尽了苦头，后来他们总结了经验教训，开战前总是事先准备一些空弹夹，在战斗中射击数发后故意抛出空弹夹来引诱敌人现身，然后再用剩余的枪弹干掉对方。

击发机构特写。击锤呈击发状态

击发机构特写。击锤呈待击状态

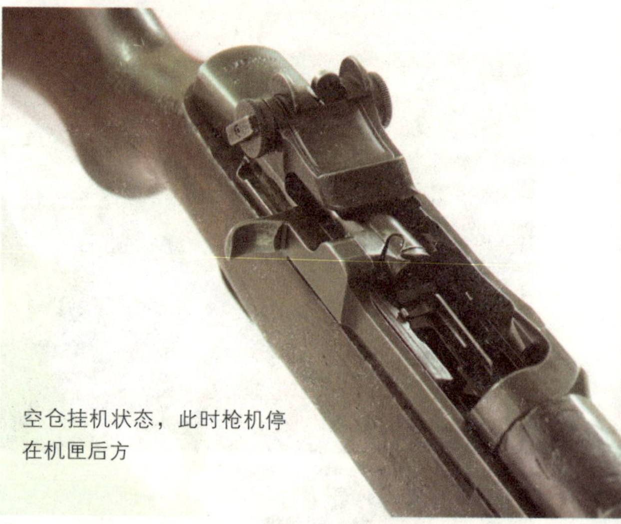

空仓挂机状态，此时枪机停在机匣后方

M1步枪演进史

M1E1 枪机及拉机柄有所改进，但该型号只少量生产。

M1E2 M1系列中最早加装光学瞄准镜的型号，但只是用于研制。

M1E3 枪机机构有所改进。

M1E4 试制型号，减小了后坐力，延长了枪机开锁前的自由行程，枪机后坐能量有所降低。

M1E5 M1枪管缩短型。配有折叠枪托。

M1E6 试制型狙击步枪，分离式光学瞄准镜可扳到一侧以便使用机械瞄具。

M1E7 这是最终定型的狙击步枪型，1944年6月，美国陆军部在对M1E7和M1E8进行测试后，正式采用装配有1.5倍或2倍瞄准镜的7.62mm口径M1E7，命名为M1C狙击步枪。

M1E8 狙击步枪型。1944年6月，M1E8

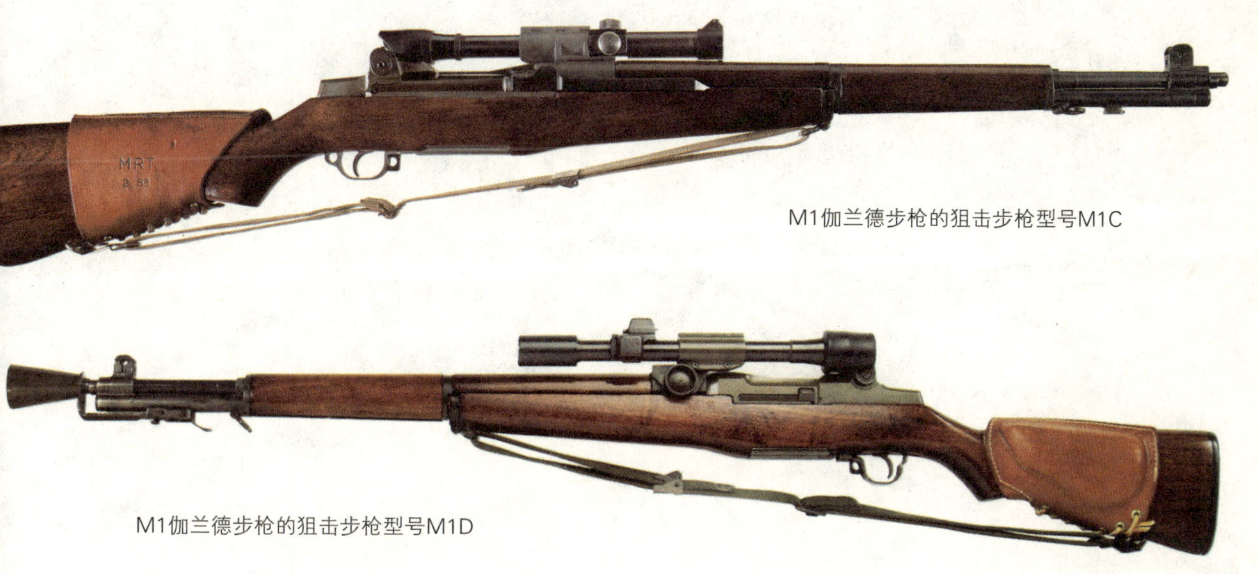

M1伽兰德步枪的狙击步枪型号M1C

M1伽兰德步枪的狙击步枪型号M1D

正式命名为MiD。但是MiD还没等到大量生产，二战就结束了。二战后，大量的M1步枪按照M1D的结构进行了改造，采用改良后的T105型表尺作为新的标准。

M1E9 M1E4的改进型，主要改进之处是导气系统的活塞及导气杆，试图改进M1E4长时间射击后枪身过烫的缺陷。

功成名就

M1经历了二战血与火的洗礼，深得士兵的喜爱，被推崇为有史以来最为出色的步枪之一。智利、意大利、希腊、丹麦、菲律宾、土耳其、突尼斯、危地马拉、海地、洪都拉斯、哥斯达黎加和中国台湾等国家和地区都曾正式装备或改装过该枪。其中意大利对M1的改装最为成功，意大利陆军装备的BM59式自动步枪在保留M1优点的基础上简化了供弹机构，采用弹匣供弹方式，同时还更换了枪管，使其能够发射7.62mmNATO枪弹，所有这些改进使得这支老枪再度焕发了生机。

约翰·伽兰德在一群军官面前试射第一批温彻斯特兵工厂产M1伽兰德步枪(1941年1月10日)

日月交替，斗转星移，在历史的长河中M1步枪为伽兰德带来了无数的荣耀与赞誉。在这些荣誉面前，这位老人依然保持着一份难得的宁静心态，他说："在我的心目中，M1是一支好枪。那些从前线回来的士兵给我写信，他们赞誉M1，而这就是对我最大的回报。"

战争宝贝——美国M1卡宾枪经典回顾

发展历程

M1卡宾枪的研制原本是美国陆军要为二线部队提供一种用于替代制式手枪的自卫武器，这个要求最初是在1938年提出的，其设想是研制一种类似于卡宾枪的肩射武器，发射中等威力的弹药，比标准的0.45in（11.43mm）半自动手枪或转轮手枪有更远的有效射程，但要比M1伽兰德步枪更容易操作，携带更方便。这些要求实际上与现在流行的单兵自卫武器（PDW）的概念差不多。

美国陆军的这个要求被搁置了一段时间，然后在1940年重新提出。美国陆军军械部提出的具体战术技术指标要求是：质量小于2.5kg，能实施单发或连发发射，能取代手枪和冲锋枪作为军士、基层军官或机枪手、炮手、通信兵或二线人员使用的基本武器。1940年6月15日，美国国防部部长正式批准了轻型自卫武器的研制工作，11月中旬，美国陆军委托温彻斯特公司研制威力介于步枪弹和手枪弹之间的新型枪弹。新枪的研制则在温彻斯特公司、柯尔特公司、史密斯-韦森公司等11家公司中产生。

负责弹药开发工作的温彻斯特公司当时正忙于调整M1伽兰德步枪的生产线，因此在1941年5月进行的第一次对比试验中未能及时提交自己的产品。经过5月份的初步射击试验后，美国陆军放弃了连发发射的要求。到9月份第二次对比试验前，温彻斯特公司提交了他们的半自动轻型步枪。1941年9月30日，选型委员会的报告书认为温彻斯特公司的样枪最适合。该设计方案于1941年10月正式定型，并命名为“M1 0.30in（7.62mm）卡宾枪”。

M1卡宾枪的开发小组由温彻斯特研究所所长爱德温·巴格丝雷领导，他从公司外请

M1卡宾枪

来了北卡罗来纳州的大卫·马绍尔·威廉姆斯（David Marshall Williams），此人曾一度被认为是13天内设计了卡宾枪的天才设计师，更被人称为"卡宾威廉姆斯"。

威廉姆斯在1921年因为私自酿酒（当时美国正在禁酒）而被捕，逮捕过程中一名县警中枪身亡，法庭在证据不足的情况下把威廉姆斯关进监狱。当时典狱官并不相信威廉姆斯有罪，而且还认为他有轻武器设计方面的才能，因此允许威廉姆斯在监狱的工作室里利用废弃钢材设计步枪，而且还在监狱内试射成功。典狱官与天才犯人之间的友谊经过媒体报道而轰动了北卡罗来纳州，法庭重新审理了威廉姆斯的案件，终于查清是另一名县警开枪时误击同伴。威廉姆斯在服完非法酿酒的刑期后于1929年出狱，并继续从事枪械设计的工作。传奇性的故事总是令人津津乐道，所以经过新闻媒体渲染后许多人都以为M1卡宾枪是威廉姆斯设计的，但事实上M1卡宾枪的原型是温彻斯特研究所以前设计过的一种猎用卡宾枪的方案，该方案原本已经被弃用，现在由于时间紧迫而重新拿了出来，并采用了威廉姆斯在狱中所设计的短行程活塞导气系统。

M1卡宾枪定型后，接下来就是要尽快把大量的卡宾枪交到部队手上，因此美国政府指定了9个生产承包商，包括温彻斯特公司、通用汽车公司内陆制造分公司（Inland Manufacturing Division，G.M.C.）、安德伍德-艾略特-费舍尔公司（Underwood-Elliot-Fisher Co.）、通用汽车萨其诺舵机分公司（Saginaw Steering Gear Div., G.M.C.）、国家邮政仪表公司（National Postal Meter Co.）、柯立蒂五金机械公司（Quality Hardware & Machine Co.）、国际商用机器公司（IBM）、标准件公司（Standard Products Co.）和洛克-奥拉公司（Rock-Ola Co.）。第一批M1卡宾枪

M2卡宾枪(上)与M1A1卡宾枪（下）

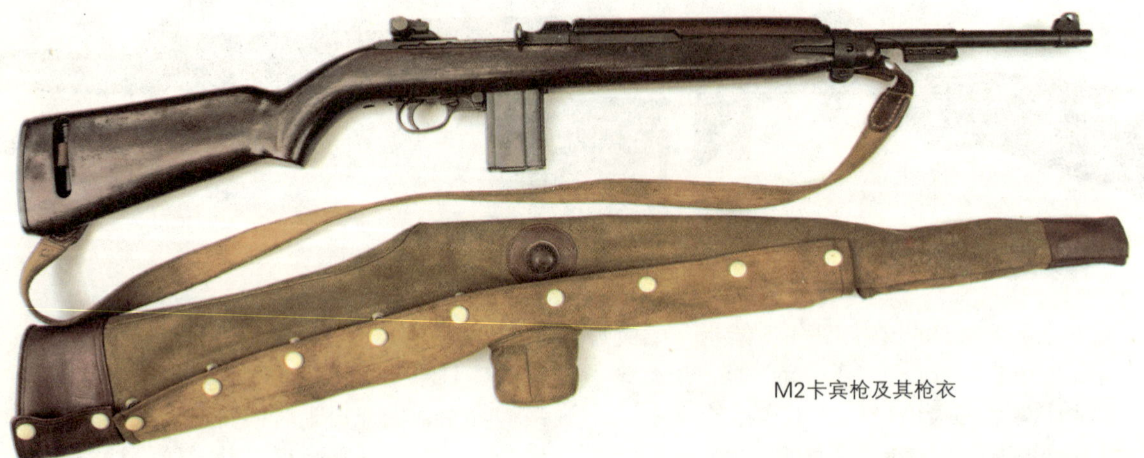
M2卡宾枪及其枪衣

于1942年6月交货，由于交付数量已经满足要求，因此除了通用汽车公司内陆制造分公司和温彻斯特公司外，其他承包商的生产合同在1944年中期被取消，而这两家公司也在1945年8月停止了卡宾枪的生产。在这38个月内，一共生产了600多万支卡宾枪，包括原型M1卡宾枪和M1A1、M2、M3等变型枪。内陆制造公司的产量最大，占总数的43%，而温彻斯特公司的产量只占13.5%，其他公司都不超过10%。

1942年初，美国陆军的空降部队要求开发一种能折叠的枪托以缩短全枪长度，且在折叠状态下也能射击的M1卡宾枪。1942年3月通用汽车公司试制了侧向折叠的金属骨架形枪托样枪，而斯普林菲尔德兵工厂则试制了伸缩式金属枪托样枪。经过试验，通用汽车公司的样枪在1942年5月被选定为制式武器，正式命名为M1A1卡宾枪。M1A1卡宾枪只生产了15万支，主要装备空降部队。

在研究卡宾枪的最初要求中，原本是要有连发发射功能的，但是这个要求在通过初步试验后被放弃。但后来基于士兵的反馈，又提出要求有连发发射功能，于是在1944年5月开始研制增加了快慢机的M1卡宾枪，研制工作由通用汽车公司和斯普林菲尔德兵工厂分别进行，最后通用汽车公司研制的样枪被采用，在1944年9月正式命名为M2卡宾枪。

早期的M1卡宾枪采用翻转式L形表尺

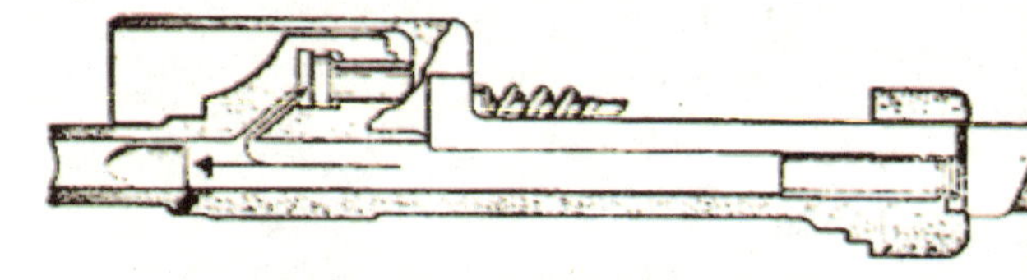
M1卡宾枪的短行程导气装置结构图

由于连发发射时弹药消耗特别快，因此将弹匣容量增加到30发，但可与原来的15发弹匣通用。M2卡宾枪仅生产了57万支，主要装备给参谋士官或军官使用。

M3卡宾枪在研制时被称为T3式卡宾枪，是在1944年初应美国陆军的要求而开发的一种夜间近战用武器。T3卡宾枪基本上就是在M2卡宾枪的机匣上安装了主动红外夜视瞄准装置，前护木下安装了一个带控制开关的握把。由于主要是在夜间使用，又在枪口上加

1945年初在荷兰的美国陆军士兵，身背M1卡宾枪

装了喇叭形高效消焰器，以减少射击时被敌人发现的机会。另外取消了连发发射功能。T3卡宾枪在1945年8月才正式被命名为M3卡宾枪，只生产了约2100支，而且只用在朝鲜战场上。

与几种变型枪相比，原型M1卡宾枪产量最大，共生产了551万支。

与M1伽兰德步枪相比，M1卡宾枪有便于更换的弹匣和较大的容弹量，实际射速高而且后坐力低，其射击精度和侵彻作用比使用手枪弹的冲锋枪强。增加快慢机和大容量弹匣的M2火力“几乎”相当于突击步枪（之所以用“几乎”是因为其有效射程还是太近了）。因此在二战期间M1卡宾枪及其变型枪是一种相当有效的步兵近战武器。

朝鲜战争和越南战争的初期阶段，M1卡宾枪和它的变型枪仍是被用于一线战斗的武器，但在朝鲜战争期间，M1卡宾枪由于在低温条件下的可靠性差而名誉扫地，而且据说甚至不能有效射穿厚棉衣。不过在越南战争初期，又轻又短的M1卡宾枪又成了一种非常有用的丛林战步枪而受到欢迎，直到M16A1的出现。M1卡宾枪也被美国政府大量输出到其他友好地区（大部分在东南亚，例如南越政府军）。M1卡宾枪在战后的西德和法国也有少量使用，而作为治安部队的武器，巴伐利亚的乡村警察使用得最多，以色列警察直到现在仍在大量地使用M1卡宾枪。在战后一

配置齐备的M3卡宾枪

段时期内，有大量的M1卡宾枪及其变型枪作为军用剩余物资在民间市场上销售。

结构特点

M1卡宾枪所使用的0.30inM1卡宾枪普通弹是由温彻斯特公司在0.32in（7.65mm）步枪弹的基础上，将其外部尺寸略加修改而成的。M1卡宾枪弹采用直筒形无突缘弹壳，圆弧形弹头，弹头质量7.1g，枪口初速为570m/s。枪口动能大约相当于0.45ACP手枪弹的2倍，但只有0.30-06步枪弹的1/3。按现在的叫法，M1卡宾枪弹可算得上是“中间威力”步枪弹，但枪口动能太小且弹头形状欠佳，因此其有效射程只有200m左右。但无论如何，它的射程还是比手枪弹远得多，而且后坐力适中。除了M1普通弹外，还可使用M16和M27两种曳光弹及M 6 空包弹。

M1卡宾枪采用短行程活塞的导气自动原理，由大卫·威廉姆斯设计。导气孔位于枪管中部，距弹膛前端面115mm，活塞在枪管下方，后坐距离仅3.5mm。发射时，火药燃气通过导气孔进入导气室并推动活塞向后运动，活塞撞击枪机框，使之后坐。枪机框后坐约8mm后，膛压下降至安全值，这段时间为开锁前的机械保险。然后，枪机框导槽的曲线段与枪机导向突起相扣合，枪机开始旋转（同时起预抽壳的作用）开锁。在枪机后坐过程中，其上的抽壳钩拉着弹壳向后运动，弹壳被拉出弹膛后，由枪机上的弹性抛壳挺向右前方抛出。

当枪机框惯性体后端撞击机匣时，枪机框停止后坐，而枪机则要到它碰及机匣中枪机通孔的后端才停止运动。此时枪机后坐行程大于全弹长，于是弹匣中最上面的一发弹又被托弹板送至进弹位置。然后被压缩的复进簧伸张，推枪机复进，同时推弹入膛。由于枪机上的导向突起和枪机框导槽的相互作用，枪机回转，实现闭锁。然后枪机框继续复进，直至惯性体的前端将活塞顶入活塞筒

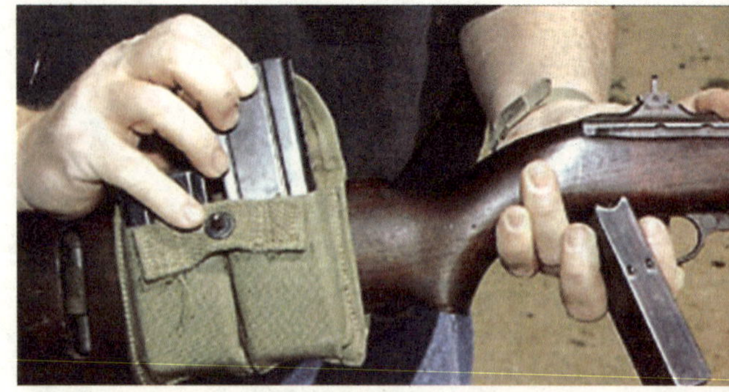
M1卡宾枪可在枪托上挂两个弹匣袋

早期的M1卡宾枪上采用横推式保险开关

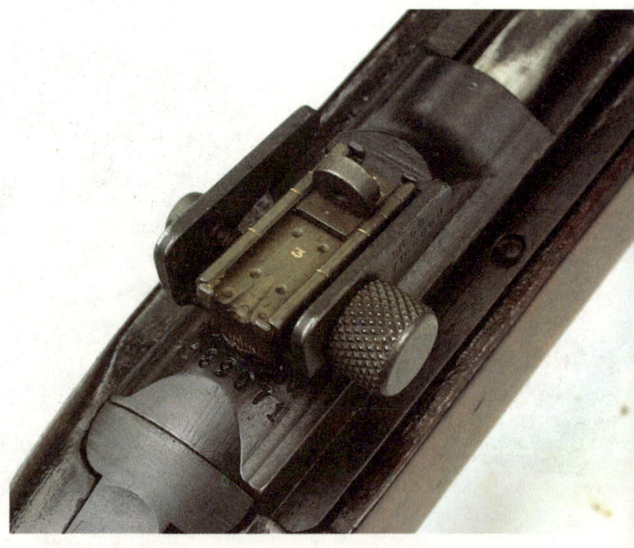
后期的M1系列卡宾枪采用滑动式表尺，右侧的调整轮用于调整风偏

才完全停止。此时，枪再次呈待击状态。事实上，M1卡宾枪的枪机和M1伽兰德步枪的基本上一样，只不过是尺寸按比例缩小了而已。

当击针向前运动时，其尾端的突起必须进入机匣横梁上的槽中，否则，击针就无法向前。而这一点只有在枪机旋转到位并确实闭锁后才能实现。如果在枪机未确实闭锁的情况下扣压扳机，击锤也会向前转动，不过其能量却消耗在使枪机旋转进入闭锁位置，故无足够的能量打击击针击发枪弹，可避免意外事故的发生。

扳机护圈前面的手动保险是直推式的。把它推向左边时，保险机销轴上的平面对准扳机前端，因此允许扳机前端下落，从而可使扳机后端的凸肩上抬。当把保险推向右边时，保险机销轴的圆柱面移至扳机前端的下方，阻止扳机向下运动，形成保险。

早期M1卡宾枪上的保险是横推式的开关，但后来改成回转式的杠杆开关，这是因为在持续射击时保险按钮很快会变得过热，弹匣扣紧邻着保险按钮，而发烫的保险按钮会影响更换弹匣。

M2卡宾枪还可以实施连发发射。当枪机框复进到位时，撞击连发杆，连发杆抬起阻铁，解脱击锤，枪即连续发射。M2卡宾枪的快慢机选择杆装在机匣左侧。

早期M1卡宾枪采用翻转式L形表尺，照门的大觇孔射程设定在150码（137m），小觇孔为300码（274m）。后来的M1和M2卡宾枪都把表尺改为滑动式，距离从100m至300m内可调，而且也可以调整风偏。

M1系列卡宾枪之附件

刺刀 在美军将M1卡宾枪定为制式装备的同时，各种配套用的刺刀也成为标准装备，其中陆军普通使用的就是M3刺刀，但M3刺刀装在M1卡宾枪上时，不很合用，因此前线部队要求为卡宾枪配备专用刺刀的呼声越来越高，鉴于此，美国陆军于1943年开始着手开发M1卡宾枪的专用刺刀。

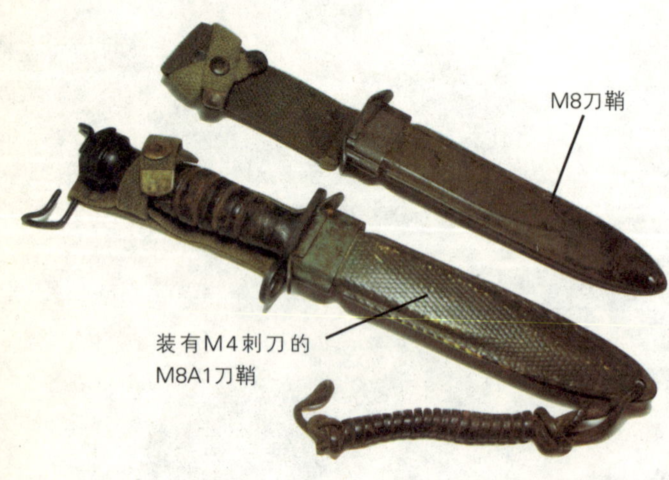

M4刺刀（下）以1943年采用的M3刺刀为基础改进而成，于1944年采用。M8A1刀鞘由M8刀鞘（上）改良而成，其顶端增加了一个钢制钩，方便携带

刀鞘顶部的铭文，左为M8A1刀鞘，右为M8刀鞘

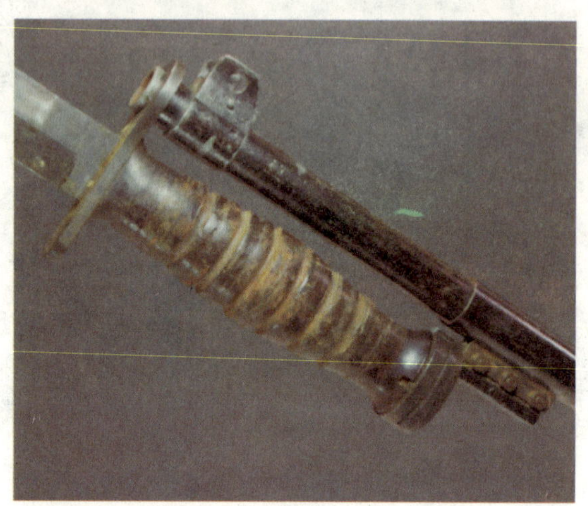

M4刺刀刀柄为皮制，为了防止腐蚀，刀柄两端使用树脂材料制作。另外，刀柄材料也有采用橡胶、塑料的

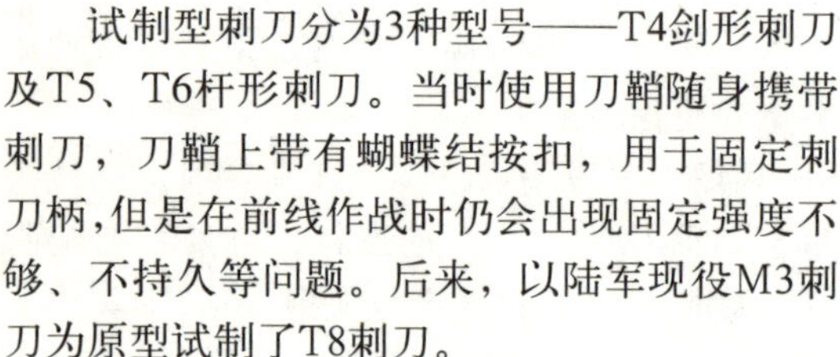

试制型刺刀分为3种型号——T4剑形刺刀及T5、T6杆形刺刀。当时使用刀鞘随身携带刺刀，刀鞘上带有蝴蝶结按扣，用于固定刺刀柄，但是在前线作战时仍会出现固定强度不够、不持久等问题。后来，以陆军现役M3刺刀为原型试制了T8刺刀。

1944年5月，美军正式采用T8刺刀，并命名为M4刺刀，将其作为M1卡宾枪的制式刺刀。同时将M3刺刀用的M8刀鞘进行改良，制成M4刺刀专用的M8A1刀鞘。该刀鞘顶部带有钢制双钩，可以悬挂在枪背带上，非常利于携行。刀鞘底端挂有吊绳，可用于附带其他小型配件。

M4刺刀和M8A1刀鞘的基本设计和尺寸被成功应用在后来设计的M5、M6、M7刺刀上，并最终成为美军刺刀的标准版。

携行用枪套　美军为M1卡宾枪制作了专用枪套，配发各部队。其中，皮制枪套供骑兵部队装在马鞍上携带M1卡宾枪之用，其上附带有2根固定用的皮带。1940年以后，骑兵部队的地位开始从主力部队渐渐向辅助部队转变，吉普车和侦察装甲车等机械化车辆开始崭露头角，并占据主导地位，因此二战中原本为骑兵部队设计的皮制枪套，开始用在车辆上携行M1卡宾枪。

帆布制枪套主要供骑兵部队、空降部队和炮兵部队使用，其生产数量很少，现在只能在有关图片和影像资料中看到。还有一种帆布制的携行枪套配发步兵部队的官兵使用。

枪口防跳器和枪口消焰器　M2卡宾枪在连发发射时，枪口跳动大，难以控制。为了解决这个问题，美国陆军试制了枪口防跳器。最初的型号为T12，试验发现其并不怎么有效，于是又开发出T13枪口防跳器，并于1945年9月成为美军的制式装备。不过这种T13枪口防跳器的生产数量很少。

为了抑制枪械在连发发射时的枪口焰，

M1卡宾枪的皮制枪套，其原本是为骑兵部队设计，但二战中多在车辆上使用

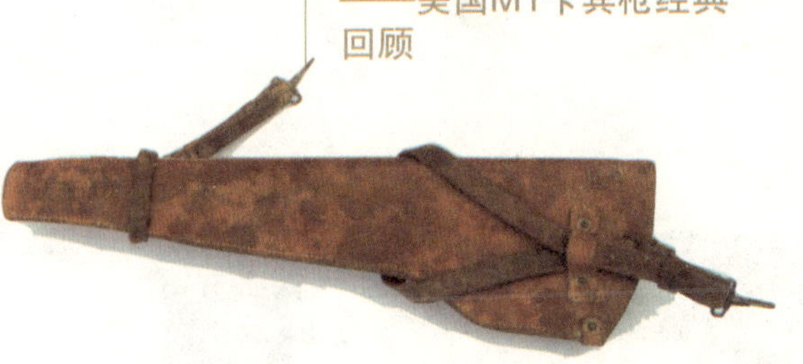

为了固定在马鞍上，枪套上增加了2根皮带。二战中，这2根皮带绑在车辆上，来固定枪套

M1卡宾枪用帆布制枪套，其在骑兵部队中用于取代早期的皮制枪套，空降部队和炮兵部队也有使用

一种用帆布制成的、外形比较简单的枪套，背面附有可调节长短的携行带

美国陆军参考M1C狙击步枪用的枪口消焰器试制了T23枪口消焰器。后来，以该消焰器为基础发展了数种型号，最终于1945年8月采用了M3枪口消焰器，装备在加装红外线夜视瞄准镜的M3卡宾枪上。

通条　M1、M2卡宾枪配用的通条外形与M1伽兰德步枪用的带T形手柄的通条相同。其装在通条专用袋中，另外，袋子中还可装入3根通条节和1根通条头。

M1卡宾枪的配套附件

SVT-38步枪

SVT-40步枪

墙内开花墙外香

——苏联7.62mmSVT半自动步枪

SVT步枪是苏联装备的第一支半自动步枪，尽管出自名师之手且具备了超前的“自动”程度，但并没有蒙受苏联军队的喜爱。苏军认为其缺陷太多，不适宜在战争中使用，而当时苏联的敌人——德国、芬兰军队却对该枪拥趸有加。

发展历程

最早提交苏联军队服役的是SVT-38半自动步枪。“38”表示该枪在1938年定型，但并没有立即投产，因为当时还有其他竞争对手，其中最有竞争力的是西蒙诺夫的设计。1939年2月26日，托卡列夫的设计最终获胜，但军方对全面装备SVT-38仍有疑虑，因此在生产SVT-38的同时，也少量生产西蒙诺夫设计的AVS-36。据说后来是斯大林亲自干预此事，正式把采购新枪的合同判给他所喜爱的枪械设计师——托卡列夫。

SVT-38开始试产是在1939年7月下旬，在改进了一些缺点后，于1939年10月正式开始批量生产。但半年后，也就是1940年4月便停产了，准备生产该枪的改进型SVT-40半自动步枪。有报道说SVT-38共生产了约15万支，但由于量产时间只持续了6个月，所以比较接近现实的说法是不足10万支。后来大多数SVT-38在战斗中丢失、损坏或被送回工厂重新改装成SVT-40。

SVT-40是根据冬季对芬兰作战所取得的经验教训总结的成果，在SVT-38的基础上改进而成，目的是改善步枪的操作性能和提高可靠性。该枪于1940年7月1日开始在图拉兵工厂投产，同时莫辛-纳甘M1891/30步枪则开始减产，因为当时苏联打算以后所有的步兵单位都装备新的半自动步枪。由于其结构和工艺比莫辛-纳甘步枪复杂，所以生产速度比较慢，

SVT-40步枪

SVT-38的弹匣(左)，SVT-40的弹匣（右）

SVT步枪的保险机

不过SVT-40的生产速度比原来的SVT-38要快，这主要是因为一些零部件被简化，而且生产工人也已经积累了相当多的经验。

据报道，SVT-40第一个月的产量就有3416支，第二个月达到8100支，随着更多的生产线调整完毕以及工人熟练程度的增加，每个月的产量都稳步增长，到1940年12月月产量约有18000支，1940年共生产有66000支左右。1940年末～1941年初，科若库兵工厂也开始投产SVT 40。科若库兵工厂主要是为苏联空军生产机枪和航炮，所生产的SVT-40数量很少，现已成为收藏家的抢手货。

图拉兵工厂和伊热夫斯克兵工厂作为SVT-40的主要生产厂家，从开始就全力生产SVT-40，但当1942年苏军决定重新把莫辛-纳甘M1891/30步枪作为制式装备后，伊热夫斯克兵工厂就停止了SVT-40的生产，转而全力生产莫辛-纳甘步枪。而图拉兵工厂由于一直接到小批量的订单，因此直到1945年1月3日才完全停产SVT-40。

SVT-38最初只是用于增加步兵排的火力，在排内只有少数人装备，其他人仍然使用莫辛-纳甘步枪。但是在一些精锐部队中，如1940年初在卡累利亚的拉多加湖（苏联在欧洲最大的湖，靠近波兰）作战的滑雪板部队，完全用SVT-38代替莫辛-纳甘步枪。芬兰军队深切体会到这种步枪的可怕火力，而苏联领导层则很欣喜地看到其优越的性能表现，斯大林更宣称，一个装备这种新步枪的士兵等于十个装备普通步枪的士兵。到了生产SVT-40时，苏联已经打算将其作为标准的单兵步枪，全面替换旧的莫辛-纳甘步枪，因此生产数量相当大(到1945年以前就超过100万支）。但二战结束后，大部分SVT-40很快就被撤装，由SKS步枪取而代之。少数SVT步枪作为军用剩余物资在苏联民间市场上出售。

结构特点

SVT步枪是一种采用导气式工作原理、弹匣供弹的自动装填步枪。短行程导气活塞位于枪管上方，后坐行程约36mm。导气室连同准星座、刺刀卡笋和枪口制退器，构成一个完整的枪口延长段。这样的设计简化了枪管，但枪口延长段颇为复杂。导气室前面凸出的是一个五角形的气体调节器，有5个不同的位置，分别标记为1.1、1.2、1.3、1.5和1.7，可根据天气条件、弹药状况或污垢的积聚程度选择合适的导气量。有一个专用扳钳用于调整调节器。

SVT采用枪机偏移式闭锁机构，双闭锁凸耳。枪机框底部的开/闭锁斜面与枪机顶部的开/闭锁斜面贴合，在自动循环过程中相互作用，使枪机后端上抬或下落，完成开、闭锁动作。FN公司的FAL步枪的枪机就与SVT的非常相似，区别在于SVT的闭锁支承面在机匣前方，而FAL的在机匣后方。枪机偏移式闭锁机构的优点是刚度好、结构简单、便于生产，勤务性也比较好，但由于枪机单面受力以及开、闭锁时的碰撞，对连发射击精度会有一定的影响。不过，SVT作为半自动步枪，这方面的影响并不大。

SVT采用击锤式击发机构，手动保险位于扳机后面，将其向下扳动时能阻止扳机扣动；向左上方扳起后，就能正常射击。

枪口制退器两侧各有6个泄气孔，使部分火药燃气导向侧后方，从而起到降低后坐力和枪口消焰的作用。据说一些早期的枪口制退器有8个泄气孔。

SVT的机械瞄具由位于枪口延长段后端的准星和安装在枪管尾部上方的缺口式照门组成。准星为柱形，可调高低和风偏，准星护罩顶端有一个透光孔，调整工具可通过该孔调整准星高低。表尺最大射程为1500m，最小射程为100m，每100m设一个分划。

弹匣由钢板制成，可装10发枪弹。SVT-38的弹匣比SVT-40的弹匣稍长，生产工艺也不同，SVT-40的弹匣生产起来更简单。这两种弹匣的识别特征是：SVT-38的弹匣在靠近底部的两侧各有一个圆形小孔，用于固定弹匣底板，弹匣卡笋用锻压件制成，而SVT-40的则改用冲压件，因此SVT-40的弹匣卡笋显得较“薄”，不使用时可以向上折叠，避免意外扳动。

SVT机匣上盖的抛壳窗尾端还加工了一个桥夹导槽，可以直接用莫辛-纳甘的5发桥夹往枪上的空弹匣内压弹。设有空仓挂机装置，当弹匣打空时，枪机滞留在后方，提示射手再装填，在使用桥夹往枪内压弹时也需要挂起枪机。

SVT步枪采用弹夹向弹匣内供弹

SVT-38和SVT-40都采用木制枪托，但SVT-38枪托的前护手部位比较长，有一小块冲压钢板在枪口延长段后面，盖着导气活塞和活塞连杆。钢板上盖两侧各排列着4个圆孔，用于冷却枪管和导气系统排气，另外有5个长形孔沿着木制上护手两侧排列，便于空气对流，防止枪管过热。而SVT-40枪托的前护手部位则较短，缩短的部位由上、下两块冲压成形的钢制护盖组成，完全包住枪管和导气装置，上、下钢护盖上都开有多个圆孔。由于SVT-40的护木缩短，因此原来的护箍也从两个改为一个，并在前托上增加了手指凹槽。这些特征都是SVT-38与SVT-40的明显区别。

SVT-38的通条插在枪托右侧的凹槽中，而SVT-40的则改为插在枪管下方，所以通条位置也是识别SVT-38与SVT-40的标志。两

枪的后背带环均位于枪托后下方，但由于通条位置的影响，前背带环位置不同。SVT-38的前背带环在枪口延长段底部，而SVT-40的在枪口延长段的左侧。

SVT-38和SVT-40的标准配件基本相同。维护工具装在一个帆布袋中，方便携带。每套工具包括枪刷和几个多用途工具，例如调整气体调节器的扳钳也可以用于拆卸枪口制退器和导气活塞；而调整准星高度的T形钥匙也可用于拆卸枪托螺栓和击针。SVT-38的背带最初采用全皮结构，后来改为帆布和皮革的组合；SVT-40的背带最初采用帆布和皮革制成，后来改为全帆布背带。每支步枪都配一把刺刀，SVT-38和SVT-40的刺刀长度不同，SVT-38刺刀刃长355mm，SVT-40刺刀刃长241mm。

无论是SVT-38还是SVT-40，每支步枪出厂时仅配3个弹匣。每个弹匣的底部都印有配对步枪的枪号，并在枪号后面分别跟有1～3的序号，3个弹匣与步枪一起配发给士兵。弹匣袋可放两个弹匣，剩下的弹匣随枪携带。最初的弹匣袋由帆布和皮革构成，后来改为全皮。弹匣袋中间有一块厚皮隔开成前后两个间隔，使两个弹匣分开放，避免相互碰撞发出声响。由于每名使用SVT的士兵只能得到3个弹匣，因此在战斗时，需要同时携带一堆预先装满枪弹的桥夹。射击远距离目标时，可以用桥夹慢慢装弹，但在近战中紧迫的情况下，只有通过更换另一个满载的弹匣才能加快装填时间。当时苏联人认为这样的可拆卸弹匣不仅增加了生产成本，而且把不必要的重量加入到原本已经很重的装备里，正是基于这种落后的战术观念，后来设计SKS步枪时干脆采用固定弹仓。

SVT-38全枪长1226mm，枪管长620mm，有4条右旋膛线，空枪质量

3.95kg；SVT－40全枪长1226mm，枪管长625mm，空枪质量3.85kg。

改进型产品

一些SVT－38被当作狙击步枪使用，但数量不多。狙击型SVT－38只是在机匣尾部安装了瞄准镜。SVT－40也有作为狙击步枪使用的，数量同样不多，大约只有5万支。其实所有的SVT－38和大部分1942年10月前生产的SVT－40都有瞄准镜架的连接轨座，只是装配有瞄准镜的狙击步枪数量不多而已。瞄准镜架的轨座是在机匣后上方两侧用机器锻压出的凹槽，瞄准镜架是分叉式的，安装瞄准镜后，不阻碍机械瞄具的瞄准线。配用的光学瞄准镜于1940年定型，瞄准镜长167mm，视场为4°，放大倍率为3.5，镜体短小，采用欧洲典型的三柱式分划。该瞄准镜不具备焦距调节功能，这是因为当时苏联的光学器材生产水平较低，难以保证调焦环的密封能力。瞄准镜安装在步枪上的位置偏后，为的是不阻碍使用桥夹装填枪弹。

装备SVT－40的苏联红军女狙击手

SVT－40曾有一种全自动型，名称是“1940型托卡列夫自动枪”，缩写为AVT－40。这种步枪与半自动型外观相似，只是能够连发发射。据说该步枪可配用15发容弹量的弹匣，原计划用于填补班用轻机枪的空白，因为研制该枪时，DP－28轻机枪才刚开始装备部队，数量还少。但AVT－40连发发射时弹膛容易过热，且会导致抛壳失败，这大概是由于苏联弹药在战时的质量较差的缘故。此外连发发

SVT狙击步枪及瞄准镜特写

射也会导致部件寿命缩短，枪托的较细部位易破裂。为解决这个问题，也曾尝试采用不同类型的木材，但最终都无法解决。AVT-40投产不久，就于1943年8月撤装了。

1940年9月，曾少量生产了托卡列夫式卡宾枪（据说订单仅3000支），该枪虽然属于SVT-38的卡宾型，但却采用了最新的SVT-40上的设计改进。该枪全枪长1070mm，枪管长470mm，空枪质量3.6kg。关于该枪的情况资料很少。

另外在战时还有一些前线士兵自己动手“截短”的非标准型卡宾枪。这些DIY的卡宾枪是为满足列宁格勒和斯大林格勒的巷战中对较短的自动步枪的急需，而将枪管截短至400mm左右，甚至更短。

使用情况

SVT步枪以其尺寸来说是非常轻的，例如SVT-40比莫辛-纳甘M1891/30长约50mm，但质量却减轻了近0.5kg。虽然发射的枪弹相同，射击精度也很接近，但SVT的后坐力却比莫辛-纳甘的要小。苏军方面对SVT的评价并不高，大多数人认为其可靠性差，结构复杂，维护困难；但在另一方面，SVT却受到苏联的敌人——芬兰和纳粹德国的高度赏识，成为一种相当受欢迎的战利品，甚至作为军队的正式装备配发给前线士兵使用。

SVT-38第一次露面是在入侵芬兰的冬季战争（1939～1940年），许多使用SVT-38的苏军士兵认为该枪在战场上需要一丝不苟地维护，故障也很多，尤其是当雪或沙子渗进枪机后。SVT-40正是针对前线士兵反映的意见而改进的产品，但在二战中仍然被认为结构过于复杂、维护困难、故障率高。只有少数的苏军精锐部队对SVT-40评价较高，例如海军步兵（即海军陆战队），认为SVT-40的性能要比莫辛-纳甘步枪好得多。但由于总体评价不佳，再加上生产进度较慢，而战时苏联急需提高步枪产量，因而导致其最终减产，并提高莫辛-纳甘步枪的生产速度来满足前线需求，所以SVT未能像美国的M1伽兰德步枪那样成为战争中的主角。

即使作为配角，SVT也表现得不够成功。苏联原本在1940年4月决定把SVT-40用作红军的狙击步枪，因而停止生产莫辛-纳甘M1891/30 PE型狙击步枪。然而SVT-40的首发命中率较低（与莫辛-纳甘狙击步枪相比），最后还是在1942年决定重新采用莫辛-纳甘M1891/30 PE型狙击步枪作为制式狙击步枪，而原本为SVT研制的1940型瞄准镜由于结构简单，易于大量生产，被重新命名为PU瞄准镜，并作为莫辛-纳甘M1891/30 PU型狙击步枪的标准配置。只有部分SVT狙击步枪作为莫辛-纳甘M1891/30 PE型狙击步枪的候补枪支一直服役到战争结束。

相反，SVT最大的拥趸者却是苏联的敌人。芬兰军队在冬季战争中缴获了约4000支AVS-36和SVT-38步枪，他们认为SVT-38的火力强大，只是“偶然卡壳而已”，而导致卡壳问题的部分原因可能是苏军使用的润滑油在寒冷天气下会冻住枪机。芬兰军队很喜欢使用SVT-38，即使在二战结束后，仍有许多SVT-38用于射击训练，一直用到1961年。

德国军队也在二战中广泛使用缴获的SVT步枪，还有一些被送回德国做进一步研究，为德国研制半自动步枪提供摹本。虽然德国不像芬兰那样也自己生产7.62×54mm R枪弹，但他们缴获的弹药很充足，而SVT的射击精度高，战斗射速比毛瑟98k步枪高得多，如果有条件把SVT和毛瑟98k各打一遍，就不难明白为什么许多德军士兵喜欢在战斗中使用这种敌手的步枪并一直用到弹药耗尽为止。由于SVT在德军中的使用量非常大，以致于德军高层为这些苏联步枪重新命名德国型号并配发给前线部队，其中SVT-38被重新命名为SIG.258(r)，而SVT-40则称为SIG.259(r)，SVT-40的狙击型为SIG.Zf260(r)。

被苏联俘虏的德国士兵。苏军战士手中握持的正是SVT-40步枪

手持SVT-38的苏联红军

在东线使用SVT-40的纳粹德军士兵

结语

总体而言，SVT并不比美国的M1伽兰德步枪差（在某些方面，如供弹方式等，甚至优于M1步枪），而且比早期的德国Gew41半自动步枪明显要好得多，如果当时苏联红军全面换装SVT的话，也许此枪在战争史上的地位能与M1伽兰德步枪相提并论。但由于SVT-40结构比较复杂，使用后擦拭非常困难，而偏偏当时苏联生产的枪弹使用的发射药具有腐蚀性，如果不勤加保养会导致枪的可靠性降低。另一方面，当时苏联步兵大多数都是农民出身，教育程度低，而且训练水平不足，在对枪支的保养方面没有精锐部队那般专业，于是就认为这种枪不好用。而训练水平和教育程度都相对较高的精锐部队，如海军步兵，则认为SVT-40比莫辛-纳甘步枪好得多，两种素质不同的部队得出两种不同的结论，这就很能说明问题。德军士兵和芬兰士兵的训练水平都比较好，而且教育程度也高，比大多数苏联农民更容易熟悉机械，这使得他们抓紧每个可能的机会尽量缴获一支SVT来使用。

枪中奇侠
——瑞典扬曼AG-42/42B 6.5mm半自动步枪

无论从哪个角度来衡量，瑞典在二战时生产的扬曼AG-42/42B步枪都是当时非常独特的一种半自动步枪。其不但是世界上第一支采用导气管(气吹)式自动原理的步枪，并且操作方式非常独特，瞄准机构也很有特色，综合来看堪称独树一帜。本文就带您领略这支独特的瑞典步枪。

生于乱世　独树一帜

瑞典东面与芬兰接壤，西面与挪威相邻，东濒波罗的海和卡特加特海峡，西南临北海，并与丹麦隔海相望。二战期间，位于瑞典西面的挪威被纳粹德国盘踞，而位于东面的芬兰由军力强盛的苏联控制。瑞典被夹逼在这两大势力集团之间，谨慎地保持着中立国的立场。在军事上，瑞典保有一定的实力，特别是在武器装备的研发和配备上不落人后。当时的现役部队和预备役部队大量装备了M1896、M96/38、M1938毛瑟旋转后拉枪机式步枪，M40拉蒂手枪，M1907勃朗宁手枪，M31苏米冲锋枪等。

当时，世界主要的军事大国刚刚开始在小规模范围内装备性能更加可靠的导气式半自动步枪，如美国M1伽兰德步枪、苏联托卡列夫SVT-38/40步枪和德国G41/43步枪等。瑞典的军事家们敏锐地认识到，他们装备的毛瑟步枪虽然性能优良，但很快就会过时。为了应对这种局面，他们研发出AG-42步枪。该枪最大的特点是采用了独特的导气管式(气吹式)自动原理，使得该枪成为世界上第一支采用这种原理的步枪。此外，该枪的操作方式也与其他枪械截然不同，在步枪发展史上可谓独树一帜。

瑞典独创　服役二十载

AG-42步枪的设计者埃里克·埃克隆是一名工程师，任职于瑞典小城马尔默的扬曼水泵公司，所以AG-42步枪也被称为扬曼(Ljungman)步枪。

该枪使用口径为6.5mm、弹壳长为55mm的瑞典制式步枪弹。其保险位于机匣尾端，有射击和保险两个位置。该枪在瑞典军队服役20余年，直到20世纪60年代中期，瑞典获得了HK G3A3（即AK4）步枪的生产权并开始

从上至下依次为瑞典AG－42B步枪、埃及哈希姆步枪、拉希德卡宾枪。三款枪由相同的设备生产，基本构造及使用方式相同

装备部队之后，AG－42步枪才结束了服役生涯。

20余年间，瑞典军队大约共装备了33000支AG－42步枪，由位于埃斯克通纳市的国有卡尔·古斯塔夫兵工厂生产，大部分步枪生产于1943～1945年间。二战后，瑞典将生产该枪的技术和设备一起卖给了埃及，被埃及用于生产8×57mm口径的哈希姆(Hakim)卡宾枪和7.62×39mm口径的拉希德(Rashid)卡宾枪。哈希姆卡宾枪和拉希德卡宾枪与AG－42步枪在结构和性能上大同小异。不过与AG－42不同的是，哈希姆步枪上设计了导气调节装置，可以根据情况调节导气量大小。

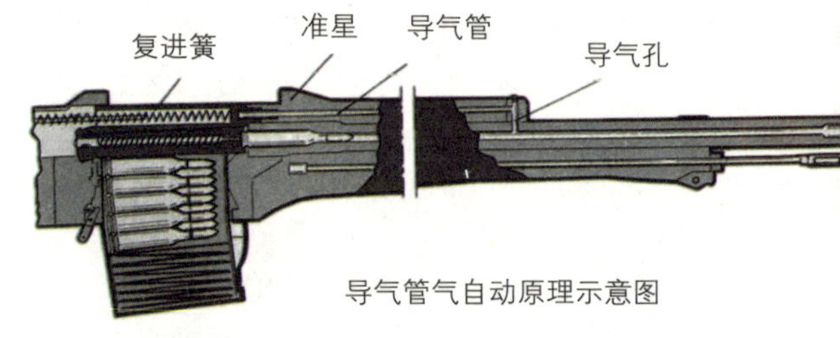

导气管气自动原理示意图

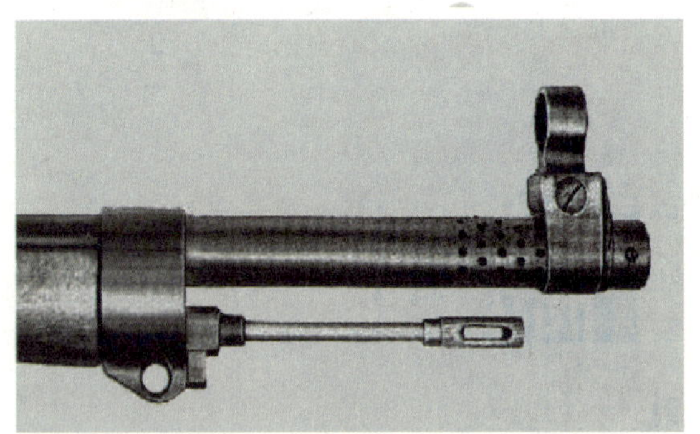

枪管前端设计有多个泄气孔，起到制退器的作用

三大特色　绝无仅有

特色一：率先采用导气管式自动原理

瑞典在研制扬曼AG－42步枪之前，其军队装备的制式步枪大部分是购自德国的毛瑟系步枪，只不过自己重新命名而已。这些毛瑟步枪虽然性能优良，但均采用旋转后拉枪机式的非自动方式，射速较慢，火力密度不足，难以跟上时代的需求。随着美国M1伽兰德步枪、苏联SVT－38/40步枪及德国G41步枪的列装，毛瑟系步枪更显落后。

针对毛瑟系步枪的不足，瑞典设计者开始设计新式武器，但他们并没有采用活塞式导气方式，而是采用导气管式原理。相对于前者，后

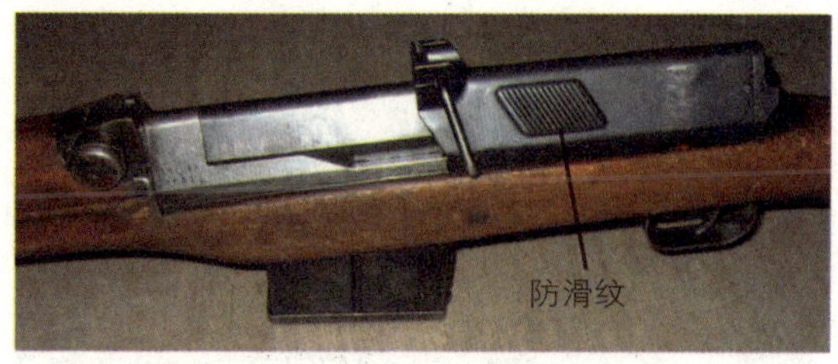

AG-42步枪的机匣盖，其上为防滑纹

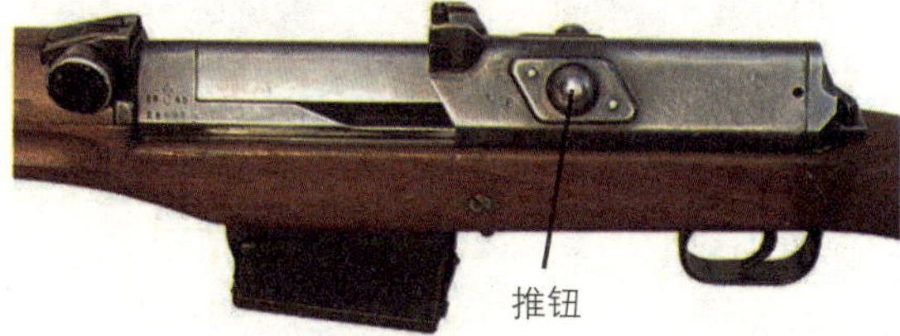

AG-42B步枪的机匣盖。与AG-42不同，其机匣盖上的防滑纹已改为推钮

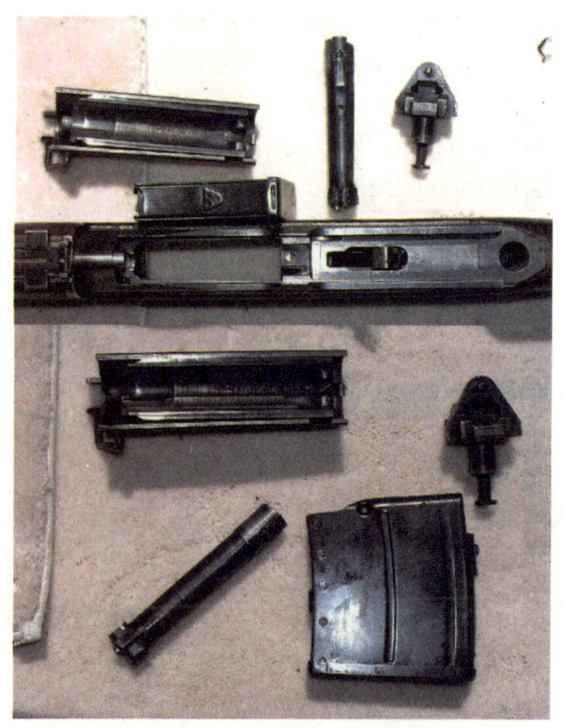
枪机组件不完全分解图

者的导气系统因没有活塞及活塞杆，结构相对更简单些。

在AG-42步枪中，导气管尾端对正枪机框上的盲孔。枪弹击发后，火药燃气通过导气管直接冲入枪机框的盲孔中，推动枪机框并带动枪机后坐。其结构与现在M16/M4步枪的导气管式原理稍有不同。后者是火药燃气在枪机框、枪机中的密闭气室中膨胀并推动枪机框后坐。虽然AG-42步枪会存在火药燃气外泄的问题，但它毕竟是世界上首支采用这种原理的步枪，为后续步枪的发展开了先河。

特色二：独特的操作方式

与同时代的半自动步枪不同，AG-42步枪没有设单独的拉机柄，一个称为机匣盖的零件起到拉机柄的作用。机匣盖前端连着复进簧及复进簧导杆，复进簧前端顶在枪机框尾端，平时由于复进簧的张力作用，枪机框/枪机位于前方位置(关闭弹膛位置)，机匣盖位于机匣尾端。需要向弹膛内供弹时，手抓住机匣盖顶端向前推到位后，机匣盖便与枪机框扣合在一起，此时复进簧被压缩。然后向后拉机匣盖，便带动枪机框/枪机一起后退，当机匣盖向后退到最后端位置时，枪机框与机匣盖脱开，在复进簧张力作用下，枪机框带动枪机复进，推弹入膛并闭锁，此时扣动扳机便可击发。枪弹击发后，枪机框带动枪机后坐、抽壳、抛壳，后坐到位后再复进、推弹入膛、闭锁，进入下一个射击循环。

除首发弹装填时机匣盖需前后移动外，后续弹在射击时机匣盖一直停留在后方位置，相当于起拉机柄作用的机匣盖不随枪机前后移动，就避免了射击过程中对射手产生影响或打手现象的发生。

特色三：灵活可调的瞄准系统

AG-42步枪的瞄准系统非常独特。该枪的照门安装了一个可以进行高低调节的鼓状装置，该装置在朝向射手的一侧有一个小显示窗口。当逆时针方向调节俯仰转螺时，这个小显示窗口会相应的显示出1～7的数字，分别代表100～700m的射击距离。这套瞄准系统在使用时便捷、准确，唯一的遗憾是照门不能在低于100m的射击范围内自由调节。

该枪的准星是一个带有保护罩的小圆柱体，安装在枪管前端的鸠尾槽上。准星可拆卸、更换，有多种不同型号，可以在不同的情况下与照门配合使用。

AG-42仅能发射尖头弹，后期型号AG-42B则不仅能发射尖头弹，而且能发射圆头弹。由于使用不同类型的枪弹，会产生不同的弹道轨迹，造成瞄准误差的不同。如AG-42B使用弹头质量10g的M94圆头弹时，初速约为700m/s；而使用弹头质量9g的M94/41尖头弹时，初速约为800m/s。显然尖头弹的弹道轨迹要比圆头弹的更为平直，而这种弹道差异在瞄准时就要通过对鼓状装置的调节进行校准。为了适应两种枪弹的发射，AG-42B步枪在瞄准系统上做了进一步改进和完善，其在小显示窗口的左侧刻有一条简洁的指示线，对尖头弹的校准在小显示窗口的左侧就可以完成，而对圆头弹的校准则需要在右侧完成。

射击精度较为理想

AG-42步枪是一支体型较大的步枪，它的长度约有1219mm，空枪质量约为4.7kg。它的外形常常让人联想起苏联的托卡列夫SVT-38/40半自动步枪和德国的G41半自动步枪。这样大的体型也并非全无益处，由于该枪较为沉重，同时使用了枪口制退器，因此在发射6.5×55mm枪弹时的后坐力显著减小，射击的精度较高。根据测试结果，该枪的射击精度能够达到1.5MOA。

此外，该枪使用两道火扳机，在扣引扳机过程中需要使用不同的扣力，通常第一段使用的力较小，第二段需要较大的力。这种设计的好处是，由于第一段已经开始施力，第二段的施力会逐渐加大，不会在不知不觉的情况下扣动扳机，减少急扣现象的发生。

改进型号更加优异

1953年~1956年间，埃克隆对AG-42步枪进行了改进，这就是上文提到的AG-42B步枪。与AG-42步枪相比，AG-42B步枪最明显的特征采用是不锈钢导气管，增强了其抗腐蚀

AG-42步枪的射击精度约1.5MOA，在半自动步枪中属于较高水平

性能，同时改进了扳机系统。

如上所述，老式的AG-42步枪主要使用M94/41尖头弹，所以在AG-42步枪的标示牌上常常会带有醒目的“Overslag”(M94/41尖头弹的主要生产地)字样，用以提醒射手在装填枪弹时注意枪弹型号。后来，改进的AG-42B步枪进一步完善了弹道误差校准系统，使该枪不仅可以使用尖头弹，还可以使用圆头弹，“Overslag”标记便从标示牌上抹掉了。

AG-42B步枪还对机匣盖的抓握部分进行了改进设计。在AG-42步枪上，为避免手滑，机匣盖两侧设计了倾斜的防滑纹，但据战场反馈，防滑纹作用不是很好。在AG-42B步枪中，防滑纹被改成两个向外突出的锥钮，通过铆钉固定在机匣盖外侧，使手抓握机匣盖并前后滑动时更加稳固。

另外，同样是根据战场反馈，AG-42B步枪在抛壳窗后侧增加了一个导壳板，使弹壳的抛出方向由直向右后方改为向右方或右前方，避免灼热的弹壳打到射手脸上，与后来M16步枪上采用的导壳板有异曲同工之妙。

AG-42步枪及其后的AG-42B步枪深受瑞典部队的喜爱，一直装备到20世纪50年代后期。尽管后来由更先进的武器取代，但它的推出，为后来导气管式自动原理的采用起到了奠基作用，值得仔细研究。

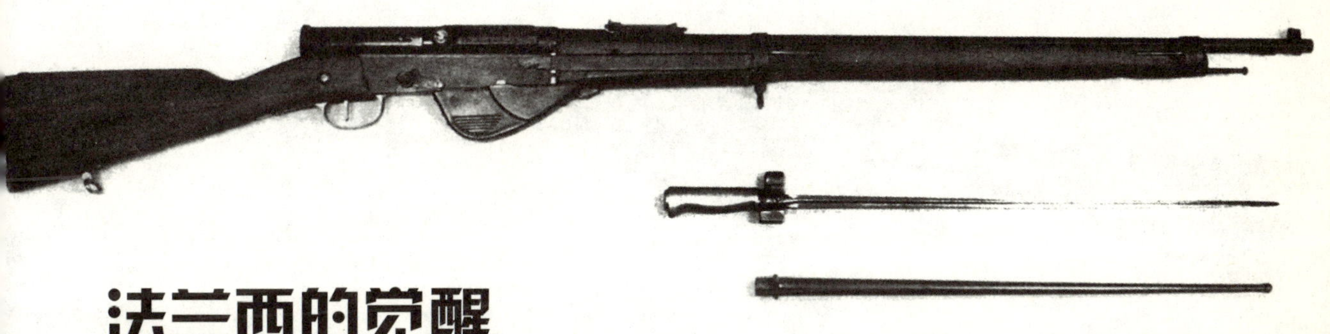

法兰西的觉醒
——法国M1917半自动步枪

第一次世界大战开始之际，一些法国官员对本国军队尚没有一款国产半自动步枪深感遗憾，因此法国的许多设计师和技术人员开始相继研制新型半自动步枪。其中由萨特和昌查德（Chauchat）上校共同研制的一款类似于勒贝尔M1886–93步枪的半自动步枪的性能最为优越。

1916年，工厂制造出1013支样枪，其中843支送到军队进行测试，并最终于1916年5月采用，命名为M1917半自动步枪。不过，该枪在加工过程中遇到了许多技术问题，因此直到1917年4月1日才开始正式批量生产。到1918年9月30日，共生产出85333支样枪，这样的生产速度在当时是非常惊人的。

由于M1917半自动步枪的装备，法国成为第一个将半自动步枪应用于战场的国家，但由于该枪经常出现故障，需要频繁修理，因此主要配备给一些维修能力和专业技能较强的优秀射手使用。

结构探究

M1917半自动步枪借鉴了勒贝尔M1886–93步枪的一些部件，包括枪托、下护手、背带环以及枪托底板等，而枪管、瞄具和刺刀则采用法国Berthier M1916旋转后拉枪机式

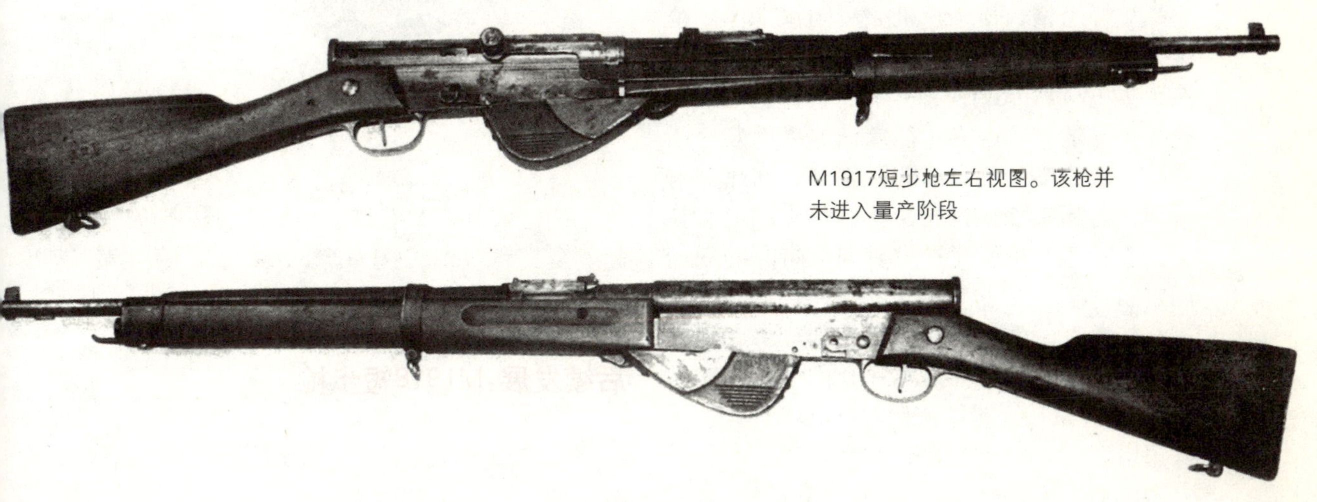

M1917短步枪左右视图。该枪并未进入量产阶段

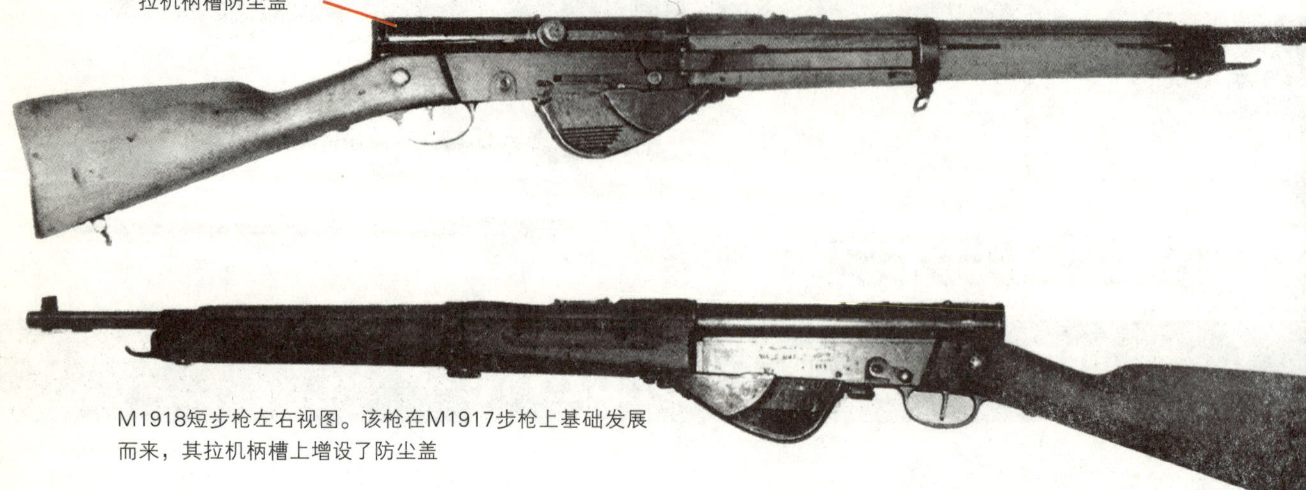

M1918短步枪左右视图。该枪在M1917步枪上基础发展而来，其拉机柄槽上增设了防尘盖

步枪的形式。该枪采用导气式自动原理，发射8mm勒贝尔枪弹，活塞设置在下护木中。其发射机构由扳机、阻铁和击锤等组成。机匣上半部分为圆柱形，后端旋有机匣尾盖。闭锁槽位于机匣前端内部，空仓挂机机构位于机匣右侧，当其进入活塞杆底部的凹槽内时，可完成空仓挂机动作，使枪机停留在机匣后端。保险杆位于机匣左侧，顺时针转动至“S”位置时，表示保险位置;逆时针转动至“F”位置时，表示可发射位置。

该枪枪机由枪机框和机头组成。枪机框通过拉机柄与活塞杆连接在一起；机头的闭锁突笋共6个，分两排排列。枪管节套尾端带有螺旋导引槽，便于枪机完成闭锁动作。枪管采用4条右旋膛线，导程240mm。导气孔在距离枪口140mm处，并装有气体调节器。枪身前端的护手内有一活塞筒，内部装有活塞，活塞后端为长扁形的活塞杆，其尾部有一曲面，用来挡住抛壳窗。机匣左侧刻有铭文，下护手和枪管通过设有前背带环的铁箍固定在一起。

装弹时，先将枪弹装在曼利夏平底弹夹内，再将弹夹装在固定式弹仓内。该弹夹与Berthier M1916步枪使用的弹夹不可互换，其采用平底结构，并且未设定位装置。

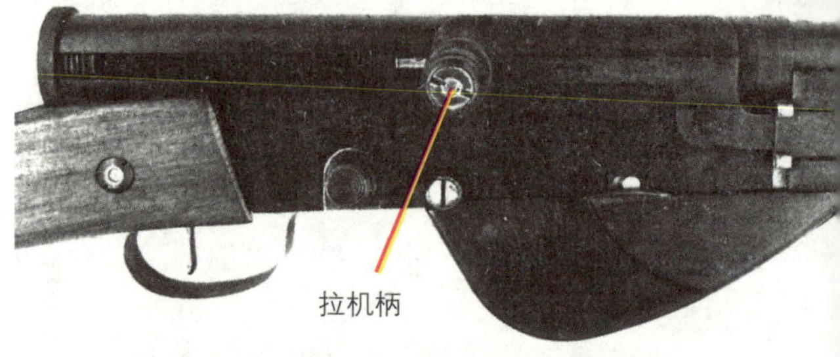

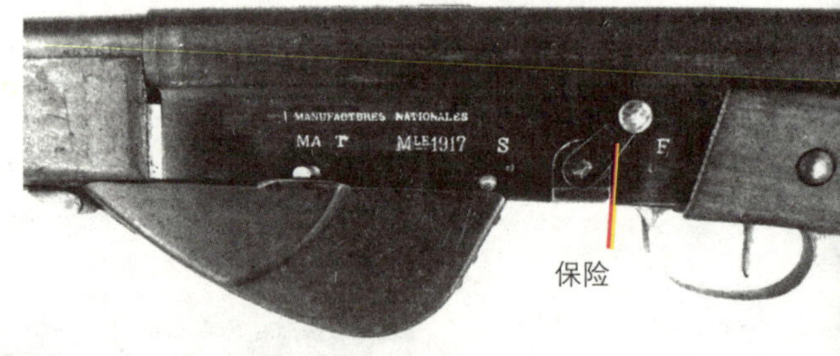

M1917半自动步枪机匣特写

该枪采用M1886/93/15步枪的棱形枪刺，枪刺全长635mm，刺身长518mm，刺柄采用黄铜、白铜合金或钢制成。

后续发展：M1918短步枪

M1917研制成功后，又研制出其较短的

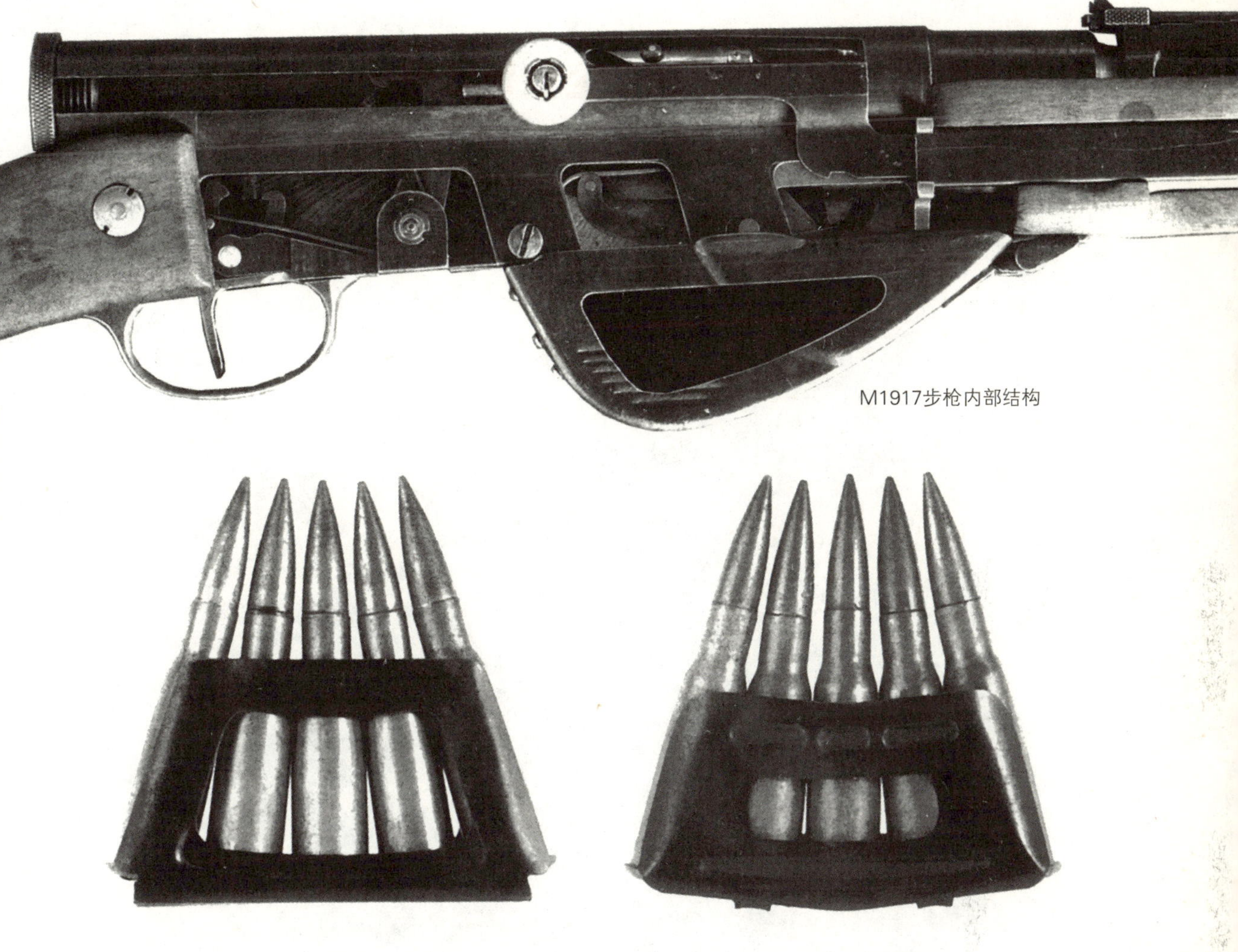

M1917步枪内部结构

两种弹夹对比。左为用于M1917半自动步枪的5发弹夹，右为Berthier M1916步枪的5发弹夹

版本，称为M1917短步枪，以适合在战壕战中使用。但该枪仅停留在试验阶段，未进行批量生产。随后又研制出了该枪的改进型M1918短步枪。M1918短步枪的拉机柄槽设有防尘盖，可避免灰尘进入枪械内部。其采用Berthier M1916弹夹，并对弹仓底盖的锁定机构进行了改进。

M1918短步枪的测试试验于1918年夏天进行，但是由于某些反对意见，当年11月才开始生产，并且仅限于4000名特种人员使用。遗憾的是，该枪采用后不久便被使用新材料的武器所取代。

不能遗忘的纪念

M1917半自动步枪由于设计时间仓促，枪弹匹配性较差，因此发展之路极为短暂。该枪受灰尘、风沙、泥浆影响较大，容易出现故障，但其作为法国采用的第一支半自动步枪，并在战场上实战应用，为后续半自动步枪的发展做出了不可磨灭的贡献。

第三章 全自动步枪

美国勃朗宁M1918（BAR）自动步枪是公认的世界上最早大量装备军队的全自动步枪

圣彼得堡的炮兵、工程兵和通信兵博物馆里展出的
费德洛夫标准型M1916自动步枪

现代突击步枪的先驱者——苏联费德洛夫M1916 6.5mm自动步枪

费德洛夫M1916 6.5mm自动步枪是一支火力凶猛、轻便灵活的自动步枪，其优异的战斗性能在第一次世界大战中有目共睹。由于当时还未出现中间型枪弹、突击步枪、枪族这些概念，可以说，费德洛夫M1916是现代突击步枪的先驱，具有划时代的超前意义。

俄罗斯的自动枪概念

按照中国的习惯，我们把M1916称为自动步枪，因为该枪是单兵操作的武器、可连发发射、使用全尺寸步枪弹。但是俄罗斯则把该枪称为自动枪，自动枪是苏联/俄罗斯长期使用的一个概念，包括发射手枪弹的冲锋枪、发射中间型枪弹的突击步枪和发射全尺寸步枪弹的自动步枪。M1916是俄罗斯第一支自动枪。而俄文中的自动装填步枪则是指半自动步枪。建国初期，由于翻译苏军资料，我军有些书籍中将AK47也称为自动枪，后来改称冲锋枪，直到20世纪70年代末才称为突击步枪。

俄罗斯自动武器之父

弗拉基米尔·格里高利耶维奇·费德洛夫（1874－1966）被称为俄罗斯自动武器之父。他出生于圣彼得堡的一个法学院管理员家庭，1895年毕业于米哈伊洛夫斯克炮兵学校，此后在沙皇近卫军第1炮兵旅任排长。1897年考入米哈伊洛夫斯克炮兵学院，1900年毕业。毕业后费德洛夫开始在炮兵委员会军械科工作，并同时进行武器科研与设计（按照苏联、俄罗斯的体制，轻武器研制由炮兵负责），从改进莫辛–纳甘步枪开始，直到在M1916自动步枪基础上发展的枪族，他共研制了20多种武器。

费德洛夫除了从事武器研究工作外，还出版了许多著作。1907年出版了《自动武器》，1931年出版了《自动武器装置基础》，1934年出版了《轻武器的构图与技术条件》，这些著作对培养年轻的苏维埃军械师、设计师和工艺师起了重要的作用。此外，费德洛夫

还对俄国冷兵器及轻武器发展史兴趣浓厚，1938～1939年出版了两卷本《轻武器的演变》、三卷本《时代之交的武器》，1949年出版了《关于炮在罗斯出现的时间》，他认为古罗斯（今俄罗斯）第一门炮出现于1382年。

苏联政府高度评价了费德洛夫的工作，并授予他“劳动英雄”称号、两枚列宁勋章、一枚一级卫国战争勋章以及红星奖章等，他还获得工程学博士学位、教授职称、技术中将军衔。由于设计了俄罗斯第一支自动枪，所以费德洛夫也被称为俄罗斯自动武器之父。

1915年的费德洛夫大尉

M1916研制历程

1905年，费德洛夫将莫辛–纳甘M1891弹仓式步枪改进成半自动步枪，这支样枪现在保存在圣彼得堡的炮兵、工程兵和通信兵博物馆里。1907年，又研制出全新的7.62mm半自动步枪，该枪称为M1912 7.62mm半自动步枪，发射7.62mm突缘弹，采用枪管短后坐式自动方式，双卡笋摆动闭锁机构，后来在此基础上发展出了十几种枪械。

1913年，他又设计出6.5mm半自动步枪和6.5mm枪弹，称为费德洛夫M1913半自动步枪及枪弹。

1916年，为了增强火力，他把M1913半自动步枪改造为自动步枪，改后的产品即M1916自动步枪。他在回忆M1916的发明过程时写道：“发明自动枪的直接动力来自第一次世界大战的战斗经验。在这场战争中，轻机枪的使用有着特殊的意义……在战斗经验的基础上改进轻机枪的必要性已经具备重要的现实意义……考虑到沙皇俄国时期武器设计的条件，唯一的出路就是改造我自己的自动装填步枪。它需要被改造成在一定程度上类似于机枪的武器，也就是轻机枪（机枪在最初被称作轻机枪）。”

十月革命后，费德洛夫把M1916扩展为一个枪族，包括自动步枪、轻机枪、坦克机枪、航空机枪等。

1923年，他在总结M1916在战争中应用经验的基础上又对其结构做了一些改进：机匣上方增加了弹夹插槽；为了避免供弹故障，改变了托弹板的形状；改进了保险机构和瞄具；准星添加了护圈。转产改进后，之前生产的枪支被召回工厂进行改造。

1925年，苏军决定轻武器统一使用7.62mm枪弹，费德洛夫又重新研制7.62mm半自动步枪。当时论证要求是要设计出一种质量4kg、使用7.62mm标准步枪弹。并带有可控制单发和连发的快慢机以及有刃的枪刺的步枪。费德洛夫、托卡列夫、杰格佳廖夫研制的三种步枪通过了国家靶场试验，但都没有满足红军简单、坚固、可靠的3个原则性要求。

性能突出的枪弹

M1916采用6.5mm口径。曾经有两种说法，一是该枪使用日本的6.5mm有坂步枪弹，二是使用费德洛夫研制的6.5mm步枪弹。经测量验证，该枪的弹匣确实可以装填6.5mm有坂步枪弹。

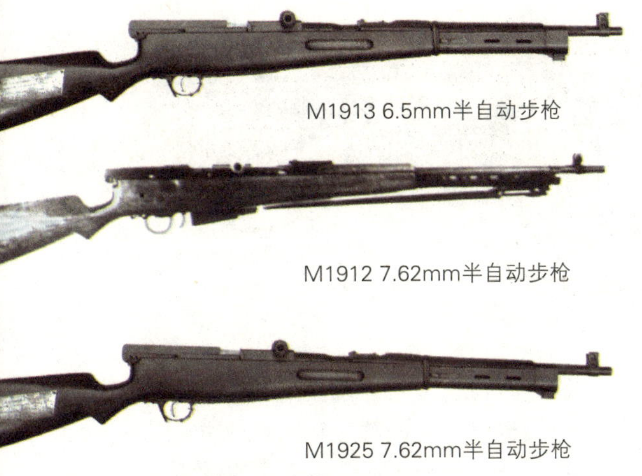

M1913 6.5mm半自动步枪

M1912 7.62mm半自动步枪

M1925 7.62mm半自动步枪

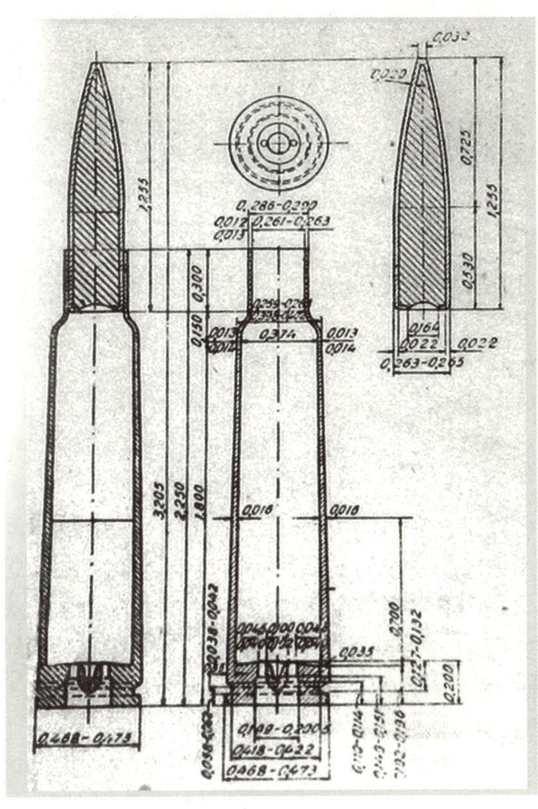

6.5mm新枪弹

由莫辛-纳甘M1891弹仓式步枪改进的半自动步枪

最新的资料揭开了这个谜团。在1905年把莫辛-纳甘M1891弹仓式步枪改为半自动步枪之后，费德洛夫认识到需要减小武器口径，以便于射手在快速射击时控制武器，而且可以提高携弹量；还要使用无突缘或半突缘弹壳的枪弹，以减少供弹故障。当时最接近这一要求的只有日本的6.5mm有坂步枪弹，但费德洛夫对该弹性能并不满意，因为M1916枪管较短，发射有坂步枪弹的初速只有660m/s。因此在1909～1913年间，费德洛夫在设计新步枪的同时研制了弹道性能更好的新6.5mm枪弹。但1914年第一次世界大战开始后，俄国步枪生产能力严重不足，所以没有能力投产新的6.5mm枪弹，只好采用库存很多的有坂步枪弹供应当时装备北方舰队等部队的费德洛夫自动枪。

武器结构内窥

M1916采用枪管短后坐式工作原理，双卡笋摆动式闭锁机构。枪管可在金属护筒内向后滑动8mm。为提高散热效果，枪管表面开有

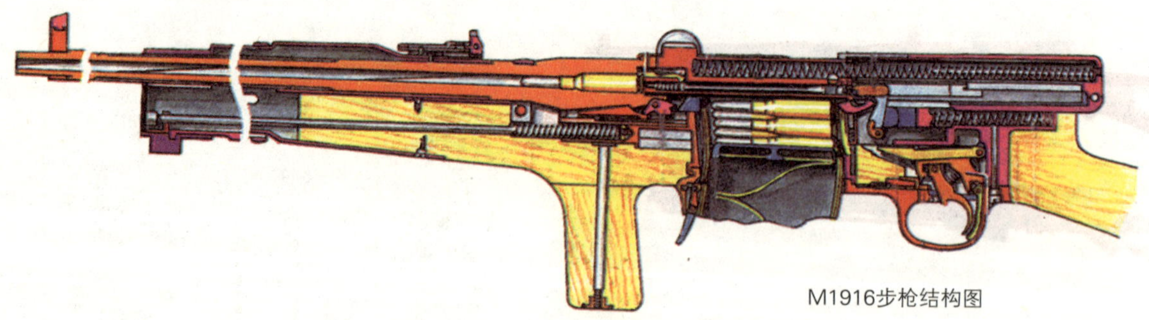
M1916步枪结构图

纵槽。击发后，枪管后退迫使节套两侧的闭锁卡笋向下摆动，闭锁卡笋和枪机解脱。开锁后，枪机继续后坐，完成抽壳、抛壳动作。机匣上部开有抛壳窗，机头上方有抽壳钩，抛壳挺固定在机匣下方，向上抛出弹壳。枪管节套下方有枪管复进装置，向前推动枪管复位。枪机后方有复进簧和复进簧导杆，枪机后坐到位后，复进簧推动枪机向前，从弹匣中推弹上膛，同时迫使闭锁卡笋向上摆动，与枪机扣合实现闭锁。

由于采用枪管短后坐式工作原理，手动操作拉机柄时，开锁前需要拉动枪机和枪管一起后退，初始拉力较大；而卡笋摆动式闭锁方式的开锁过程短，开锁后的拉力突然变小，显得过于“生硬”。基于上述两点，费德洛夫专门设计了一个很大的球形拉机柄，将其置于枪身右侧，上面还刻有防滑花纹，便于用力。尽管如此补救，拉动拉机柄时还是明显感到别扭，相比之下，AK47（采用枪机回转式闭锁机构）的拉力在整个行程内均匀一致，操作舒服多了。

该枪采用机加工机匣，转动机匣右后方的卡笋，可打开机匣上盖，便于排除故障。这种设计被后来很多苏式武器所采用，如SKS半自动步枪、AK系列突击步枪等。

M1916的发射机构采用回转式击锤，尽管该枪外表粗糙，但发射机构加工比较精细，80多年前生产的武器，现在做击发动作仍然干脆有力。

保险装在扳机右侧中间，快慢机位于扳机后方。由于是半自动武器改成的自动武器，最初设计时没有考虑自动发射，不得已采用保险和快慢机分离的做法，实际操作并不方便。多年后，美国把M1半自动卡宾枪改成全自动时，也不得不在枪身左侧单独设置快慢机。

该枪采用25发交错排列的弧形弹匣供弹，弹匣卡笋在弹匣前方，有前握把阻挡，不易误操作。1923年改进型的机匣上方有弹夹槽，也可以直接利用日本步枪的5发桥夹压弹。

M1916采用弯枪托加前握把的布局，这在现代自动武器中比较少见。护木下方装有前握把（一般装于扳机护圈前方，现代步枪大多通过导轨加装），有利于连发时控制枪身跳动，这是一个很先进的想法。虽然现在我们知道小握把（一般装于扳机护圈后侧，样式像手枪握把，如AK47、FN FAL等均有小握把）更有利于控制自动武器，但在1916年，可以借鉴的经验太少了。该枪枪托上方是个前窄后宽的平面，与莫辛-纳甘步枪非常相像，这样设计便于原生产莫辛-纳甘步枪的工厂转产。尽管该枪没有小握把，但由于枪身较短、有前握把、质心位置合适，因而操作灵活，据枪舒适稳固。

该枪准星可以左右调整，采用立框表尺，V形缺口照门。表尺分轻弹、重弹用两种，最大射程2000m。

采用可卸式单刃偏锋刺刀，刺刀挂环套在枪管上，刺刀尾部和枪管护筒下方的T形槽连接。

由于M1916采用枪管短后坐式工作原理、双卡笋摆动式闭锁机构，因而导致全枪结构过于复杂，零件多，分解结合、擦拭保养极不

圣彼得堡的炮兵、工程兵和通信兵博物馆里展出的莫辛-纳甘改半自动步枪（上）、M1925半自动步枪（中）及M1912半自动步枪（下）

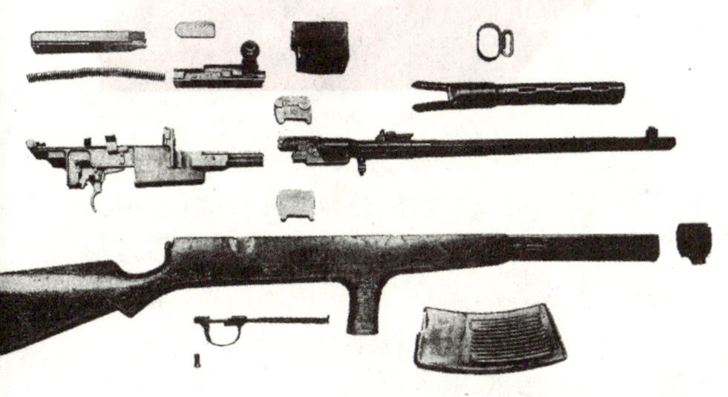

M1916步枪分解图

方便。该枪把大部分可能刮伤人的零部件都设计成圆角，从人机工程角度看很好，但大大增加了加工时间。该枪从外部的节套、拉机柄、护筒，到内部的击锤等许多零部件上都打有枪号，可见当时苏联的生产工艺还不能保证零件的通用性。总之，这是一支难以生产的武器。

生产数量知多少

1916年的一年时间里，M1916共生产了200支。

十月革命胜利后，1918年，费德洛夫着手组织该枪的生产，但由于沙俄时期留下的经济基础非常薄弱，加上内战的影响，人才、设备、材料等方面都遇到巨大困难。

1920年2月，一支M1916被送往共和国革命军事委员会，并得到加米涅夫的赏识。1920年2月6日，革命军事委员会司令部发给军需特派员的电报中写道：“司令在了解了费德洛夫的枪之后认为，不管从技术上还是应用上都是非常出色的，于是要求采取一切措施提高其产量。”

筹备生产M1916的工作进展得十分顺利。1920年9月生产了第一批枪，年底之前已经出产了100支。生产效率逐渐提高，很快就达到了每月生产50支的产量。1921年4月，军事工业委员会指出M1916已经可以批量生产。杰格佳廖夫在回忆录中写道：“苏维埃时期的M1916是国内战争时期供给在各前线作战红军的第一批重要军备来源。”

伏龙芝是最早对自动枪意义做出评价的

M1916步枪枪身特写

人之一。他在得知自动枪出产的消息后，很快（1920年10月14日）就给加米涅夫发去电报，请求给他当时率领的南方方面军配发一批这种新型武器。

内战结束后，由于大量军人复员、工厂技术人员得到补充，生产也有所扩大。从1922年10月1日到1923年10月1日的计划产量为600支，但实际上生产了822支。从现有资料看，到1925年10月1日停产前，M1916共生产了3200支。目前能看到的M1916枪号都是4位数，也证明了这一点。2448号枪保存在中国人民革命军事博物馆，2173号枪保存在圣彼得堡的炮兵、工程兵和通信兵博物馆，2428号、2487号、2802号保存在图拉。24××号应该是1923～1924年的产品。

实战中受检验

1916年，由于M1916产量只有200支，俄军只有1个在奥拉宁鲍姆军官射击学校受过严格训练的步兵连使用该枪参加了第一次世界大战，但由于一战以阵地战为主，而这种新式武器数量又太少，因此并没有对战局产生影响。

1921～1922年，苏联红军在卡累利阿冬季战役时期，由国际军事学校组成的步兵连曾取得了重大胜利，这个分队装备的是莫辛-纳甘M1891步枪和费德洛夫M1916自动枪。在战斗结束后红军总结经验时，认为“需要装备轻型机枪，自动枪需要足够两次战斗使用的弹药”。

红军高等射击学校校长菲拉托夫在1922年总结M1916在国内战争前线战斗中的使用经验时写道：“来自前线的报告表明，在装备有自动枪并且拥有训练有素的射手分队中，自动枪得到了成功的使用。”

当然，也有一些不令人满意的地方。红军炮兵委员会在1928年2月27日的一份文件中记录：“无产阶级师莫斯科团曾经装备这种自动

1921年参考刘易斯机枪设计的气冷轻机枪

1922年研制的费德洛夫-什帕金双联装机枪

1922年研制的速换管型气冷轻机枪

1925年研制的费德洛夫-杰格佳廖夫三联装航空机枪

枪，但在1928年，这些枪被撤下并存入仓库。通过在军队中的考验表明，M1916对于实战应用来说杀伤力不足，且在过热或被污染的条件下不能发射。此外，在连续射击中往往只有第一批枪弹能准确命中目标，然后就会出现整梭枪弹偏离弹道错过目标的情况，射击也就变得毫无作用。”从现在的观点看，这些问题主要是由于当时的红军战士不熟悉自动武器，即使现在的自动步枪，也主要以短点射为主。

广博的费德洛夫枪族

从1921年开始，在M1916的基础上，费德洛夫开始了标准化研究。标准化的实质在于武器的自动装置都有统一的结构，只是细节部位有所差异。武器的标准化具有重要的意义，可以简化武器的生产和维修，节约开支，易于投产新的枪型，并且加快武器装备军队的速度，也使战士们可以很快掌握新型武器的使用。

费德洛夫有一个宏大的计划，此计划中包含13种自动武器：自动卡宾枪、自动装填步枪（半自动步枪）、自动枪、快速更换枪管的轻机枪、水冷式轻机枪、气冷式轻机枪、坦克机枪、航空机枪、双联装航空机枪、三联装航空机枪、轻便重机枪、重机枪、反战斗机机枪。

1921年，费德洛夫与杰格佳廖夫根据英国的刘易斯M1915轻机枪研制了6.5mm气冷式轻机枪，该枪的一大特点就是枪管外装有一个有纵向棱的铝质散热器，这些棱可以大大增加枪管与空气的接触面。该枪射击时枪口前方冲出的火药燃气可以产生引流作用，从散热器后方抽进空气以冷却枪管。

1922年，费德洛夫与杰格佳廖夫研制了更多的6.5mm轻机枪的样枪，其中一支样枪有一个带有金属帽的短握把，在其前端有一个带小孔的突耳用来连接脚架。另一种机枪的金属护筒上有一个椭圆形的散热窗，在接近枪口的位置安装了一套轻巧的脚架。枪管表面增加了横向的环状棱，枪管可以快速更换。

两位大师还在马克沁重机枪的基础上设

计出水冷式轻机枪。其枪托前端是圆柱形的机匣，机匣右边的小孔可以用来注水，底端的支架用来固定两脚架，带调节器的小孔用来放水。

费德洛夫与什帕金一起还研制了6.5mm双联装轻机枪，这种枪由两支抛壳窗向下的枪身构成，两个弧形弹匣从上方插入。为了操作方便，左边的枪身拉机柄和枪管卡笋安装在左侧。该枪借鉴了费德洛夫-杰格佳廖夫设计的快速更换枪管的特点。机枪包括两副机匣，并有固定支架、握把和枪托，击发装置可以操纵左右机枪依次射击。

伊万诺夫在费德洛夫-什帕金6.5mm双联装轻机枪的基础上研制了费德洛夫双联装坦克机枪。该枪有两副机匣，设有球形旋转枪架、手枪式握把、扳机护圈和枪托。这种机枪安装在苏联早期的轻型坦克炮塔右侧面。

为了适应红军对航空机枪的需求，费德洛夫和杰格佳廖夫研制出很多不同的方案。他们在1922年制出了第一支6.5mm航空用机枪，其枪管装有散热用的纵向棱，短枪托以及带有金属帽的前托采用木质材料。前托上的连轴用来将枪固定在飞机上，由此借助枢轴结构可使枪在各种瞄准角度下开火，弹匣呈半圆形。但是100发/min的实际射速在空战中还是显然太小。

为了提高战斗射速，设计师们研制出6.5mm双联装航空机枪，战斗射速达到250发/min。机枪由两支无枪托的枪身组成。为方便使用50发弹盘，两支枪身安装在不同的水平面上，左低右高。两支枪身之间是共用枪托，击发装置可使两枪同时发射。

1925年，费德洛夫和杰格佳廖夫又设计出6.5mm三联装航空机枪，位于中间枪身的击发装置可以控制三枪同时射击，战斗射速达到400发 / min。

1937年 2 月，苏联国防工业人民委员会在一份报告中高度评价了费德洛夫开创的标准化思想。这份报告指出："国防工业的任务在于保证所有的国防工业产品能在收到动员令时在其他工厂的协助下得到大规模的使用。实现这项任务的一个强有力的手段就是产品及部件的标准化、完全实现产品及工具配件的可替代原则，以及原材料的规范化和标准化……只有在组织生产中完全实现这些原则，才有可能保证国防产品的大规模生产。"

1925年研制的双联装坦克机枪

1922年参考马克沁机枪研制的水冷轻机枪

1922年研制的航空机枪

意犹未尽　感慨良多

费德洛夫M1916作为红军武器装备一直持续到1928年。同时期美国、德国研制的自动步枪，虽然都可以单兵操作，但长度、质量偏大，比较适合火力支援用途。M1916则独树一帜，这支火力猛烈、轻便灵活的自动步枪可以看作是现代突击步枪的先驱，具有划时代的意

1922年，苏联轻武器研制人员的合影

义。

M1916的成功在于它选择了低后坐力的6.5mm枪弹，其后来停产的主要原因是1924年红军决定只能使用7.62mm枪弹。从枪／弹系统设计的角度看，苏联步枪假如沿降低枪弹威力这条路再走一步，就成了现代突击步枪，但后来苏联红军回到老式手动步枪的弯路上，没有跨过这一步，主要原因不是技术问题，而是拘囿于当时红军的战术理论。

M1916代表了步兵武器自动化的正确方向，但在20世纪20年代，苏联实现工业化之前，无法大量生产这些结构复杂的自动武器。相对于M1916 600～800支的年产量而言，30年代末期，苏联实现了工业化之后建立的新枪厂，托卡列夫半自动步枪的日产量竟高达1000支。M1916可谓生不逢时。

此外，费德洛夫提出的枪族化先进概念，后来在杰格佳廖夫机枪上实现了（轻机枪、坦克机枪、航空机枪），但用一种自动机构统一自动武器，这个先进概念不但在当时过于超前，即使在今天也未能实现。冲击这一高度的是斯通纳枪族，后来也无果而终。

芬兰士兵（左）使用缴获的M1916步枪

众所周知，简单、坚固、可靠是俄罗斯自动武器的典型特征，M1916及其枪族也展示了俄罗斯轻武器大胆创新的一面。从中也可看到，俄罗斯轻武器发展的思路是一方面鼓励科研人员大胆研究，另一方面军方谨慎选择，这样既能保证军队使用简单、坚固、可靠的优秀武器，同时又进行大量技术储备和理论创新，当今出现阿巴甘这样先进的突击步枪即是这个政策的结果。

步枪乎？机枪乎？——

美国M1918（BAR）全自动步枪过往旧事

美军轻武器装备历史上，有一种枪械颇具色彩，它虽被命名为步枪，但当时装备它的美国陆军和海军陆战队却将其当作轻机枪使用，它便是BAR——勃朗宁自动步枪。让我们走进BAR的年代，探寻它的幕后故事……

BAR的全称为“勃朗宁自动步枪”(Browning Automatic Rifle)，虽然被

勃朗宁M1918A2自动步枪

称为步枪，但该枪经常被当作轻机枪使用，并且在轻机枪发展史上起到了不可磨灭的作用。美军M249轻机枪射手的军事职能叫做“自动步枪手”(Automatic Rifleman)，这一名称其实就源自当年BAR射手在美军步兵班中的军事职能。

战场需要促进BAR诞生

美国在加入一战前曾少量试装备过一些外国和本国设计的机枪，但由于官僚主义的优柔寡断和缺乏实践的军事理论，并没有大量列装。结果当美国在1917年4月6日向德国宣战，在以机枪火力为主的堑壕战中，抵达法国的美国远征军只有670挺哈奇开斯M1909机枪、282挺M1904马克沁机枪和158挺柯尔特M1895机枪与敌人对抗。由于武器和弹药严重不足，美国远征军只能由法国和英国补充部分装备。法国为其提供了M1915绍沙轻机枪，该枪发射的8mm勒贝尔弹不能与美军武器通用，而且此枪问题颇多，但在行进间射击中，美国远征军中只有这种武器可供使用，其他机枪则因为太重而无法在行进中使用，美国远征军不得不暂时勉强使用这种武器。鉴于轻机枪的严重短缺，美国军方认为必须尽快重整军备。

恰在此时，约翰·勃朗宁带了两种新设计的自动武器到华盛顿进行推广演示，其中一种是水冷式重机枪，而另一种就是可以供步兵在行进间射击的自动步枪。这两种武器均采用美国0.30−06斯普林菲尔德步枪弹。公开展示中，在包括军事高官、国会议员、外国政要和媒体记者共300多人的围观下，勃朗宁对这两种武器进行了实弹射击演示，令人印象深刻。

后来，美国陆军军械官员在斯普林菲尔德兵工厂对这两种武器做了进一步试验，于1917年5月正式决定采用。但为了避免产生混淆，采用弹链供弹的水冷式重机枪被命名为M1917勃朗宁重机枪，而采用弹匣供弹的自动步枪则有意被命名为M1918勃朗宁自动步枪，即BAR，虽然两者定型的时间都是1917年。

多家公司共同生产

1917年7月16日，柯尔特公司得到了一份12000支BAR的生产合同，并获得了独家生产权。但当时柯尔特公司正在全力满足英国陆军维克斯机枪的生产合同，只能推迟BAR的生产，同时设法扩大在康涅狄格州的新工厂。

在军方迫切需要新武器、而柯尔特公司无法立即投产BAR的情况下，美国陆军又将

勃朗宁（左）和温彻斯特兵工厂的经理在一起探讨BAR自动步枪

温彻斯特公司指定为BAR的主要承包商。温彻斯特公司在做生产准备的同时，其技术人员协助完成了BAR的生产型设计，该生产型与原型的最大区别是将抛壳方式由向上抛改为向右抛。

但温彻斯特公司的BAR同样迟迟没有开始生产，在军方的多番催促下，直到1918年2月温彻斯特公司才急急忙忙地启动了BAR的生产线。当首批生产的1800支交付使用时，却发现许多枪的部件不能互换。温彻斯特公司不得不暂停生产，重新对生产工艺进行改进。在改进完成后，温彻斯特公司获得了一份25000支BAR的生产合同，他们在1918年6月再次全面投产，当月就交付了4000支枪，7月又交付了9000支。

当温彻斯特公司进入满负荷运作时，柯尔特公司和马林·罗克韦尔公司也开始投产BAR。不过马林·罗克韦尔公司所获得的生

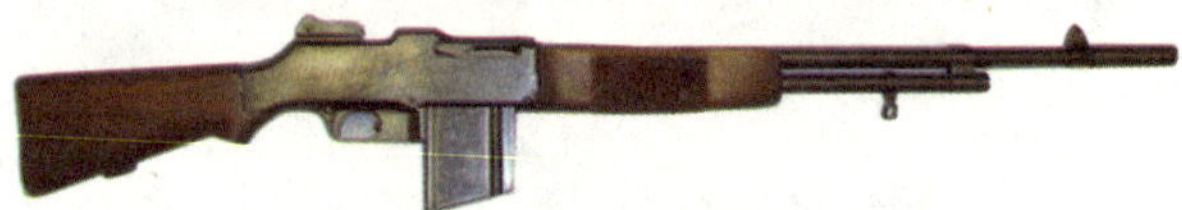
早期的M1918勃朗宁自动步枪(BAR)

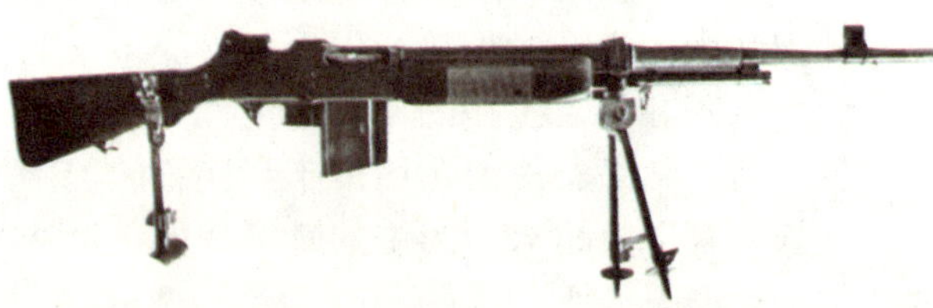
第一次改进后的型号——M1922轻机枪，该枪只少量装备美骑兵

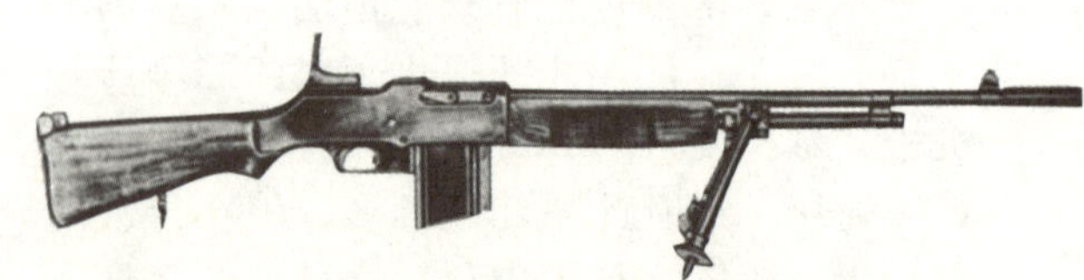
第二次改进后的型号——M1918A1

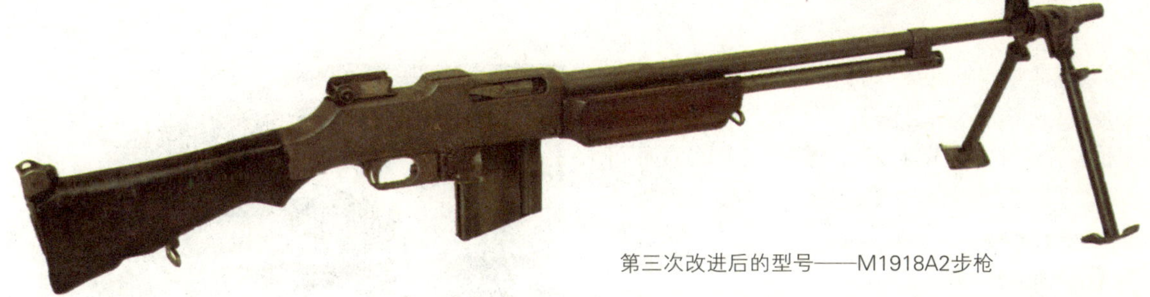
第三次改进后的型号——M1918A2步枪

产合同是为比利时政府生产该枪。这三家公司一起生产时，日产量达到706支，至一战结束时共交付了约52000支BAR。1918～1919年间，又生产了102125支，其中柯尔特公司生产了16000支，温彻斯特公司生产了47123支，马林·罗克韦尔公司生产了39002支。

结构特点展现

BAR是一种可单、连发发射的自动步枪，快慢机位于机匣左侧，分别有保险"S"、单发"F"和连发"A"三挡。其采用活塞长行程导气式工作原理，枪机偏移式闭锁方式，开膛待击。导气装置设在枪管下方。机匣是由一整块钢机加工而成，拉机柄位于机匣左侧。枪管长610mm，其是拧进机匣前端的枪管节套上，不能快速拆卸。枪口安装有柱形消焰/制退器。枪托为木制，机械瞄具由柱形准星和表尺组成，表尺射程91.4～1371m(100～1500码)。供弹具为20发双排盒式弹匣，据说还研制过40发容弹量的防空弹匣，但从1927年后就全部弃用。BAR的设计中本来包含有刺刀，但没有大量生产，因此保存到今天的极为罕见，刺刀使用时安装在消焰器下方。

由于BAR是为步兵行进间射击而设计的，因此配备了一种专门的弹匣带，其右侧有一金属"杯"，可将枪托底部插入其中。

一战时期，BAR在国会议员面前演示，该枪性能出色，给大家留下了深刻的印象

该弹匣带有4个口袋，每个口袋中可装入2个20发弹匣，另外，还有一个可容纳M1911手枪的2个7发弹匣的口袋。弹匣带上的索环可加挂手枪套、水壶、急救包等物品。此外还有一种“副射手”弹匣带，其上有4个容纳BAR弹匣的口袋。

BAR是在1918年7月开始运抵法国的，第一支使用该武器的部队是美国陆军第79步兵师，首次投入实战是在1918年9月13日。值得一提的是，约翰·勃朗宁的儿子范·阿尔文·勃朗宁少尉在当时的战斗中使用了他父亲设计的武器。

尽管BAR是在一战末期才投入使用的，但仍给盟友留下了很深的印象。后来法国订购了15000支BAR以取代极不可靠的绍沙轻机枪。

约翰·勃朗宁的儿子范·阿尔文·勃朗宁少尉在战争中也使用了其父亲设计的BAR步枪

多次重大改进

一战结束后，BAR进行了多次改进。

第一次重大改进后定型为M1922轻机枪。该枪备有重型枪管，枪管表面带有散热槽，枪管节套上安装有一副可调节长度的两脚架，枪托底部有一个单脚架，枪托底板上还有铰接式的支肩板，以便连发发射时使枪稳定在肩膀上。该枪于1922年少量生产并装备了美国骑兵。

1926年，原版BAR的护手被缩短，使枪管更多地露出来，以加快散热速度。美军在采用新的0.30-06 M1步枪弹后，BAR的瞄准系统也相应地进行了重新设计，以适应新的弹道。这一时期，柯尔特公司还生产了一种质量较轻的半自动BAR，命名为柯尔特75型“Monitor”步枪。该枪最初主要供警察使用，臭名昭著的犯罪分子克莱德·巴罗、邦尼·帕克就是被执法人员使用这种武器成功击毙的。

对BAR的第二次重大改进是在1937年，目的是增强连发发射时的有效性和操控性。改进后被美国陆军定型为M1918A1 BAR。相比原来的M1918，M1918A1在导气箍上安装了一副轻型两脚架，脚架高度可调，并在枪托底板增加了支肩板。不过M1918A1也只生产了很少的数量，还有一部分M1918A1是由原来的M1918直接改装而成。

第三次重大改进在1938年初开始，当时欧洲战云密布，美国军队再研制轻便的班用轻机枪为时已晚，所以决定再次改进BAR。改进后的BAR在1939年被定型为M1918A2 BAR，并于1940年正式采用。

M1918A2最重要的改进是取消了单发发射功能，只能连发发射，并在枪托上安装了一个降低射速用的缓冲装置，通过快慢机来选择两种不同的连发射速：设定为“F”挡时，为300～450发/min的低射速；设定为“A”挡时，为500～650发/min的正常射速。此外，两脚架也进行了改进，架腿上增设了防滑板，且安装位置也由导气箍移至

二战时一名BAR射手在法国俘虏了一名德军士兵，他使用的就是拆掉了两脚架的M1918A2步枪

减小质量和提高机动能力。结果在二战中M1918A2都回复到一战时那种“行进间射击”的角色，在战斗中使用效果相当好

枪口部。扳机护圈前添加了金属导棱，便于辅助快速更换弹匣。护手形状和尺寸都做了改变。表尺也做了修改，以适应新的0.30-06 M2枪弹更平直的弹道，表尺射程91.4～1462m(100～1600码)。到了1942年，将枪托由木制改为玻璃钢制。在二战中后期，又在枪管上增加了提把。

最初的M1918A2是由部分旧的M1918、M1922和M1918A1改装而成。在美国加入二战战场后，BAR的需求量急剧增加，于是政府找了IBM公司和新英格兰轻武器公司作为M1918A2的生产承包商，这两家公司在二战期间一共生产了16.8万支M1918A2。

在实际战斗中，BAR的质心位置较好，而且因为两脚架和消焰器很容易拆卸，所以作战部队经常去掉两脚架，以减轻质量和提高机动能力。结果在二战中M1918A2都回复到一战时那种“行进间射击”的角色，在战斗中使用效果相当好。

二战战场上的战术运用

由于BAR是作为班组火力支援自动武器配发的，所以步兵班里所有人都要学会操作使用，以便遇到指定的BAR射手战死或受伤时能有人马上接手。

二战期间，美国陆军一个步兵班由12人组成，但只配备1支BAR。美国海军陆战队的步兵班编制几经演变，由二战初期的9人班到12人班再到13人班，而班组内配备的BAR也从1支到2支最后是3支。直到今天美国海军陆战队仍然维持着1944年确定的步兵班编制，即1名班长带领3个4人火力小组，每个小组配1支轻机枪（以前是BAR，现在是M249）。

在太平洋战场上，BAR往往被布置在巡逻小分队的一头一尾，当遭遇伏击时可以迅速压制敌人的火力点。据说在太平洋战场上，再没有比BAR的射击声音更能稳定美国士兵们信心的了。1944年的关岛战役中，美国海军陆战队3师9团1营的一名BAR射手——二等兵保罗·威特克所在的排遭到火力压制，威特克站起来用BAR压制日军的机枪火力，让他的战友得以救护伤员并撤出危险区，然后他一边推进一边射击，一直推进到

一名美军士兵利用坦克的掩护用BAR步枪向目标射击。摄于朝鲜战争期间

离敌人阵地几米时再投掷手榴弹，当场干掉8名日本兵，但他最后还是被日军射杀了。他因此英勇行为，被追授荣誉勋章。

在二战期间，BAR不只是作为步兵班组的火力支援武器，也被其他兵种广泛使用。有一个有趣的例子，美国飞行员沃里 · 盖达上尉有一次在驾驶C-46运输机时遭到日军战斗机的拦截，他把一支BAR从机舱窗口伸出去扫射，结果打掉了一架中岛战斗机，因为倒霉的飞行员刚好被枪弹击中了。

波兰生产的BAR的仿制型——Wz.1928轻机枪

不可避免的缺陷

当然，BAR也有缺点。首先，它质量偏大。二战时，一名海军陆战队队员携带1支BAR外加12个实弹匣，总质量高达18kg左右，射手的负荷非常大。

此外，BAR的枪管升温速度很快，加之枪管不可更换，在短时间内连续射击数百发后，枪管就会变红，以至于烧焦护手与枪管

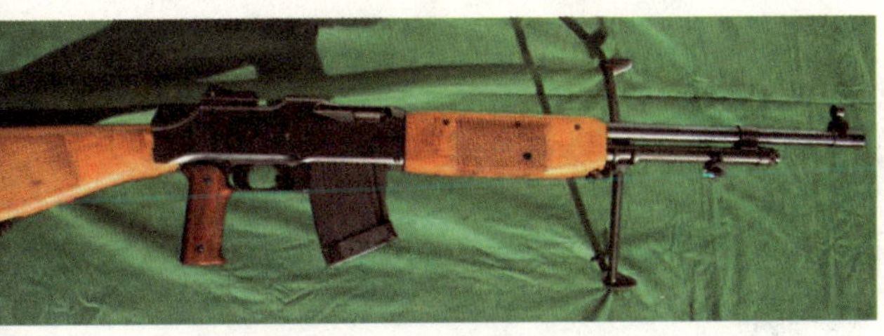

瑞典卡尔古斯塔公司生产的两种BAR——m/21轻机枪(上)和m/37轻机枪(下)

被称为勃朗宁轻机枪，或称为FN D型轻机枪的FN M1930轻机枪

的接触部位，导致护手脱落。

弹匣容弹量少也是一个问题。为此BAR射手都得学会打出3～5发点射，但即使这样，往往只扣了几下扳机就会打空弹匣了。为了解决这个问题，美国海军陆战队经常采用两个小组轮流射击的方法，一个小组的弹匣打空了，另一个小组再开火射击，让前一小组有时间更换弹匣。美国陆军步兵班的标准配备中只有1支BAR，但一些作战部队会另外自备1支，让每个班有2支BAR可以轮流射击。

M1918A2服役一段时间后，军械人员开始收到后坐缓冲器频频出现故障的报告。经过调查发现，这是由于士兵保养BAR时都是枪口向上竖直搁在地上，结果枪油和火药燃气残渣都聚到后坐缓冲器上了。此外，BAR的导气箍没有使用不锈钢材料。由于当时的枪弹发射药具有腐蚀性，在潮湿环境下使用时如果不经常进行维护，导气箍就很容易生锈。因此军械人员建议定期维护枪械，并注意维护枪械时枪的放置方式。

用户广泛

二战结束后，BAR继续服役。朝鲜战争期间，其生产再次被启动。这次签约的是皇家麦克比有限公司，共生产了61000支M1918A2，这些枪全部采用了一种新的消焰/制退器。1957年，BAR被使用7.62mmNATO弹的M14步枪取代。不过，越南战争期间，美军为南越政府军提供的武器中还包括了该枪。BAR在美国国民警卫队中服役时间更长，一直使用到70年代才撤装。还有许多国家从美国的军事援助计划中获得BAR，有些一直使用到90年代。

此外，其他国家也有生产BAR。勃朗宁后来把自己的设计卖给比利时FN公司。FN公司在此基础上推出了FN M1930轻机枪，又被称为FN D型或勃朗宁轻机枪，改用7.92×57mm步枪弹，采用快速拆卸枪管和手枪形握把。瑞典卡尔古斯塔夫公司生产的BAR命名为m/21和m/37轻机枪，改用6.5×55mm口径。波兰生产的BAR有两种，一种是步兵使用的Wz.1928轻机枪，另一种是被称为“观察员机枪”的Wz.1937航空机枪。后者主要将射速提高至1100发/min，改枪托为D形握把，枪管能快速拆卸，最特别的是供弹机构改为机匣上方的一个91发弹鼓。该枪一共生产了339支，主要安装在PZL37中型轰炸机和LWS-3 “海鸥”侦察机上。另外英国也曾装备过改为0.303in口径的BAR。

我从天上来——德国FG42伞兵步枪

概述

在武器装备的发展史上，有些武器，如毛瑟98步枪和柯尔特M1911手枪，历经百年，长盛不衰。而另一些武器，则只是昙花一现。

德国1942年式伞兵步枪即FG42步枪，就是寿命短暂的武器之一——在不足3年的服役期中总共才生产了数千支，但是它留下的印记却令人难以置信。如今在美国，收藏家为了得到FG42步枪，宁愿付出上万美元。

其实，就研制水平而言，FG42伞兵步枪算不上什么杰作，它的最初设计者路易斯·施坦格(Louis Stange)在一开始设计时就受到了客观条件的限制，因为战时原材料紧缺，在零件中禁止使用高价的材料；而且由于时间紧迫，整个研制方案搞得十分仓促，不得不经常修改而影响生产进程。在这样的情况下，FG42伞兵步枪能设计定型并投产，可以说是一个小小的奇迹。

研制起因

在第二次世界大战中，伞兵是最现代化、最精锐的部队。然而，轻型的武器装备却成为伞兵的最大难题。与徒步或摩托化的战友不同，伞兵在跳伞中只能携带少量武器装备，如冲锋枪、手枪、战斗刀具和手榴弹。即便如此，这些武器在开伞下跳过程中仍很碍事，影响伞兵落地。因此在跳伞时不允许伞兵随身携带98k卡宾枪或MG34机枪，而是把它们放在箱子里随伞兵一起降落地面。因此，伞兵极容易遭受敌方火力杀伤。如1941年5月德军入侵希腊克里特岛的战役简直就是埋葬伞兵这一新兵种的坟墓。在克里特机场周围开阔地带和激烈交火的107高地，德军伞兵手中的手枪和冲锋枪根本无法与英国、澳大利亚和新西兰部队的0.303in李-恩菲尔德步枪和布仑轻机枪抗衡。在12天的激战中，8100名德军伞兵中死伤高达2000余人。

虽然德军最终占领了克里特岛，但希特勒和德军指挥部视这次毁灭性的打击是大规模空降造成的。正是由于克里特岛战役，才促使德国空军考虑研制伞兵步枪，开始实施一项伞兵部队专用武器的研制计划，以取代冲锋枪和卡宾枪，承担轻机枪的任务。

陆军装备局对此持反对意见，因为在这期间正在研制一种新的、革命性的武器——发射8×33mm短弹的突击步枪。但伞兵部队

使用FG42步枪的德国伞兵

却看上了原来的8×57mm标准弹，以便能在远距离上发挥火力并能对付对方机枪阵地。于是，帝国航空部提出研制一种新枪，由空军机载武器研制处负责这项工作。该处的空军少校秘书奥森布吕克和后来被提升为中校的工程师奥托·舒尔茨，共同提出了伞兵步枪的技术指标：长度不大于1m，质量不超过毛瑟98k；能单发和连发射击；弹匣容弹量10～30发；能发射枪榴弹；带两脚架、刺刀和1.5倍光学瞄具，并要有足够的强度作为近战格斗武器使用。空军还提出造价便宜，性能绝对可靠，枪托能吸收后坐力，连发射击时稳定，外观上线条流畅，抗污垢，跌落和撞击时不会损坏等要求。

上述这些要求对德国武器设计师和制造商来说，是棘手的难题。因为当时正处于人才短缺和原材料严重匮乏的窘况。

尽管如此，1942年夏天，还是有3家厂商迅速做出了回应：毛瑟兵工厂、海因里希·克里格霍夫兵工厂和莱茵梅塔－博尔西希公司。毛瑟兵工厂提供了经改造的MG81机枪，但由于采用弹链供弹和枪的质量超过5.4kg而未被选中；海因里希·克里格霍夫兵工厂拿出了第一种采用冲压工艺制造生产的样枪；莱茵梅塔－博尔西希公司于1942年4月提供了方案领导人奥托·舒尔茨抱有最大希望的样枪——FG42。

FG42的幕后人物

莱因麦塔－博尔西希公司的主设计师是作为机枪的研制者而声名远扬的路易斯·施坦格。

施坦格1888年出生在泽默达，1971年去世。他曾作为德莱赛兵工厂的设计师被派到路易斯·施麦塞尔身边学习，与施麦塞尔一起制定了1909年式德莱赛机枪方案。1917年，施麦塞尔辞世，他被提升为兵工厂的主设计师，为德军研制了MG13轻机枪。之后，施坦格在MG13的基础上改进研制成功了MG34机枪，随着MG34机枪装备德军，路易斯·施坦格成了世界闻名的人物。

实际上，施坦格本人偏爱8×33mm口径卡宾枪，但是空军的指标是确定的，即要采用由弹匣供弹的8×57mm制式枪弹。施坦格的方案是带2个闭锁突笋的回转枪机，采用导气式自动方式。由此使人想起了美国的刘易斯机枪，施坦格大概借鉴了该枪的某些设计经验。此时，施坦格拿出了他的第二型FG42样枪。FG42单发射击时是闭膛待击，连发射击时采用开膛待击，以便快速冷却枪管。10发和20发的弹匣在枪身左侧，与德莱赛MG13机枪供弹机构类似。枪管口部安装有带若干小孔的制退器，可抵消部分后坐力。制退器是用螺纹拧在枪管上的，卸下之后可以换上枪榴弹发射器。由钢板冲压而成的两脚架铰接在前托的前部，后续型号的两脚架安装枪口部位。由于伞兵用步枪枪身短，施坦格小组设计的这支步枪枪托造型与众不同，它由钢板冷锻成形，中空，正好将机匣尾部插入其中并容纳复进簧和一个特制的后坐缓冲器。借助枪口制退器、半自动发射机构和枪托里的缓冲器，使得单发后坐力以及连发时增大的后坐力限制在可以承受的范围内。据说FG42的这种设计思想还被后来的设计者参考。

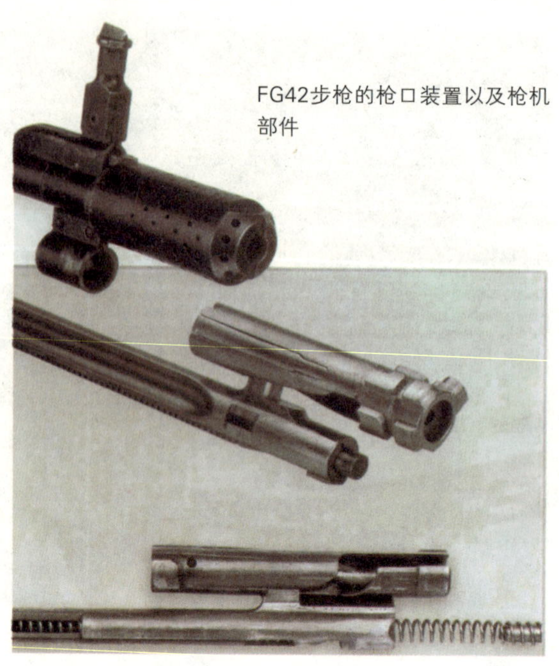

FG42步枪的枪口装置以及枪机部件

现实的需要

1942年初夏，莱茵梅塔－博尔西希公司公司展示了3型施坦格样枪，在吕贝克的塔尔奈维茨空军试验场，由陆军部组织对样枪进行了试验。施坦格对投产的第一批50支样枪不断进行改进。尽管如此，计划仍面临着夭折的危险，原因是空军与陆军以及武器局与采购署之间发生了摩擦。

但是，事情很快出现了转机，莱茵梅塔－博尔西希公司赠送给戈林一挺样枪参加德军42周年庆典。戈林又把样枪送给了希特勒，希特勒对FG42很是喜爱，要求马上生产10000支。他认为，该枪在战后应当作为德军的制式

FG42步枪不完全分解

一名肩扛FG42步枪，全副武装的德国伞兵。摄于1942年

步枪。从1943年2月到4月，在塔尔奈维茨脚架前置射击的点射精度比将两脚架装在枪身中间射击的要好些。在试射了6000～7000发枪弹以后，射速由原来的900发／min提高到1000～1100发／min。

第一批5000支FG42由克里格霍夫兵工厂生产。FG42的机匣由铬镍钢铣切而成，发射20000多发枪弹毫无问题。当该枪于1943年夏投产时，铬镍钢严重匮乏，厂商用铬锰钢代替而解燃眉之急。但很快铬锰钢也出现短缺，克里格霍夫兵工厂最后只好将机匣换成了冲压钢板。

当1943年11月新枪送部队试验时，同年组建的第2伞兵师正在东线的日托米尔作战。克里格霍夫茨工厂根据第2伞兵师的使用情况很快对该枪做了进一步的改进。同时，工厂试图简化生产。到1943年末，推出了特征明显的新型号，今天的专家们将其称为Ⅱ型枪。

最后一年半

FG42Ⅱ的质量增加到了4.82kg，其中大多是枪机质量的增加，而射速却降到了600～650发／min。两脚架改装在枪管的前面，小握把不再向后倾斜，在快慢机上增加了保险功能。根据冬季作战的经验，钢枪托换成了木制枪托，枪机后坐行程也有所延长。Ⅱ型枪的全长为975mm，进弹口上有2个防尘盖，枪口制退器也与I型不一样。

产品方面的其他变更和材料供应的短缺，导致了1944年夏季最后一种型号即Ⅲ型枪的产生，其零部件(包括弹匣)不能同以前的型号互换。Ⅲ型枪的全枪质量为4.98kg，枪机质量为595g，而施坦格起初设计的枪机质量仅430g。枪口消焰器外观也不像最初设计的“罐头瓶”，而是有横槽呈宝塔状。尽管如此，射击时的火焰还是惊人的，在苍茫的暮色中令人眩目。

看法和评价

FG42的成功研制最令人吃惊之处是当时所处的环境，在战争最后几年里，物资匮乏，形势混乱，在这种形势下，居然研制出并投产了FG42这样的步枪，实属不易。设计师们利用仅有的物资资源，创造出经实战证明性能优异的步枪，值得钦佩。他们吸纳了种种先进的设计构思，包括在枪托里安装缓冲器。FG42产量不到7000支，其中大部分在克里格霍夫兵工厂生产，另有一些FG42Ⅲ型在奥地利的阿尔特堡迪特里希生产。

该枪在设计方面最大的不利条件是要求采用8×57mm标准枪弹。在FG42的短枪管里，长步枪弹也还能够达到725～740m／s的初速，但比用毛瑟98k发射低40～50m／s。全枪同StG44突击步枪的质量相当，弹匣容弹量也是30发。实战很快表明，该枪不能满足所有要求，由于8×57mm枪弹射程较远，在二战的后半期战术没有发展和缺乏大量空降行动的情况下，FG42扮演着一个次要的角色。也正由于生产数量太少，致使其如过眼烟云。然而，在世界枪械的发展史上，仍应该为该枪浓墨重彩地书上一笔。

梅花香自苦寒来
——德国StG44突击步枪出笼纪实

StG44突击步枪是世界上最先出现的一种突击步枪，它是法西斯德国在第二次世界大战末期开始大量生产的一种发射“中间”型枪弹，能够半自动和全自动射击的突击步枪。与发射大威力枪弹的步枪相比，该枪质量轻，携弹量增加(弹重减轻)，而且能在400m内有效地打击目标。正因为如此，“中间”型枪弹和突击步枪对战后轻武器的发展有着重要的影响，大多数国家在后续的步枪弹和枪的研究中都程度不同地接受了德国人在StG44上率先提出的设计思想，如著名的AK47突击步枪。

引子

1942～1943年冬，东线战局发生了历史性的转折：在已经成为一片废墟的斯大林格勒，德国第6集团军遭遇了惨重的失败，希特勒统治全世界的梦想破灭了。在苏联红军的突然袭击下，过长的德军战线已经分崩离析，德军前线部队陷入了苏军的层层包围之中。但身陷霍姆尔包围圈中的舍雷尔·格吕克领导的德国战斗队却没有像在斯大林格勒战役中的战友们那样一败涂地，他们一直坚持战斗。一种传说是他们的得救应感谢第6集团军的顽强抵抗，但另一种传说称是因为他们普遍装备了新型机关卡宾枪。突破包围的幸存者也说这种新枪是他们胜利的“法宝”，这里所说的新型机关卡宾枪，就是后来广为人知的StG44突击步枪。

两种短弹　相继问世

第一次世界大战中产生了许多新式的武器系统。在步兵武器领域，轻机枪和MP18冲锋枪给人们留下了深刻的印象。这两种武器火力猛烈，机动性好。但是作为单兵的多用途武器而言，它们并不很理想——机枪只有支在地面

根舍武器弹药公司1935年推出的发射短弹的“35雏形”枪

7.92×33mm步枪短弹

射击才能发挥效力，因为它的质量不轻。冲锋枪虽然轻便，但由于使用手枪弹而达不到所需的射程和威力。

于是，有人想研制一种质量轻并具有冲锋枪特性的步枪来发射强装药弹，但由于其后坐力过大而没有实现。

启发人们另辟蹊径的想法来自德国。在阵地战期间，一些指挥者们就发现，毛瑟98式步枪发射8×57IS制式枪弹时，射程远而后坐力大，且消耗了大量对战争至关重要的原材料。于是， 从20世纪20年代开始，许多德国弹药公司纷纷抛出自己的方案，到了30年代中期，多数公司已研制了可以批量生产的新型枪弹。德国陆军武器局对其中的根舍武器弹药公司（GECO）的设计兴趣更大一些，因为该公司在1935年推出了发射7.75×40mm枪弹的武器系统，即将发射8×57IS弹药的SG29半自动步枪改为发射新的7.75mm枪弹的自动卡宾枪，称为“35雏形”枪。

“35雏形”枪采用枪机偏移式闭锁机构，20发弹匣供弹。1935年12月开始在库迈尔施多夫陆军试验场进行试验，直到1939年才试验成功，但在当年8月22日却遭到了军方的否决。

否决的主要原因是，参谋部的大多数人拒绝采用减装药弹。另一个原因是德军即将进攻波兰，这时候贸然转产未经部队试验的产品所冒的风险难以估量。另外当局也担心增加一个新弹种将给后勤供应带来诸多问题，分散战时的生产能力。

在这种担心下，陆军武器局自1938年后采取了“脚踩两只船”的政策：“35雏形”枪仍在试验期间，又指定马格德堡的波尔特弹药公司研制另一种短弹。该公司的短弹以8×57IS为基础，到1941年研制完成，命名为“7.9mm步枪短弹”，并交付陆军武器局。

两种样枪　一起一落

在StG44问世之前，有两个公司制造了样枪，一个是黑内尔兵工厂的MKb42(H)（MKb是德文自动卡宾枪的缩写），另一个是华尔特公司的MKb42(W)。最后，前者获军方认可继续发展。

陆军武器局之所以选中黑内尔兵工厂研制的步枪，其原因可能在于黑内尔兵工厂总裁胡戈·施麦塞尔的个人魅力。因为他曾设计了著名的MP18冲锋枪。该枪特点是采用导气式自动方式。由于采用开膛待击，火药燃气可以流通，使武器得以冷却，这样也就防止了枪弹自燃。不过，开膛待击单发精度显然不高，因为在扣扳机瞬间整个枪机处于运动之中，从而使瞄准点偏离目标。

当施麦塞尔正在全力以赴地研制他的新枪的时候，华尔特公司也在秘密地实施自动卡宾枪研制计划，史称MKb42(W)。在华尔特公司递交了发射波尔特公司的枪弹的样枪之后，军方也与他签订了200支样枪的正式合同。

MKb42(W)同它的竞争对手MKb42(H)的结构相似，只是自动方式和闭锁机构略有不同。该枪的前托兼作活塞筒，前托里有一环绕枪管的环形活塞，环形活塞被2个导气孔中排出的火药燃气推动向后，再通过枪机框控制开锁。为了提高精度，华尔特公司的设计采用了闭膛待击方式。

在试验中，由于MKb42(W)的环形活塞结构不能令人满意而落败。1943年1月15日陆军武器局宣布："将黑内尔自动卡宾枪命名为MP43冲锋枪"。

华尔特公司的 MKb42(W)自动卡宾枪

黑内尔公司的MKb42（H）自动卡宾枪

三种称谓　一样功能

MP43冲锋枪汲取了两种MKb42自动卡宾枪的优点：黑内尔的稳定的导气系统和枪机偏移式闭锁机构，华尔特的闭膛待击原理。快慢机杆也与华尔特的样枪类似。与MP43同时生产的还有其变型枪MP43/1，后者仅比前者多了个枪口螺帽。

MP43问世后，黑内尔兵工厂又研制了MP44冲锋枪和StG44突击步枪，这两支枪与MP43属于同一种武器，只是名称不同而已。战争末期的批量产品虽有某些改动，但整个武器并没有什么大的改进。改动包括：用胶合板枪托取代实木枪托，在小握把上采用塑料护板，到最后还取消了枪口螺帽，简化了准星座。在功能上，MP43、MP43/1、MP44和StG44是完全一样的。

由于希特勒对采用短弹的枪械特别厌恶，因此该枪被禁止研制，只允许生产零件。

1943年之前，MP43在东线的北方陆军部队接受试验，1943年9月份试验报告送到希特勒面前，1943年10月他的保镖得到MP43/1之后，对其赞不绝口，希特勒终于让步了，批准全面投产该枪。

1925～1945年间担任黑内尔兵工厂技术总监的胡戈·施麦塞尔试射他设计的MP18冲锋枪,就是他负责该公司突击步枪的研发。下为黑内尔兵工厂一角

希特勒的固执使新枪的投产计划至少耽搁了半年。1944年4月6日，根据元首令，枪名更改为"MP44"，尽管枪的结构本身毫无改变。1944年12月，有关当局将其命名为"44式突击步枪"，即StG44（StG是德文突击步枪的缩写）。

第一雪山狙击旅的士兵卧姿射击MP43/1自动卡宾枪

四方协作　成本低廉

由于当时的德国处于战时状态，作为战争产儿的MKb42突击步枪一开始就面临着分散生产的窘境。主要厂家是埃尔玛公司、毛瑟兵工厂、斯太尔公司和黑内尔兵工厂。这些公司与配件厂商合作，有些配件厂没有武器制造的经验，所以生产中出现了大量废品。

为了尽可能降低造价，人们在流水作业中采取了一些合理化的措施。最终的成品比毛瑟98k卡宾枪便宜。至于原材料，一支质量为4.6kg的突击步枪需要的原材料为10.9kg，而质量较轻的98k卡宾枪（3.9kg）却需要耗材12.2kg。

为了降低成本，StG44突击步枪进一步改进，导致了采用滚柱闭锁机构的毛瑟StG45突击步枪的问世，其加工时间只需7.5h，正好是StG44加工时间的一半，造价从70马克降到了40马克。

短弹方案最终也得到了德军最高决策层的认可，这样43式步枪的变型枪采用了短弹。

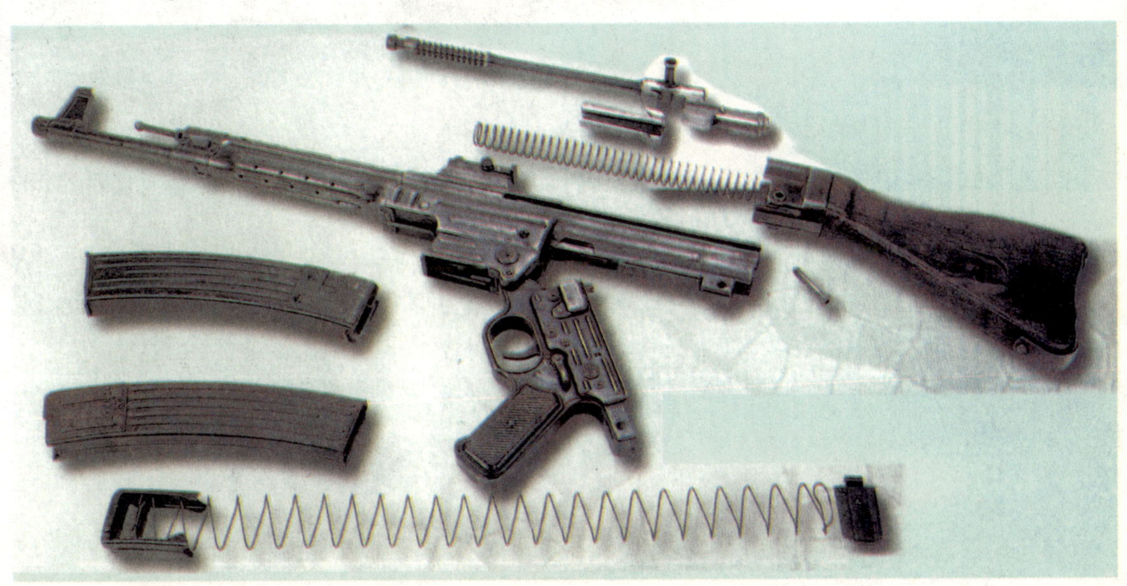

战场反馈　褒贬不一

尽管StG44加工粗糙，外观不雅，但士兵们却爱不释手。他们终于有了后坐力小、火力猛而射程适中的突击步枪。这是一种真正的集卡宾枪和冲锋枪优点于一身的步兵用轻武器。在德国步兵武器中，突击步枪赢得了可靠性好的声誉。该枪可靠性好应归功于严格的检验及采用双排弹匣供弹。但弹匣也存在不足，它长达26cm，从机匣中突出20cm，妨碍士兵从掩体中射击，特别是卧姿射击。另外，枪的高度使得射手卧姿射击时要对准相对较高的目标。为了试验曾使用了容弹量较少的弹匣，但却没有将其供给前线部队。这不能不说是该枪留下的遗憾。

与几乎同时代出现的G43半自动步枪相比，StG44在300～500m的中等射程上命中精度和杀伤威力相对较小，但有一点是绝对先进的，即弹匣容弹量达30发而不是10发。再就是能连发射击，后坐力较小，枪弹质量减轻了一半。如果与携带100发7.92×57IS枪弹相比，可多携带50发7.92×33mm短弹。

德国空军也将它的FG42伞兵步枪同采用短弹的StG44步枪进行了对比，认为StG44可以在300m内实施瞄准点射，由于枪身质量较大，操持稳定，有利于短点射命中目标，但侵彻威力相比则太小。基于上述评价，空军仍然保留其结构复杂、价格昂贵的FG42伞兵步枪。

西方盟国也没有认识到该枪的潜力。他们认为突击步枪的战斗力与0.30inM1伽兰德步

MP44突击步枪已经具备了现代突击步枪的雏形。各操作元件的安排十分便于操作，有手动保险和快慢机

枪相当，而枪弹威力提高不大。

最大的受益者是苏联红军，他们缴获了德军大量的武器弹药，反过来用以对付德国军队。战争末期，苏联人给前线士兵配发了第一种半自动的SKS步枪。该枪使用的7.62×39mm短弹与德国最后的1942年式Geco枪弹形式特别相似，虽然该枪在技术上明显不同于StG44，但其设计思想却是一致的。

战后影响　不可估量

到了1944年，希特勒才被一些师长们说服，将突击步枪作为单兵的制式武器，但已于事无补。自1943年7月至1945年3月之间，总共生产了425977支MP43、MP44和StG44三种突击步枪。

用德国人的话说，这些数量相对大量需求来说，如同在烫石板上浇一滴水。德国国防军自1939～1945年间采购的半自动步枪和突击步枪总数为1090万支。此外还有110万支MP28、MP38、MP40和伯莱塔38/42冲锋枪。在这么多数量中，StG44突击步枪只有区区4万。

StG44在二战中没有发挥多大作用，但对战后步兵武器发展的影响却不可估量。每个士兵配备一支中等射程的全自动步枪这样一种战术思想，至今仍有影响。就StG44突击步枪本身而言，并没有随着德国的投降而消失，而是在一些国家军队中长期服役。苏联在1945年前缴获的大量StG44，在冷战期间提供给了它的友好国家。以色列人于1982年入侵黎巴嫩的时候，发现巴解组织的兵器库里存放的StG44数量也不少。

东德重新武装之初，装备的就是苏联红军缴获的德国StG44突击步枪。

在西德，当时的国防军军官甚至主张将StG44作为新的制式武器。

比利时赫斯塔尔FN公司也用了一些发射7.9×33mm短弹的FAL步枪做试验。19世纪60年代美国人在越南战争中也转而采用射程较近、后坐力较小的0.223in雷明顿弹。

图为中国人民革命军事博物馆一楼中央展厅西侧展出的两款武器。图中前方为日本九七式反坦克步枪，其后方是丹麦麦德森M1920 20mm高射机炮

步兵重炮手
——日本九七式20mm反坦克步枪昭示

走进中国人民革命军事博物馆一楼中央展厅西侧，在诸多小口径高射炮、机炮当中，会看到一挺外形非常奇特的武器——它有着炮一般的庞大身躯，枪一般的外观结构。它就是九七式20mm反坦克步枪，是日本在二战之初开发的一种不为世人所熟知的武器。由于其口径高达20mm，已经达到了枪械武器口径的极限，难怪军事博物馆会把它陈列到火炮的区域。

反坦克步枪的短暂命运

人类的战争模式在1916年9月15日的索姆河畔发生了重大变革。从那一天起，步兵就多了一个外貌狰狞同时又难以消灭的对手，那就是身披厚甲并拥有强劲火力的坦克。虽然有些火炮可以采用直瞄射击的办法来对付这些庞然大物，但对于一线步兵来说，绝大多数时间都无法得到炮兵的直接掩护，因此迫切需要一种轻便短小、可在远距离上射穿装甲的武器，而最简单的办法就是直接把步

美国西点军校武器陈列馆收藏的德国毛瑟M1918 13mm反坦克步枪，它开创了反坦克步枪的先例，不过，这类武器最终在历史上匆匆而过

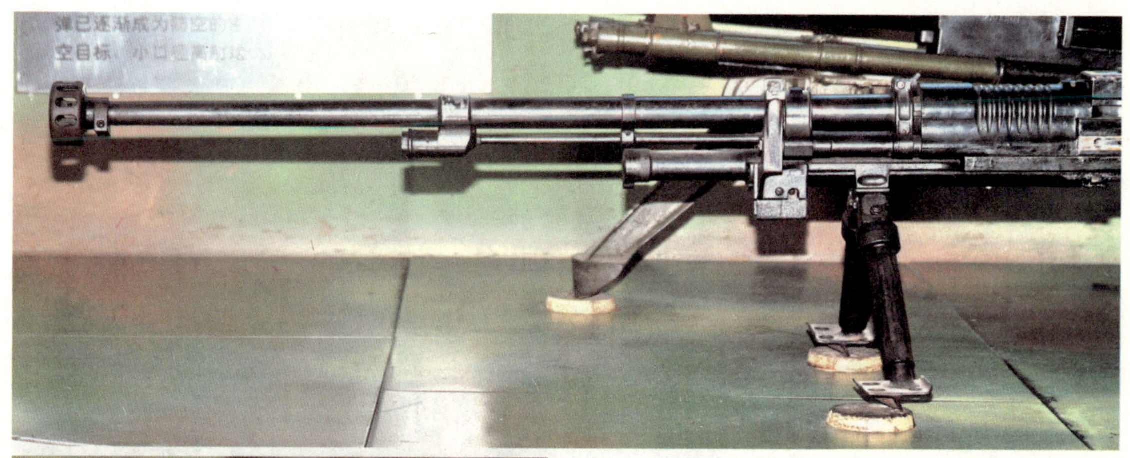

九七式反坦克步枪的鸟笼状制退消焰器特写，其上部均布有8个椭圆形排气孔

兵手中的步枪按比例放大并换上穿甲弹头，基于这样的思路，反坦克步枪应运而生。

一战期间德国装备了13mm口径的毛瑟M1918反坦克步枪，其穿甲能力对当时的坦克的确构成了实际威胁。反坦克步枪的运用引起世界各国的重视，因此在二战前夕到中期这段时间内，其得到了进一步发展，总体性能不断提升，且出现了两种不同的设计模式：一种保持传统步枪口径，但采用长枪管、增加弹壳长和装药量，以获取更高初速和由此带来的穿甲力；另一种是采用更大口径，甚至采用小口径高射炮弹，介于枪、炮之间的反坦克武器。大口径反坦克步枪弹头存速能力更强，而且弹头种类较多，对付不同目标的灵活性较大，但缺点是整个武器系统的质量、枪口噪声、后坐力均较大，携带和使用没有前者方便。九七式反坦克步枪就是一支大口径反坦克步枪，其采用20mm口径，这样的口径介于枪、炮之间，可想而知其发射时的后坐力之大。

反坦克步枪在最初对付坦克目标时，的确发挥了一定的作用。但随着坦克装甲的日益增厚，反坦克步枪的威力明显不足，于是这种武器很快退出了历史舞台，成为枪械史上的匆匆过客。日本九七式反坦克步枪的命运亦如此，其来去匆匆，产量和存世量非常稀少，很少为外界知晓。但由这支枪可看出当时日本军国主义正紧盯世界武器发展，力图不断推出新型武器。在此，让我们对这支武器作一揭示与剖析。

九七式缘起及名称之惑

九七式反坦克步枪的研制，很大程度上是专门针对当时苏联的强大装甲力量的。

日本在明治维新之后，开始走上对外扩张的道路。而在远东具有重要影响力的沙俄以及后来的苏联，一直是日本处心积虑加以防范的主要对手。在1904～1905年的日俄战争中，日本以惨重代价取得胜利，获得了俄

九七式反坦克枪步枪管上从前向后依次设置有导气箍、导气管支撑箍、活塞筒前固定箍/后固定箍。枪管下部较细的部件即是导气管

国在朝鲜及中国东北的种种特权。这次军事冒险的成功，刺激着日本的胃口不断扩大。1931年，日本关东军策划并实施了“九一八事变”，进而逐步占领东北全境。次年3月，由日本扶植的傀儡政权伪“满洲国”登场，实际上日本已经控制了东北三省，并以此为基地，继续对中国进行侵略。苏联担心日本将借机北进，也调集了大量部队驻防远东，防范日军的攻击。日本一直对苏联在远东强大的装甲集群心存忌惮，但自身的装甲兵、航空兵和炮兵力量相对薄弱，加之侵华战争正在加紧进行，所以其对于苏联一直处于守势。当时日本已通过秘密渠道得知苏联正在研制新型反坦克步枪，为与之相抗衡，同时为一线步兵增添大威力武器，以便及时对装甲车辆进行有效攻击，从昭和10年（1935年）6月起，日本陆军技术部开始着手研制新型反坦克步枪。

日本在研制新枪时把威力放在了首要位置，因此对于口径的选择十分重视。由于得

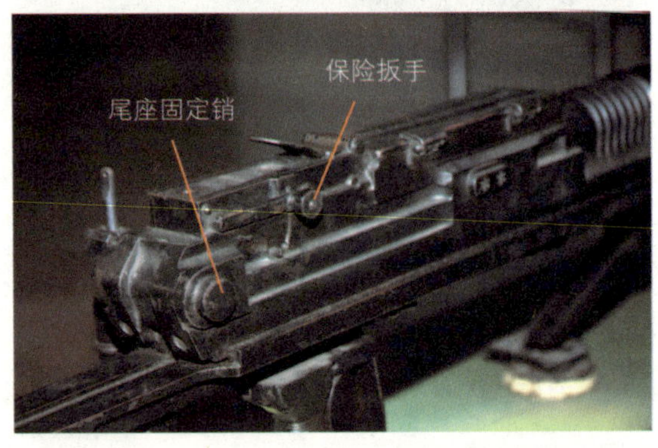

九七式反坦克步枪机匣右侧局部特写。机匣上方设有保险扳手，尾端设有粗壮的尾座固定销，将枪尾座与机匣固定在一起

到的情报声称苏联正在研制的反坦克武器口径为20mm，为了能够在威力上与之相当，日本也将新口径定为20mm，并专门研制了一种20×124mm新弹。但不知是日本人的信息渠道不可靠，还是苏联人事先散布了假消息，苏联定型的反坦克步枪最终采用了一种新开发的14.5×115mm枪弹，该弹战后成为一代

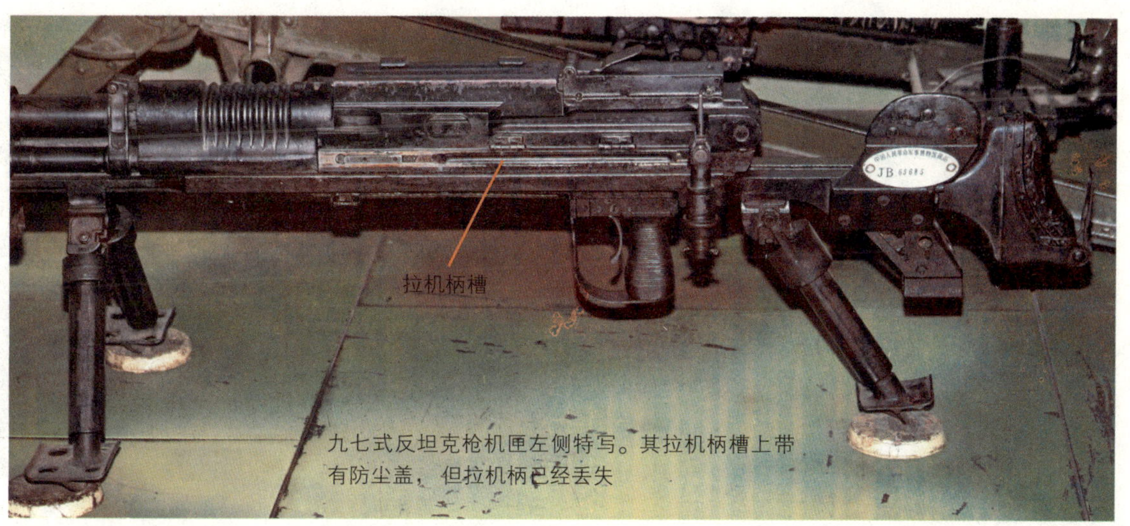

九七式反坦克枪机匣左侧特写。其拉机柄槽上带有防尘盖，但拉机柄已经丢失

新兴的大口径机枪弹。

日本的20mm口径反坦克步枪在加紧研制之中。1935年12月20日，日本陆军技术部要求小仓兵工厂试制两支样枪，其中首支样枪于次年3月完成。但新武器的技术指标一直

九七式反坦克枪机匣顶部特写。顶部带有大型弹匣卡笋，机匣顶面刻印有生产厂厂徽和武器型号标识

拖到1937年7月才最终确定，在此期间，对初始设计进行了多次修改和反复检验。最终，新枪被要求在日本陆军步兵学校和骑兵学校进行实用性试验，并经申报定为临时制式武器（即某些在战争期间通过评测、获得军方许可被列入制式的武器，虽然投入量产，但装备范围较小，是战争时期的一种特殊产物）。试验于1938年2月完成，该枪被认为是适合实用的产品，并要求尽早配备。反坦克步枪完成研制的时间是1937年，按日本的纪年法是神武天皇纪元2597年，因此该枪的型号被定为九七式。整个研制过程前后历时两年左右，可以说进度相当快，这也反映了日本军方的迫切心情。

九七式反坦克步枪的口径已经达到了步兵能够携行的身管武器的极限，处于枪、炮两类武器的临界点上。长期以来，对这种武器究竟应该算枪还是算炮，意见并不统一。至少在日本方面，是把它当作一种单人操控的轻型火炮来对待的，日文资料中一直称其为“九七式自动炮”。在佐山二郎所著的《陆军兵器彻底研究——火炮入门》中，将九七式称为“采用与机枪类似机构的步兵用火炮”。在具体分类中，则把该武器归入战车防御炮，即今天所说的反坦克炮一类。

从明治维新开始至二战结束，日本陆军所有装备过的火炮中，称为九七式的至少有7种，口径和种类都各不相同，如试制九七式步兵连队炮（75mm）、九七式坦克炮（57mm）、九七式曲射步兵炮（81mm）、九七式轻迫击炮（90.5mm）以及九七式中迫击炮（150.5mm），与九七式自动炮同归于

战防炮一类的还有另一种称为试制九七式的火炮，其口径为47mm。而口径为20mm的、称为火炮的也有三种，除九七式自动炮外，还有九八式和二式高射机炮，其中九八式正是在九七式的基础上发展而来，但弹种改为一OO式曳光自爆榴弹和五式曳光榴弹。

其实，九七式更类似枪械。该武器由单人操作，可以多人携行，结构上带有步枪的某些特点，从用途和威力水平来看也与反坦克步枪类似，所以国内资料中一直将其称为九七式反坦克步枪。

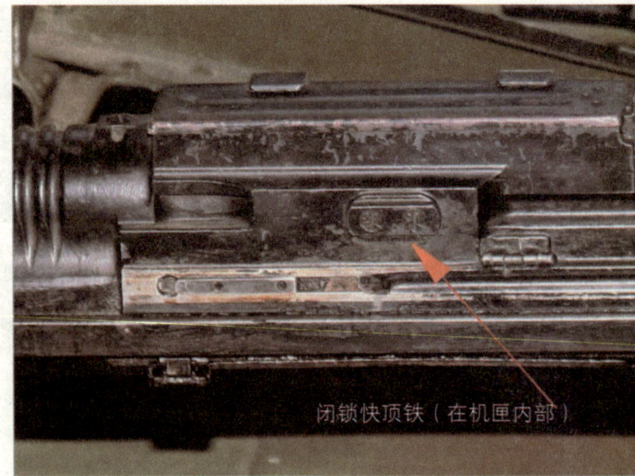

机匣在左右两侧设有闭锁块顶铁，当闭锁块下降时，枪机会抵住闭锁块顶铁，形成闭锁状态

九七式结构剖析

九七式反坦克步枪采用导气式自动原理，开膛待击，由单人操作使用，7发双排双进的直弹匣供弹，瞄具为机械式，表尺射程1000m。该枪实际射速为7～12发/min，初速750m/s，战斗全质量为59kg，在350m距离上可以贯穿30mm厚钢板，在700m距离上可以贯穿20mm厚钢板。全枪由枪管组件、机匣组件、自动机组件、复进机组件、枪托组件和弹匣六大部分组成。

枪管组件 枪管组件包括枪管、制退消焰器、导气箍、导气管、活塞筒、枪管连接套等。

整个枪管外径并不一致，而呈阶梯圆柱体，全长1250mm。制退消焰器为扁圆鸟笼状，上部均布有8个椭圆形排气孔，下方则没有，因此火药燃气会对消焰器下方产生更大的冲击力，有助于抑制枪口上跳，同时作用在整个前内壁上的冲击力将会起到制退作用。

枪管下方设有圆筒状缓冲机筒；准星座下方设有连接座，其上的通孔用来插入携行架；两脚架可以向后部折叠

制退消焰器利用螺纹拧在枪管口部，并通过销钉固定在枪口。

导气箍采用当时并不常见的不锈钢材料制成，以防止锈蚀，同时更能经受火药燃气的烧蚀和冲击。

导气管是一根细长的圆管，为防止变形，在其中部增加了一个与枪管相连的支撑箍。这个支撑箍只起固定作用，本身并不承受火药燃气，因此其壁厚较薄。

与其他导气式武器不同的是，该枪采用单导气管、双活塞结构，火药燃气通过导气管经活塞筒前固定箍后，分别进入枪管下方

九七式反坦克步枪后部特写，该枪的枪托装反了，肩托板应在上方位置。图中可见后驻板、小握把和可插入后携行架的连接座通孔

从图中可以看出，该枪的瞄准具偏于枪身一侧，而且偏出的距离较大，其中前方的准星座左侧护翼已经断裂丢失

左右两个活塞筒，进而推动活塞/枪机框向后运动。活塞筒后固定箍安装在枪管后端，外形与前固定箍相近，不同的是宽度较窄。

枪管连接套后部外缘上加工有多道断隔螺纹，与机匣前部枪管安装孔内的断隔螺纹配合，将枪管固定在机匣前部。

机匣组件　机匣组件是全枪体积和质量最大的一个机加工部件，由整块钢料铣削加工而成，外形比较复杂，加工繁琐。整个机匣类似于大正十一年式轻机枪的设计，不同的是九七式反坦克步枪的机匣前部有较长的枪管配合段，采用机匣顶部弹匣供弹方式。机匣前段截面为“品”字形，上部较粗的配合孔内部有断隔螺纹，可以与枪管连接套上外部的断隔螺纹相互配合，将枪管固定在机匣上。机匣前部下方左右对称地分布有两个较小的孔，用于插入活塞筒。为增大散热面积，同时减小机匣质量，机匣前部外表面加工有8道弧形凹槽。

机匣后部截面近似长方形，中部顶端设计有弹匣插入口，插入口一侧装有可折叠的由钢板冲压成形的防尘盖，平时不装弹匣时将此盖关闭，以防止污物进入。在弹匣插口后部有一个厚钢板冲压成形的弹匣卡笋，插入弹匣后该卡笋会自动翘起，下压该卡笋即可取下弹匣。在弹匣卡笋后方的机匣顶面刻有小仓兵工厂厂徽、“九七式”字样以及三位数的枪号和年份标记。

机匣顶部后端设有一个枪机阻笋，可以向下旋转，用于将枪机锁定在后方待击位置上，起到保险作用。机匣左侧加工有供拉机柄导向用的T形拉机柄槽。为防止泥沙等杂物从拉机柄槽进入而污染机匣内部，在拉机柄槽的后部也有钢板冲压而成的防尘盖，平时靠弹簧的力量向下盖住拉机柄槽，使用时将防尘盖打开。机匣下部开有较大的抛壳窗。在机匣中部两侧各有一个额外加厚的部位，内部左右对称地装有闭锁块顶铁。如此设计的原因是九七式与十一年式轻机枪、九二式重机枪一样，都依靠枪机上的闭锁块在机匣内上下做竖直运动来完成开、闭锁动作，而机匣内壁两侧与闭锁块接触的闭锁面很难加工，因此采用了先单独加工零件再装配到机匣上的变通办法。

自动机组件 自动机组件主要由活塞、枪机框、枪机、闭锁块和击针组成。左右活塞的后部为空心管状结构，内部容纳有复进簧，相当于双导杆，这样的设计便于自动机平稳运动，能够提高射击精度。枪机框后上部有控制闭锁块起落的开、闭锁斜面，顶部有一个挂机斜面，可以通过机匣右侧的保险扳手把枪机框锁定在待击位置上。枪机框下部有挂机缺口，用于与阻铁配合形成待击状态。

枪机为较短的方块状，后部有与闭锁块配合的导槽，前部有凹进的弹底窝。弹底窝下部装有抽壳钩，上部有抛壳挺让位槽，固定在机匣顶部的抛壳挺通过该槽撞击弹壳底部上沿，以抽壳钩为支点，将空弹壳从机匣下部的抛壳窗抛出。枪机下部左右各有一个对称的突起，突起后部为与闭锁块配合的闭锁面。当闭锁块下降时，枪机会抵住机匣左右两侧的闭锁块顶铁，以此形成闭锁状态。

闭锁块为一个整体加工的部件，形状复杂，中间前部有与枪机后部连接的导槽，后下部加工有向内凹进的斜面，与枪机框上的开、闭锁斜面配合，使闭锁块竖直运动，完成开、闭锁动作。

其击针是与九二式重机枪类似的整体式结构，比较粗壮结实，没有击针簧，依靠枪机框上的击铁复进到位时的动能撞击带动。当枪机框向后运动时，枪机框上的击针保险斜面会与击针后部直径较大的圆台上的斜面配合，强制性地将击针向后拉动一段距离，以此形成击针保险，只要枪机框不完全复进到位，击针无法击发枪弹。

复进机组件 复进机组件由复进簧、枪尾座和枪尾座固定销组成。

复进簧为单股钢丝螺旋簧，由于是插在活塞筒内部，因此全长相对较长。

枪尾座为整体机加件，中间有一个贯通左右的直径较粗的孔，枪尾座固定销穿过该孔将枪尾座固定在机匣的尾部。由于该枪有独立的助退机构，故枪尾座内没有设置单独的缓冲机构，结构较为简单。故枪尾座固定销为圆柱形，一头较粗，外缘面带有网状防

九七式反坦克步枪采用觇孔式照门，照门右侧有调节手轮

九七式反坦克步枪采用大型扳机和整体式扳机护圈

装有前后携行架的九七式反坦克枪

滑纹。该固定销自右向左插入机匣尾部，较粗的一端留在外边。

枪托组件 枪托组件比较复杂，主要由枪托、缓冲机部件、瞄准系统、两脚架、小握把/发射机组件和后驻板组件组成。枪托组件上部沿纵向加工有与机匣配合的导轨槽，用于引导枪身在枪托组件上沿着导轨前后运动，并通过压缩缓冲机内部的螺旋簧，使得后坐力明显降低。

九七式反坦克步枪枪托外形类似于九七式车载机枪，抵肩部位外罩蒙皮，内部填充有缓冲材料。枪托顶部装有肩托板，射击时可向上扳起，起到支撑射手身体的作用。枪托前部安装有贴腮护板，一方面方便射手瞄准时贴腮，另一方面避免射手头部过于靠右而被后退的机匣撞伤。九七式反坦克步枪的准星座下方及枪托前方均焊接有一个方形连接座，连接座上制有通孔，可以安装日本特有的前后携行架。这种携行架有点像担架的弧形把手，携行时抬住把手即可。类似的携行架在九二式重机枪上也有使用，不过九七式的后携行架在射击前必须取下，否则射手无法据枪射击。

九七式反坦克步枪采用普通的机械瞄具。由于弹匣设在机匣顶部，为射击时不致挡住瞄准线，故该枪瞄具偏向枪身左侧设置。准星座为顶部带平面的突起弧形，两侧设置了开有方孔的护翼，中间用燕尾槽固定有准星。准星截面为三角形，可以左右移动。照门安装在枪托组件后部左侧并向外突出，基本与机匣尾端齐平，中间加工有可供瞄准的觇孔，通过旋转右侧的调节轮可以左右调节。

两脚架能够向后收折，并能调节高度。两脚架底部焊接有钢板冲压而成的驻板，增大了与地面接触的面积，以防止两脚架陷入松土或雪中。驻板上开有4个透气孔，以防在湿软地面架枪时因真空吸附作用造成两脚架难以抬起。

小握把/发射机组件安装在枪托组件的下方，小握把的外形设计比较简单，但整体式的大型扳机护圈和扳机很引人注目，前者的设计是为了在寒冷地区戴着厚手套时照样可以正常使用，而后者则是因为该枪的扳机力很大，用一个手指难以扣压到位，这种较长的扳机可以确保用握持小握把之手的2～3个手指来扣动。

后驻板组件是九七式上的一个非常特别的设计，它安装在小握把后面、枪托下部，向后倾斜，用途是射击时支撑枪身后部，起到进 步稳固枪身的作用。后驻板的旋转座有前、中、后三个位置，前是向前倾斜，中是竖直向下，后是向后倾斜，一般都是用最后一个位置，而向前则会由于受到小握把的阻挡，实际是旋转不到位的。

弹匣 九七式反坦克步枪采用双排双进弹匣供弹，弹匣由钢板冲压焊接而成，可装7发枪弹。这种弹匣体积尺寸较大，平时放在专门的携行箱里携带，使用起来不够方便。

九七式配用的弹药

九七式反坦克步枪使用专门设计的20×124mm弹药，常用的有九七式穿甲曳光弹、九八式高爆曳光榴弹、一〇〇式穿甲曳光弹、一〇〇式高爆自炸曳光榴弹，以及空包弹、训练用惰性弹等辅助弹种。其中九七式穿甲曳光弹和九八式高爆曳光榴弹是早期弹种，前者主要用于射击装甲和有防护目标，后者主要对付软目标。

九七式穿甲曳光弹

该弹属动能弹，弹头内不含引信和炸药。弹头为黑色，但在弹头体圆柱部分有一条白色色带为识别标志。弹头由弹头体、弹带、曳光剂和底螺构成。弹头体为整体车制而成的弧形平底尖头形，头部弧形根部处为前定心部。黄铜弹带套在弹头后部的弹带槽内，弹带宽仅5mm。弹带下部的弹头体圆柱部还有一道弧形沟槽，装配时弹壳口部被压入该槽内，以此来提高拔弹力。弹头底部钻有曳光剂孔，依次压装有曳光剂和引燃剂。底螺的中心带有小孔，用来减小发射时曳光剂受到的冲击，防止因药剂破碎而影响曳光剂性能。

该弹采用无凸缘瓶形黄铜弹壳，配用专门的博克赛底火。底火由底火壳、底火台、底火帽、传火药和盖箔组成。底火击发后火焰从传火孔通过，先点燃传火药，传火药燃烧产生火焰，引燃盖箔并进一步点燃发射药。底火帽、底火壳以及弹壳之间均以环铆方式进行加固，防止发射时脱落。

九七式反坦克步枪所用的弹药。其中左一为九八式高爆曳光榴弹，其余为一00式穿甲曳光弹。最右侧是两个一00式穿甲曳光弹的包装纸筒

九八式高爆曳光榴弹外观及弹头特写，弹头为黑色，上部有红色色带，下部有黄、绿两色色带（绿色色带因年代久远已经看不清楚），配用早期的九三式引信。包装纸筒是一00式穿甲曳光弹所用的

九八式高爆曳光榴弹

该弹是九七式反坦克步枪常用的另一种弹药。其弹头为弧形平底式样，由九三式瞬发小型引信、炸药和弹头体组成。弹头体为圆柱形，头部车有一小段定心部。黄铜弹带宽度较窄，弹带下部的弹头体上也车有一道弧形紧口槽。弹头头部装有引信，上半部分

九八式高爆曳光榴弹外观及弹头、弹底特写，注意其底火上特有的两道环铆痕迹，弹头上的色带已不存在

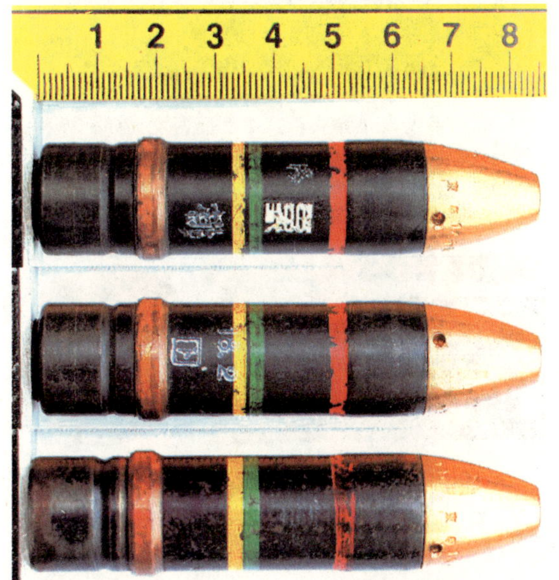
一00式高爆自炸曳光榴弹弹头不同侧面外观特写。注意色带的颜色和位置

空腔内装填有炸药，下半部分为曳光剂室，压有曳光药剂和引燃剂，底部由与九七式穿甲曳光弹类似的底螺压紧。弹头体为黑色，在定心部附近有一圈红色色带，弹头体圆柱部中部还有一圈绿、黄双色色带，上下两圈之间印有白色的“九八式”字样。

九三式瞬发引信是一种半保险型小型引信，配用在部分日制反坦克炮、航炮和高射炮榴弹上，在20mm榴弹上一直使用到被一00式瞬发引信所取代。九三式瞬发引信由黄铜制成，分为上、下引信体两部分。该引信的特点是结构简单，无自炸机构。

一00式穿甲曳光弹

一〇〇式穿甲曳光弹的弹头材料分为三类：第一类用较软的廉价普通钢材制成，弹头表面除弹带和白色印字外，全部为黑色；第二类是中硬钢弹头，有一定穿甲能力，但不及标准穿甲弹，弹头同样为黑色，在弹头体圆柱部中间位置有一条绿色识别色带，弹头体印字也为白色；第三类为硬钢弹头，弹头材料为材质较好的合金钢，并经过热处理，穿甲能力最好，其弹头圆柱部中间位置有连在一起的一圈绿、白双色色带，其中绿色色带在上方，弹头体表面用白色油漆印有“一〇〇式”等字样。

第一类弹主要用于射击训练，后两类用于作战，充分体现了日本人的精打细算。

一〇〇式高爆自炸曳光榴弹

一〇〇式高爆自炸曳光榴弹弹头为弧形头部圆柱体平底式样，自上而下分别由引信、弹头体、主装药、自毁药管、曳光剂和底螺组成。弹头体上部车有定心部，下部装有较窄的黄铜弹带，弹带下部设计有紧口槽。弹头体中间加工有一个装有自毁药管的带孔隔板，将弹头体空腔分为上、下两部分，其中上半部分装有主装药和引信，下半部分压有曳光剂。曳光剂的顶部与自毁药管下部的传火药接触，曳光剂底部同样由底螺压紧。

相对于九七式穿甲曳光弹和九八式高爆曳光榴弹，一〇〇式高爆自炸曳光榴弹的曳光剂装填较多，可以在远距离上仍然维持曳光效果。因为，该弹是依靠曳光剂燃烧到顶部后引燃自爆药管进而使弹头自毁的，如果曳光剂太少，会使弹头过早爆炸，不利于射击远处目标。

一〇〇式高爆自炸曳光榴弹弹头体为黑色，在弹头定心部下方有一圈红色色带，弹头体圆柱部中部有一圈绿、黄双色色带，其中绿色在上方，弹头体表面还印有白色的“一〇〇式”和年份等铭文。

该弹使用了一〇〇式瞬发非保险型触发引信，体积比九三式引信更小，结构更简单，同时增加了弹头自毁功能。该引信顶部有盖箔密封，用以防止弹头在飞行时因雨滴撞击等原因而导致早炸。该引信的保险完全靠离心力解除，发射瞬间弹头加速向前飞行，击针会向下运动压紧离心子，以此形成膛内保险。弹头出膛后，弹头不再加速，而靠惯性向前飞行，击针不再紧压住离心子，离心子会在弹头旋转形成的离心力作用下，压缩离心子簧，进而解除对击针的限制。弹头碰撞目标后，弹尖部首先破坏，击针下压刺发火帽，最终引爆弹头。如果未能碰撞目标，曳光剂烧完后会点燃弹体中部的自爆药管，进而使弹头爆炸自毁。

除上述弹种外，九七式反坦克步枪使用的辅助弹种还包括安装有木质弹头的空包弹和整体车制而成的惰性训练弹，但这类弹药比较少见。

一00式穿甲曳光弹弹头，其中上面两发为硬钢弹头，其弹头圆柱部中间位置有连在一起的一圈绿、白双色色带；最下面为中硬钢弹头，其只有一条绿色色带

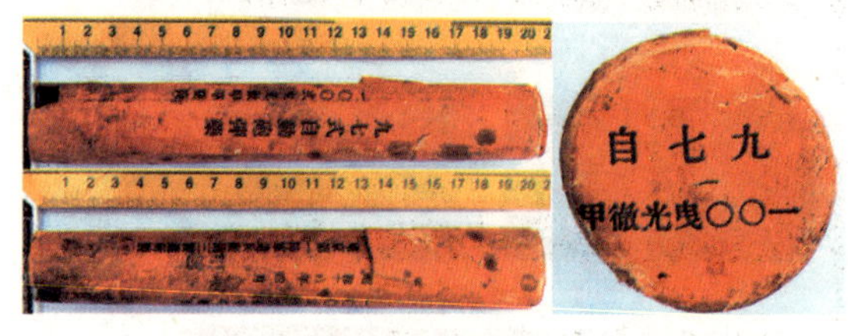

一00式穿甲曳光弹包装纸筒不同侧面特写

九七式的使用方式及实战经历

九七式反坦克步枪在使用时，首先需要选择和构筑发射阵地，然后将前、后携行架取下，将两脚架和后驻板调整到合适的位置并固定好。副射手打开防尘盖，装入弹匣。当目标出现后，射手装定表尺，并后拉拉机柄到位，使枪机处于待击位置，瞄准目标后即可进行射击。

该枪为开膛待击。扣动扳机后，阻铁被下压、释放枪机，枪机在两侧复进簧推动下向前运动，经过弹匣时推出一发新弹。当枪

诺门坎战役结束后，一名苏军军官正在察看缴获的九七式反坦克步枪，地上摆放着多个九七式所用的弹匣

弹完全入膛，枪机抵住弹尾后停止运动，而抽壳钩会越过弹壳底缘、抱住弹壳。此时枪机框继续向前运动，并在闭锁斜面的作用下，逐渐将闭锁块推向上方，直至与机匣内侧左右的闭锁块顶铁接触而使枪机闭锁。随后枪机框走完一个较短的自由行程，进而推动击针击发底火。当弹头经过枪管导气孔时，一部分火药燃气通过导气箍进入导气管，并经前固定箍分别进入左右活塞筒内，推动活塞/枪机框向后运动。枪机框先走完一个较短的行程，同时将击针从枪机内稍微向后带出一点，随后枪机框上的开锁斜面与闭锁块上的开锁斜面作用，使闭锁块逐渐下降，脱离与闭锁块顶铁闭锁面的接触，完成开锁动作。枪机框通过闭锁块带动枪机向后运动，经过抛壳挺时，抛壳挺撞击弹壳底缘并将弹壳从下部抛出。枪机框后坐到位后，被阻铁扣住，呈待击状态。扣压扳机，重复前面的动作循环。

九七式反坦克步枪枪托组件中设计有缓冲机，当枪弹击发后，在火药燃气推动弹头前进的同时，枪管/机匣组件在枪托组件上向后滑动压缩缓冲簧，这样就大大降低了后坐力，再加上高效能的膛口装置以及后驻板的应用，九七式反坦克步枪的后坐力极大降低，即使是身材普遍矮小的日本士兵也能控制自如。

九七式反坦克步枪在步兵部队中长途运输时，每三匹马携带两挺分解后的该枪，另一匹马携带140发弹药（装在20个弹匣内）；在骑兵部队中，则用两匹马分载一挺该枪，另一匹马携带140发弹药。在战斗过程中，一挺全备状态的九七式反坦克步枪则由2～4名士兵用携行架携带，可以一前一后双人携行，也可以两前两后4人携行。标准的一个战斗分队由9人组成，其中4人负责携行枪械，另外4人背负各装有5个弹匣的弹药箱，其中1人还携带一支三八式步枪用以自卫，此外还有1名负责指挥射击并携带构筑阵地所用工具的分队长。由于该枪的设计初衷是用以防御苏军装甲力量，主要考虑在寒带使用，所以还配套研制了安装在前携行架下部的雪橇滑板以及雪上固定工具，但实际应用中并不常见。

九七式反坦克步枪的生产自1938年正式开始，最初在小仓兵工厂第二制作所制造，由于应用面较窄等原因，其产量并不大，而且1942年以后产量进一步减少。九七式反坦克步枪的总产量很低，总共只制造了约400挺，开始主要装备在中国东北的日军部队，但实战记录不多。这是因为在侵华战争中，作为对手的中国军队装备水平较低，坦克和装甲车辆使用很少，九七式反坦克步枪根本没有用武之地。

在和苏军的较量中，特别是在诺门坎战役中，九七式反坦克步枪的表现并不好。1939年5月和8月，日、苏双方在诺门坎地区相继发生了两次大规模冲突。苏军充分发挥炮兵和航空兵的优势，特别是出动了大量装甲力量，给了以轻装步兵为主的日军以毁灭性打击。仅8月20日的总攻，苏军就投入524辆BT系列和T−26坦克，另有装甲车385辆。而日军的各种战车防御炮只有约40门，实战效果也极为有限。尽管BT−5/BT−7坦克的装甲厚度只有10～15mm，但在开阔的草原上，面对苏军压倒性的炮火优势，日本射手根本没有多少在九七式反坦克步枪有效射程内开火的机会，倒是步兵、工兵利用集团装药和燃烧瓶进行的近距离攻击给苏军坦克造成的损失更大一些。战争后期，九七式反坦克步枪还少量装备过太平洋守岛部队。

目前日本本土保留的步枪实物凤毛麟角，就连日本陆上防卫学校内收藏的一挺也是不完整的，弹匣和膛口装置均已丢失，所以中国人民革命军事博物馆的这挺九七式反坦克步枪应该算得上是非常罕见的了。

德国根据S18−1000仿制的S18−1100反坦克步枪。该枪装在两轮架上使用，看起来已经与小口径机炮无异了

克罗地亚RT−20反器材步枪

芬兰拉蒂L39 20mm反坦克步枪（上）与PKM通用机枪（下）对比。可见二者体积相差极大

与同类武器的性能对比及综合评价

二战结束以前，世界上研制的可供单兵使用的20mm口径反坦克步枪并不多，有瑞典的卡尔·古斯塔夫PVG M/42、芬兰拉蒂L39、瑞士苏罗通S18−100/1000、德国仿制改进的S18−1100以及日本的九七式。其中卡

南非NTW20反器材步枪

尔·古斯塔夫PVG M/42采用无后坐力炮式发射原理，单发发射，虽然全枪结构简单，质量较轻，但与九七式及其他反坦克步枪不属于同一类型。

将几种20mm口径反坦克步枪进行列表对比可以发现，九七式的诸元相对比较均衡，不论尺寸、全枪质量还是威力，均属于中等水平。但若与当时苏军装备的两种14.5mm反坦克步枪相比，九七式的体积和质量均要超出很多，同时结构更加复杂，但穿甲能力却不如苏制14.5mm碳化钨心穿甲弹（100m处可垂直穿透40mm钢板，300m处可垂直穿透35mm钢板）。不过九七式反坦克步枪还配用了高爆榴弹，在对普通车辆、轻装甲及无防护目标的杀伤后效方面占有一定优势。

在几种同口径反坦克步枪中，九七式和S18-1000结构最为复杂，而L39结构最简单，不过由于L39采用了多孔制退消焰器，因此全枪长最长。另外，L39枪身自带两脚架和雪橇滑板，适合在多雪地区使用，其两脚架放下就能进行射击，将两脚架折起、放下雪橇滑板后就能将枪械快速转移。而九七式反坦克步枪从行军转入射击状态所需要的步骤较多，准备时间过长，不利于快速反应，占用人员编制也较多。S18-100/1000只装有两脚架和后支撑腿，射击准备时间较短，德国改进后的S18-1100还配有瞄准镜，瞄准射击

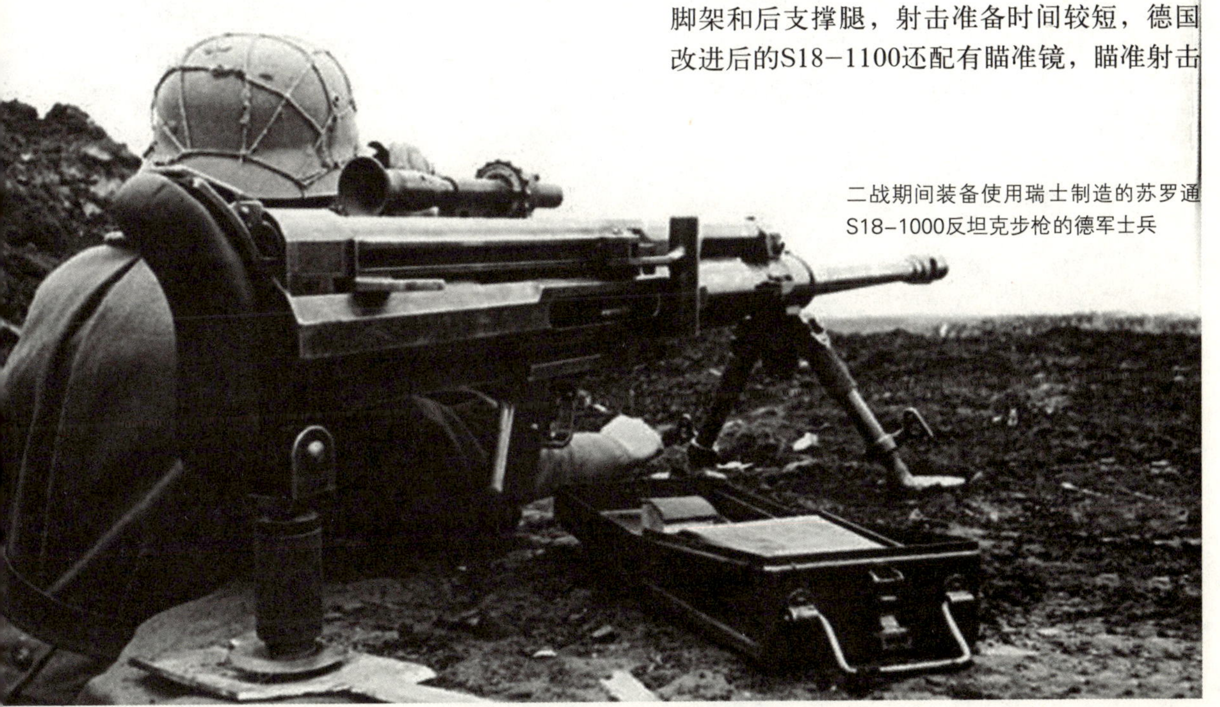
二战期间装备使用瑞士制造的苏罗通S18-1000反坦克步枪的德军士兵

更加迅速，缺点是携行不便，其中一部分安装有专门设计的双轮枪架，解决了快速转移的问题，但体积、质量进一步增加，不适合伴随步兵战斗。

就总体而言，九七式反坦克步枪的设计优点包括：一是有专门的后坐缓冲装置，外加膛口制退消焰器和后驻板的应用，其后坐力得以减小南非NTW20反器材步枪，射击比较稳定；二是专门设计的无凸缘弹药，底缘直径较小，弹壳容积大、装药量大，弹头种类多，适合对付不同目标。不过，其缺点也显而易见：一是全枪构造复杂，零部件形状特殊，加工量大，成本高昂，当时一挺九七式反坦克步枪造价是6400日元，而三八式步枪仅需约80日元，相差近80倍，因此难以大量装备；二是瞄准基线较短，长时间使用后容易造成射击偏差，并且准星座、照门突出枪身左侧过多，容易因磕碰而损坏；三是导气系统结构复杂，调整不方便，维修保养也很繁琐；四是对射手的训练要求较高，射击前构筑阵地和据枪比较麻烦，不利于快速捕捉目标。

二战结束后，20mm口径的反坦克步枪完全停止了发展。但当20世纪90年代大口径反器材步枪兴起以后，少数国家又研制了20mm的反器材步枪。相对12.7mm、14.5mm口径的同类武器来说，20mm口径可选择的弹药种类更多，对目标的综合破坏效果也更胜一筹。其中比较典型的是克罗地亚的RT-20和南非的NTW20反器材步枪。二者都属于手动装填的单发武器，前者采用后喷燃气方式来减小后坐力，但带来了初速下降的缺点，后者则依靠高效能膛口装置和长行程后坐缓冲装置来降低后坐力。不过这两种武器的销量和装备情况都不理想，因为在复杂的现代战场环境下，20mm这一口径级始终无法摆脱体积巨大、火力密度低的缺点，同时有更多更好的武器能够代替它们，因此发展前景受限。

以当时的时代背景和一国之力，日本仅用两年多时间，就研制出九七式反坦克枪步及其弹药，工业实力不容小视，而且设计和加工质量相对较高。同时，该枪的设计并未完全照搬别国现成的设计，而是根据本国实际，融入了很多个性元素，比如缓冲机构以及枪身的浮动设计（枪管/机匣组件可整体后坐）等，都颇具特色，并取得了实际效果。但尽管如此，由于其结构复杂，体积较大，实战应用效果不好，对当时苏军的坦克有些力不从心，因此，其在历史上只是匆匆一现。